New Wun Ching Developmental Publishing Co., Ltd.

New Age · New Choice · The Best Selected Educational Publications — NEW WCDP

第**2**版

DYNAMICS SECOND EDITION

動力學

張超群・劉成群 編著

▶ ▶ ▶ 免費下載多媒體教材

國家圖書館出版品預行編目資料

動力學 / 張超群, 劉成群編著. – 二版. -- 新北市：新
文京開發, 2019.08
　　面；　公分

　　ISBN 978-986-430-520-9 (平裝)

　　1.應用動力學

440.133　　　　　　　　　　　　　　　　108011117

動力學（第二版）　　　　　　　　　（書號：A304e2）

編 著 者	張超群　劉成群
出 版 者	新文京開發出版股份有限公司
地　　址	新北市中和區中山路二段 362 號 9 樓
電　　話	(02) 2244-8188（代表號）
Ｆ Ａ Ｘ	(02) 2244-8189
郵　　撥	1958730-2
初　　版	西元 2013 年 08 月 15 日
二　　版	西元 2019 年 08 月 01 日

本書可作為大專動力學課程的教科書，也可供工程技術人員參考。雖然目前市面上有關動力學的書籍已不少，但大多譯自英文，或因內容太多且繁雜，或因解說與例題太少，既不便教學也不易自己進修，於是我們編寫了這本書。

動力學包括運動學(kinematics)和運動力學(kinetics)兩部分，而運動卻可用不同的方法來描述。座標系不同，速度與加速度公式也就自然不同。這一點常令初學者眼花撩亂，苦於記憶公式。本書一開始就說明什麼是運動學概念的明確論述：速度與加速度分別是位置向量對時間的一階及二階導數。由此提出了向量在不同座標系中的求導法則：固定在動座標系（或剛體上）的向量對時間的導數，等於動座標系（或剛體）的角速度與該向量之叉積，即 $d\mathbf{r}\,/\,dt = \boldsymbol{\omega} \times \mathbf{r}$。只要掌握了這一法則，速度和加速度公式便可隨手寫出，不必背那些表面看來十分複雜的公式。這一求導法則的重要意義還在於它將求導運算轉換成了乘法運算。這在普遍使用電腦的今天，對編寫程式是很有用的。因此，我們將這一思想應用於整本書上。

古典力學是以牛頓三大定律為基礎的，一切動力學原理都可由牛頓三大定律推導出來。由此，我們轉到了熟悉的公式 $\mathbf{F} = m\mathbf{a}$，式中 $m\mathbf{a}$ 代表「有效力」，等號則表示外力和有效力的等效。剛體則是一個特殊的質點系，同樣可獲得類似的等效關係，從而建立動力學方程，以及從這些方程中得到有用的信息。

從牛頓三大定律出發，經由演繹還可導出若干動力學基本原理。我們始終強調基本概念的闡述，邏輯結構的推展，並利用例題講述問題的歸類，解題的思路和步驟，使讀者感到有章可循，有法可依，而不至有無從下手的感覺。除了課文的例題外，每章末都附有結語、思考題及習題以幫助讀者複習和掌握重點，深入理解基本概念，提高解題技巧。

在第二版中編者將向量符號改成正粗體，以便和美國書籍表示法一致。為了增進學習的效果，我們特別將動力學的重要觀念利用電腦軟體 Flash 製成動畫，並應用動力分析專業軟體模擬一些動力學例題。在模擬過程中，除了顯示物體運動外，也描述一些物體運動過程中的位移、速度、加速度、動能等運動量變化的情形。我們將此多媒體教材置於網站 https://pse.is/GSBKC，歡迎前往參閱。

編者特別感謝黃啟彰先生精彩的繪圖，邱紹瑋、葉柔君等同學協助製作生動的動畫。最後要感謝內人魯澤玲、馬澤鳳及家人的支持，及許多同學的協助，本書才得以順利完成。雖然編者已盡了最大努力，並經多次校正，但疏漏瑕疵之處在所難免，懇請讀者惠賜指正，以便再版時更正。

張超群
劉成群　謹識

於　南台科技大學機械工程系
　　克萊斯勒汽車公司

CONTENTS ▶▶

目　錄

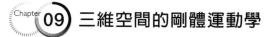

Chapter 09 三維空間的剛體運動學

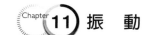

Chapter 11 振 動

Chapter 10 三維空間中的剛體運動力學

質點運動學

本章討論**質點運動學**(kinematics of particles)。在質點運動學中，我們不考慮產生運動的原因，或者說我們不考慮作用在質點上的力，也不考慮質點的質量，只分析質點是怎樣運動的，以及如何選用合適的方法來描述這些運動。因此，質點運動學可以抽象成為一個幾何點的運動學。根據質點運動的軌跡可將其運動形式分為**直線運動**(rectilinear motion)和**曲線運動**(curvilinear motion)。

1.1 參考體與參考座標系

設想一個人從一輛行駛的汽車中向窗外拋出一個小皮球，如果我們要問：皮球是怎樣運動的？則坐在汽車中的觀察者和站在地面上的觀察者將會得出不同的結論。這是因為站在地面上的觀察者以地球為**參考體**(reference body)；而坐在汽車中的觀察者以汽車為參考體。由此可見，描述物體的運動時，必須說明以那一個物體為參考體，否則無法說清物體是怎樣運動的。在固定參考體（例如地球）上觀察的運動稱為**絕對運動**(absolute motion)，而在運動參考體（例如汽車）上觀察的運動稱為**相對運動**(relative motion)。選定參考體後，還必須在參考體上固定一個座標系，稱為**參考座標系**(frame of reference)，以作為描述運動的依據。在運動學中，選取什麼樣的座標系以及將座標系固定在什麼物體上，完全是為了解題的方便，是可以任意選取的。但是在**運動力學**(kinetics)中，必須對**慣性座標系**(inertial reference frame)和非慣性座標系加以嚴格區別。只有相對於慣性座標系，我們才可以將牛頓第二定律寫成 $\mathbf{F} = m\mathbf{a}$ 這種形式。因此，也可以說，能使牛頓第二定律成立之座標系才是慣性座標系。例如，固定在恆星上的座標系以及相對於恆星只作等速直線運動並無轉動的座標系便可作為慣性座標系。

在實際計算中，那些參考座標系是慣性的呢？對限於地面附近運動的一般工程問題，固定於地面上的座標系就可以當作慣性座標系。如果物體運動非常快（例如接近於光速），我們研究的問題精度要求又很高，那麼地球自轉的影響就必須考慮，此時固定於地面上的座標系就不能算是慣性的了，而應當將座標系的原點固定於地心上，座標系的三根軸分別指向三個恆星（其方向不變），這樣的座標系稱為地心座標系。再進一步，在分析行星運動時，又不能把地心座標系作為慣性系了，因為地心座標系本身在作公轉，我們必須取以太陽中心為原點的日心座標系。是否還要進一步考慮太陽本身在銀河系中的運動呢？研究顯示，太陽本身

在銀河系中的加速度大概是 3×10^{-8} 厘米／秒 ^{2}，一般說來，可以忽略不計，因此日心座標系是一個足夠精確的慣性座標系。

1.2 質點的直線運動

當質點沿著一個固定直線運動時，稱質點作**直線運動**(rectilinear motion)。本節經由這種簡單的運動形式引進一些運動的基本概念，作為後面研究更廣泛的運動形式之基礎。

（一）位置

因為已知質點沿直線運動，不妨就取該直線作為一座標軸，在其上任取一點 O 作為座標原點，如圖 1-2.1 所示，則質點在 t 時刻的位置 P 可用其座標 s 來描述。通常我們取向右為座標軸的正方向（這完全是任意的），這樣，s 為正值時，表示質點在 O 點的右邊，當 s 為負值時，表示質點在 O 點的左邊。

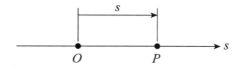

圖 1-2.1　質點直線運動的座標

（二）位移和路程

如圖 1-2.2 所示，從時刻 t 至 $t + \Delta t$ 質點由位置 P 運動至位置 P'，則向量 $\overrightarrow{PP'}$ 稱為質點在 Δt 時間內的**位移**(displacement)。注意，位移是向量。但是，因為已知質點作直線運動，可以不用向量記號表示位移，只需用新舊位置座標之差 Δs 就可代表質點的位移，即

$$\Delta s = s' - s \tag{1-2.1}$$

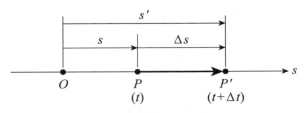

圖 1-2.2　質點的座標與位移

其中，s 是質點在 t 時刻的座標，s' 是質點在 $t+\Delta t$ 時刻的座標。若 Δs 為正，表示位移向量 $\overrightarrow{PP'}$ 指向 s 軸的正方向；若 Δs 為負，表示 $\overrightarrow{PP'}$ 指向 s 軸的負方向。質點運動的**路程**(total distance traveled)係指質點沿運動軌跡所走過的總長度，它是一個正純量。如圖 1-2.3 所示，設質點從 O 點出發向右運動到 C 點，然後向左運動到 A 點，再向右運動到 B 點，則此過程中質點的位移為向量 $\overrightarrow{OB}$，而質點所經過的路程卻是 $\overline{OC}+\overline{CA}+\overline{AB}$。

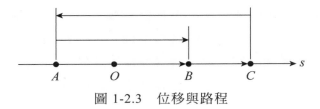

圖 1-2.3　位移與路程

（三）速度

設質點在 Δt 時間內的位移為 Δs，則質點在 Δt 時間內的**平均速度**(average velocity) v_{av} 定義為

$$v_{av} = \frac{\Delta s}{\Delta t} \tag{1-2.2}$$

顯然，時間間隔的大小取得不同，得到的平均速度也不同。因此，用平均速度不足以準確地描述質點的真實運動狀態。為了使位置的變化得到精確地描述，令 (1-2.2)式中的 $\Delta t \to 0$，即考慮圖 1-2.2 中 P' 趨向於 P 時，平均速度的極限

$$v = \lim_{\Delta t \to 0} \frac{\Delta s}{\Delta t} = \frac{ds}{dt} = \dot{s} \tag{1-2.3}$$

v 稱為質點在時刻 t 的**瞬時速度**(instantaneous velocity)，或簡稱速度。速度是向量，當 v 為正值時，表示質點沿 s 軸的正方向運動，s 值會增加；當 v 為負值時，

表示質點沿 s 軸的負方向運動，s 值會減小。速度的因次為 $[LT^{-1}]$，在公制單位系統中，其單位為 m/s；在英制單位系統中，其單位為 ft/s。速度的大小稱為**速率** (speed)，我們開車時常將速率稱為速度。當質點在 T 秒內走了 s_T 的路程，則其**平均速率**的定義為

$$|v|_{av} = \frac{s_T}{T} \tag{1-2.4}$$

（四）加速度

質點的加速度定義為其速度對時間的變化率。設質點在 t 和 $t+\Delta t$ 時刻的速度分別為 v 和 v'，則在 Δt 時間內質點的**平均加速度**(average acceleration) a_{av} 定義為

$$a_{av} = \frac{v'-v}{\Delta t} = \frac{\Delta v}{\Delta t} \tag{1-2.5}$$

當 $\Delta t \to 0$ 時，平均加速度便趨於 t 時刻的**瞬時加速度**(instantaneous acceleration)或簡稱加速度 a：

$$a = \lim_{\Delta t \to 0} \frac{\Delta v}{\Delta t} = \frac{dv}{dt} = \dot{v} = \ddot{s} \tag{1-2.6}$$

加速度是向量，其因次為 $[LT^{-2}]$；其常用的單位在公制為 m/s^2，在英制為 ft/s^2。當 a 為正值時，表示速度 v 的數值將增加，但速率卻不一定增快，還必須考慮 v 的方向。當 a 與 v 同向時，即 a 與 v 的正負號一致時，質點加速運動；當 a 與 v 反向時，即 a 與 v 的正負號不同時，質點減速運動。

運用連鎖律(chain rule)，可將(1-2.6)式寫成

$$a = \frac{dv}{dt} = \frac{dv}{ds} \cdot \frac{ds}{dt} = v\frac{dv}{ds} \tag{1-2.7}$$

或

$$ads = vdv \tag{1-2.8}$$

(1-2.8)式代表加速度 a、速度 v 及位置 s 之間關係的微分方程。

例 ▶ 1-2.1

　　一質點作直線運動，其位置 s 與時間 t 的關係為 $s = t^3 - 9t^2 - 48t + 100$，$s$ 的單位為公尺，t 的單位為秒。求在 $0 \le t \le 10$ 區間內質點的：(a)位移；(b)路程；(c)平均速度；(d)平均速率；(e)平均加速度；(f)質點在 $t = 6\,\mathrm{s}$ 的速度、速率及加速度。

解

$$s = t^3 - 9t^2 - 48t + 100$$
$$v = \dot{s} = 3t^2 - 18t - 48$$
$$a = \dot{v} = \ddot{s} = 6t - 18$$

(a) 位移。先求出質點在時刻 $t = 0$ 和 $t = 10$ 的位置：

$$s(10) = s\big|_{t=10} = (10)^3 - 9(10)^2 - 48(10) + 100 = -280 \text{ m}$$
$$s(0) = s\big|_{t=0} = 0 - 0 - 0 + 100 = 100 \text{ m}$$

故位移為

$$\Delta s = s\big|_{t=10} - s\big|_{t=0} = -380 \text{ m}$$

(b) 路程。必須檢驗質點在運動過程中，其運動方向是否有改變。質點的速度為

$$v = 3t^2 - 18t - 48 = 3(t-8)(t+2)$$

在 $0 \le t < 8$ 之間 $v < 0$，質點沿負 s 方向運動；而在 $t > 8$ 後，質點沿正 s 方向運動，故求質點之路程必須分兩段計算，即

(1) $t = 0$ 至 $t = 8$

$$\Delta s_{0 \to 8} = s\big|_{t=8} - s\big|_{t=0} = -448 \text{ m}$$

(2) $t = 8$ 至 $t = 10$

$$\Delta s_{8 \to 10} = s\big|_{t=10} - s\big|_{t=8} = 68 \text{ m}$$

故路程 s_T 為

$$s_T = \left|\Delta s_{0 \to 8}\right| + \left|\Delta s_{8 \to 10}\right| = 448 + 68 = 516 \text{ m}$$

(c) 平均速度為

$$v_{av} = \frac{\Delta s}{\Delta t} = \frac{-380}{10} = -38 \text{ m/s}$$

(d) 平均速率 $|v|_{av}$：

$$|v|_{av} = \frac{s_T}{\Delta t} = \frac{516}{10} = 51.6 \text{ m/s}$$

(e) 平均加速度為

$$a_{av} = \frac{\Delta v}{\Delta t} = \frac{v\big|_{t=10} - v\big|_{t=0}}{10} = \frac{72 - (-48)}{10} = 12 \text{ m/s}^2$$

(f) 質點在 $t = 6 \sec$ 的速度為

$$v = \dot{s}\big|_{t=6} = 3(6)^2 - 18(6) - 48 = -48 \text{ m/s}$$

此時的速率為速度之大小，即

$$|v| = 48 \text{ m/s}$$

而加速度為

$$a = \dot{v}\big|_{t=6} = \ddot{s}\big|_{t=6} = 6(6) - 18 = 18 \text{ m/s}^2$$

（五）質點運動分析

若質點的位置座標 s 與時間 t 的關係可用一函數表示，則 s 對 t 作一次及兩次微分，即可求得速度及加速度。然而大多數的問題是先從牛頓第二定律求出加速度後，再積分求得速度與位置。根據力的性質，加速度可為時間 t、位置 s 或速度 v 的函數。假設質點運動的初始條件為 $t=0$ 時 $s=s_0$，$v=v_0$。以下我們將依據加速度的性質分別討論質點的速度與位置表達式。

情況 I：等加速度，即 $a=$ 常數

從方程(1-2.6)及初始條件 $t=0$，$v=v_0$，得

$$dv=a\,dt，\quad \int_{v_0}^{v}dv=\int_{0}^{t}adt=a\int_{0}^{t}dt$$

$$v=v_0+at \tag{1-2.9}$$

應用(1-2.3)與(1-2.9)式及初始條件 $t=0$，$s=s_0$，可得

$$ds=vdt，\quad \int_{s_0}^{s}ds=\int_{0}^{t}(v_0+at)dt$$

$$s=s_0+v_0t+\frac{1}{2}at^2 \tag{1-2.10}$$

另外將(1-2.8)式積分，可得

$$ads=vdv，\quad \int_{s_0}^{s}ads=\int_{v_0}^{v}vdv$$

$$v^2=v_0^2+2a(s-s_0) \tag{1-2.11}$$

方程(1-2.9)至(1-2.11)是我們常用的等加速度直線運動公式。自由落體與豎直上拋體運動便是這種運動的例子。這裡比讀者較熟悉的公式 $v^2=v_0^2+2as$ 和 $s=v_0t+(1/2)at^2$ 多了 s_0 的原因是，座標系原點不設在質點的初始位置上。

例 ▶ 1-2.2

一球從離地面 30 m 的屋頂以 10 m/s 的速度垂直往上拋出，如圖 1-2.4 所示。設忽略空氣阻力，求：(a)球到最高點所需的時間及其高度；(b)球離地面 10 m 時的速度；(c)球到水面時的速度。

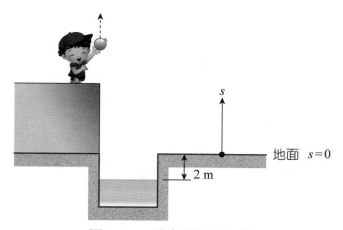

圖 1-2.4　垂直上拋體之例

 解　取地面為座標軸 s 之原點，s 往上為正。球在運動過程中只受到重力加速度的作用，故為等加速運動，其加速度為

$$a = -g = -9.81 \, \text{m} / \text{s}^2$$

初始條件為 $t = 0$ ，$s = s_0 = 30 \, \text{m}$ ，$v = v_0 = 10 \, \text{m/s}$

(a) 球到達最高點時，速度 $v = 0$，由(1-2.9)式，可得

$$v = v_0 + at, \quad 0 = 10 - 9.81t, \quad t = 1.02 \, \text{sec}$$

此時球的高度可從(1-2.10)式求得

$$s = s_0 + v_0 t + \frac{1}{2} at^2 = 30 + (10)(1.02) + \frac{1}{2}(-9.81)(1.02)^2 = 35.1 \, \text{m}$$

(b) $s = 10 \, \text{m}$，應用(1-2.10)式，得

$$10 = 30 + 10t + \frac{1}{2}(-9.81)t^2, \quad t = 3.28 \, \text{sec}$$

應用(1-2.9)式，可得

$$v = 10 - (9.81)(3.28) = -22.18 \, \text{m/s}$$

(c) 水面的位置座標 $s = -2$，由(1-2.11)式，可得

$$v^2 = v_0^2 + 2a(s - s_0) \, , \quad v^2 = (10)^2 + 2(-9.81)(-2 - 30)$$

$$v = \pm 26.97 \text{ m/s}$$

但因球落下時，速度 v 的方向朝下（負 s 方向），故取

$$v = -26.97 \text{ m/s}$$

情況 II： 加速度為位置的函數，即 $a = f(s)$

應用(1-2.8)式及初始條件 $t = 0$，$s = s_0$，$v = v_0$，可得

$$v \, dv = a \, ds = f(s) \, ds \, , \quad \int_{v_0}^{v} v \, dv = \int_{s_0}^{s} f(s) \, ds$$

$$v^2 = v_0^2 + 2 \int_{s_0}^{s} f(s) \, ds \tag{1-2.12}$$

(1-2.12)式為質點速度 v 與位置 s 的關係式，以 $v = g(s)$ 表示之，並將其代入(1-2.3)式，可得 s 與 t 的關係：

$$dt = \frac{ds}{v} = \frac{ds}{g(s)} \, , \quad \int_0^t dt = \int_{s_0}^{s} \frac{ds}{v}$$

$$t = \int_{s_0}^{s} \frac{ds}{g(s)} \tag{1-2.13}$$

例 ▶ 1-2.3

一滑車繫於彈簧上於光滑水平面上作直線運動，其加速度為 $a = -\omega^2 s$，ω 為常數，圖中 $s = 0$ 為滑車的平衡位置。設初始條件 $t = 0$，$s_0 \neq 0$，$v_0 = 0$，試將滑車的位置以時間 t 表示之。

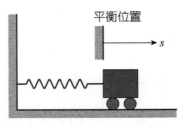

圖 1-2.5　例 1-2.3 之圖

解 將滑車的加速度 $a = -\omega^2 s = f(s)$ 及初始條件 $v_0 = 0$ 代入(1-2.12)式，得

$$v^2 = 0 + 2\int_{s_0}^{s} (-\omega^2 s)\, ds = \omega^2 (s_0^2 - s^2)$$

$$v = \pm\omega(s_0^2 - s^2)^{1/2} \tag{1}$$

將(1)式代入(1-2.13)式，得

$$t = \int_{s_0}^{s} \frac{ds}{v} = \frac{1}{\pm\omega}\int_{s_0}^{s} \frac{ds}{(s_0^2 - s^2)^{1/2}} \tag{2}$$

令 $s = s_0 \sin\theta$ 並改變積分上下限，(2)式可寫成

$$t = \frac{1}{\pm\omega}\int_{s_0}^{s} \frac{ds}{(s_0^2 - s^2)^{1/2}} = \frac{1}{\pm\omega}\int_{\frac{\pi}{2}}^{\theta} \frac{s_0 \cos\theta}{s_0 \cos\theta} d\theta$$

$$= \pm\frac{1}{\omega}(\theta - \frac{\pi}{2}) = \pm\frac{1}{\omega}(\sin^{-1}\frac{s}{s_0} - \frac{\pi}{2}) \tag{3}$$

所以

$$\frac{s}{s_0} = \sin(\pm\omega t + \frac{\pi}{2}) = \cos(\pm\omega t) = \cos\omega t$$

即 s 與 t 的關係為

$$s = s_0 \cos\omega t$$

上述的運動稱為**簡諧運動**(simple harmonic motion)，即質點運動加速度的大小與位移成正比但方向相反。

情況 III： 加速度為速度的函數，即 $a = f(v)$

應用(1-2.6)式及初始條件 $t = 0$，$v = v_0$，可得速度 v 與時間 t 的關係：

$$dt = \frac{dv}{a} = \frac{dv}{f(v)}, \quad \int_0^t dt = \int_{v_0}^{v} \frac{dv}{f(v)}$$

$$t = \int_{v_0}^{v} \frac{dv}{f(v)} \tag{1-2.14}$$

由(1-2.8)式及初始條件 $s = s_0$，$v = v_0$，可得位置 s 與速度 v 的關係為

$$ds = \frac{vdv}{a} = \frac{vdv}{f(v)}, \quad \int_{s_0}^{s} ds = \int_{v_0}^{v} \frac{vdv}{f(v)}$$

$$s = s_0 + \int_{v_0}^{v} \frac{vdv}{f(v)} \tag{1-2.15}$$

例 ▶ 1-2.4

如圖 1-2.6 所示，油壓缸中活塞的加速度 a 與速度 v 的關係為 $a = -kv$，設初始條件為 $t = 0$，$s = s_0$，$v = v_0$，求：(a)速度 v 與時間 t 的關係；(b)位置 s 與 t 的關係。

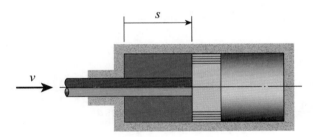

圖 1-2.6　油壓缸

 (a) 將 $a = f(v) = -kv$ 及初始條件代入(1-2.14)式，得

$$t = \int_{v_0}^{v} \frac{dv}{f(v)} = \int_{v_0}^{v} \frac{dv}{-kv} = -\frac{1}{k} \ln \frac{v}{v_0}$$

$$\frac{v}{v_0} = e^{-kt}, \quad v = v_0 e^{-kt}$$

(b) 利用(1-2.15)式，可得

$$s = s_0 + \int_{v_0}^{v} \frac{vdv}{-kv} = s_0 - \frac{v_0}{k}(e^{-kt} - 1)$$

$$s = s_0 + \frac{v_0}{k}(1 - e^{-kt})$$

1.3 質點的曲線運動

在一般情況下，質點的運動軌跡為一曲線，稱此質點作**曲線運動**(curvilinear motion)。在這種情況下我們用向量來分析質點的運動比較方便，而且所得結果與所選取的座標系無關，在求解具體問題時，再選取合適的座標系。

（一）速度和加速度

設 O 點為座標系的原點，若某時刻 t 質點位於 P 點，則向量 $\mathbf{r} = \overrightarrow{OP}$ 稱為質點的**位置向量**(position vector)，如圖 1-3.1 所示。設由時刻 t 至 $t + \Delta t$，質點由 P 運動到 P' 點（圖 1-3.1），相應之位置向量由 $\mathbf{r}$ 變到 $\mathbf{r} + \Delta \mathbf{r}$，那麼 $\Delta \mathbf{r} = \overrightarrow{PP'}$ 就是質點在時間 Δt 內的**位移**(displacement)。在 Δt 時間內質點的**平均速度**(average velocity)為

$$\mathbf{v}_{av} = \frac{\Delta \mathbf{r}}{\Delta t} \tag{1-3.1}$$

令 $\Delta t \to 0$，即考慮 P' 趨近於 P 時平均速度的極限，便得到質點在時刻 t 的**瞬時速度**(instantaneous velocity)，或簡稱**速度**，即

$$\mathbf{v} = \lim_{\Delta t \to 0} \frac{\Delta \mathbf{r}}{\Delta t} = \frac{d\mathbf{r}}{dt} = \dot{\mathbf{r}} \tag{1-3.2}$$

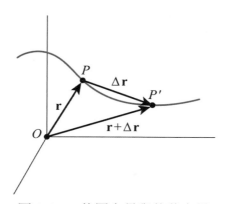

圖 1-3.1　位置向量與位移向量

結論：質點的速度等於其位置向量對時間的一階導數。

下面討論質點的加速度。設由時刻 t 到 $t+\Delta t$，質點的速度由 $\mathbf{v}$ 變成 $\mathbf{v}+\Delta\mathbf{v}$，其中 $\Delta\mathbf{v}$ 是速度變化量。在 Δt 時間內的平均加速度定義為

$$\mathbf{a}_{av} = \frac{\Delta\mathbf{v}}{\Delta t} \tag{1-3.3}$$

令 $\Delta t \to 0$，平均加速度的極限稱為**瞬時加速度**(instantaneous acceleration)，簡稱**加速度**，即

$$\mathbf{a} = \lim_{\Delta t \to 0}\frac{\Delta\mathbf{v}}{\Delta t} = \frac{d\mathbf{v}}{dt} = \dot{\mathbf{v}} = \ddot{\mathbf{r}} \tag{1-3.4}$$

結論： 質點的加速度等於速度向量對時間的一階導數（一次微分），也等於其位置向量對時間的二階導數（二次微分）。

由以上的討論可知，質點的速度與加速度分別為其位置向量對時間的一階及二階導數。那麼，怎樣求一個向量對時間的導數呢？這個問題，我們將在以後有關章節中具體討論。但現在必須強調：一個向量的時間導數與我們所選取的座標系有密切的關係。因此，當我們對一個向量求導數時，必須指明這個導數是在哪一個座標系中求的。如此，質點位置向量對時間的一階及二階導數分別是該質點相對於那個選定的座標系的速度和加速度。

（二）兩質點的相對運動

如圖 1-3.2 所示，考慮兩個質點 A 和 B 的運動。A 點的位置向量為 $\mathbf{r}_A$，B 點的位置向量為 $\mathbf{r}_B$。A 相對於 B 的位置由向量 $\mathbf{r}_{A/B}$ 決定，如圖 1-3.2 所示。

$$\mathbf{r}_A = \mathbf{r}_B + \mathbf{r}_{A/B} \tag{1-3.5}$$

或

$$\mathbf{r}_{A/B} = \mathbf{r}_A - \mathbf{r}_B \tag{1-3.6}$$

兩邊對時間求導，得

$$\mathbf{v}_{A/B} = \mathbf{v}_A - \mathbf{v}_B \tag{1-3.7}$$

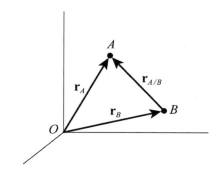

圖 1-3.2　　A 和 B 的絕對運動與相對運動

所以質點 A 相對於 B 運動的速度 $\mathbf{v}_{A/B}$ 等於 A 的絕對速度 $\mathbf{v}_A$ 與 B 的絕對速度 $\mathbf{v}_B$ 之差。

　　將(1-3.7)式對時間求導（微分），得

$$\mathbf{a}_{A/B} = \mathbf{a}_A - \mathbf{a}_B \tag{1-3.8}$$

即質點 A 相對於 B 的加速度 $\mathbf{a}_{A/B}$ 等於 A 的絕對加速度 $\mathbf{a}_A$ 與 B 的絕對加速度 $\mathbf{a}_B$ 之差。

例 ▶ 1-3.1

　　一人騎腳踏車向東行，若行駛速度為 5 m/s，則感覺風從正北方吹來；若行駛速度為 7 m/s，則感覺風從東北方吹來。問風速是多少？

 解 本題用作圖法較容易說明。應用相對速度的定義

$$\mathbf{v}_風 = \mathbf{v}_人 + \mathbf{v}_{風/人} \tag{1}$$

　　取 O 點為座標原點，則人向東行駛速度 5 m/s，風從正北方吹來，可繪圖如圖 1-3.3 所示，其中 $\mathbf{v}_{風/人}$ 的方向為 $A \rightarrow B$，但大小未知。當人的速度為 7 m/s，風從東北方吹來，可繪圖如圖 1-3.4 所示，此時 $\mathbf{v}_{風/人}$ 的方向為 $C \rightarrow D$，但大小未知。將圖 1-3.3 和 1-3.4 合併成圖 1-3.5。應用(1)式，從圖中可知 $\mathbf{v}_風$ 為 O 點至 AB 和 CD 兩線的交點 E 的向量。所以，$\mathbf{v}_風$ 的大小為

$$v_風 = \sqrt{(\overline{OA})^2 + (\overline{AE})^2} = \sqrt{5^2 + 2^2} = \sqrt{29} \text{ m/s}$$

$\mathbf{v}_風$ 的方向與正東方向的夾角 θ：

$$\theta = \tan^{-1}\frac{2}{5} = 21.8°$$

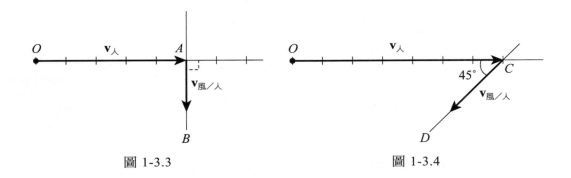

圖 1-3.3　　　　　　　　　　　　　圖 1-3.4

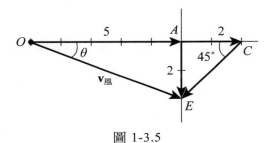

圖 1-3.5

例 ▶ 1-3.2

　　汽車 A 以 $50\sqrt{2}$ km/h 的速度向北行駛，另一汽車 B 以 50 km/h 的速度向東北行駛，求在汽車 A 看汽車 B 的速度。

解　以 O 點為原點，作圖如圖 1-3.6 所示。根據餘弦定律，得

$$v_{B/A} = (v_A^2 + v_B^2 - 2v_A v_B \cos 45°)^{\frac{1}{2}}$$
$$= [(50\sqrt{2})^2 + (50)^2 - 2(50\sqrt{2})(50)\cos 45°]^{\frac{1}{2}}$$
$$= 50 \text{ km}/\text{h}$$

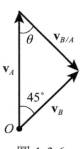

圖 1-3.6

由正弦定律，得

$$\frac{v_{B/A}}{\sin 45°} = \frac{50}{\sin \theta}, \quad \theta = 45°$$

所以從汽車 A 看汽車 B 的速度為 $\mathbf{v}_{B/A}$，其大小為 50 km/h，方向為 ⟍ 45°，即方向朝正東南。

例 ▶ 1-3.3

如圖 1-3.7 所示，一船由 A 點相對於水以等速率 $v_{b/w}$ 並與河邊垂直地航向對岸的 B 點，經過 20 分鐘後由於水流的關係而到達 C 點。為了使船能夠抵達 B 點，船相對於水以等速率 $v_{b/w}$ 逆流保持某一角度航行，在此情況下船經 25 分鐘後到達 B 點。求船相對於水的速度之大小、水速 $\mathbf{v}_w$ 及河寬 d。

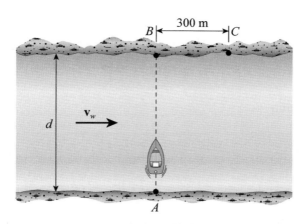

圖 1-3.7　船相對於水的速度

 當船垂直航向 B 點時，船相對於水的速度 $\mathbf{v}_{b/w}$ 從 A 指向 B，而水速 $\mathbf{v}_w$ 朝右，船的絕對速度（相對於岸的速度）$\mathbf{v}_b$ 指向 C 點，且 $\mathbf{v}_b = \mathbf{v}_w + \mathbf{v}_{b/w}$，如圖 1-3.8 所示。由圖 1-3.8 的幾何關係，得

$$v_b = \sqrt{v_{b/w}^2 + v_w^2} \tag{1}$$

從圖 1-3.7，得

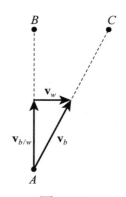

圖 1-3.8

$$\overline{AC} = \sqrt{\overline{AB}^2 + \overline{BC}^2} = \sqrt{d^2 + (300)^2} = v_b t = 20 v_b \tag{2}$$

由(1)和(2)式，得

$$20\sqrt{v_{b/w}^2 + v_w^2} = \sqrt{d^2 + (300)^2} \tag{3}$$

由於水速 $\mathbf{v}_w$ 使船在 20 分鐘向右偏移 300 m（見圖 1-3.7），即

$$20\, v_w = 300 \tag{4}$$

當船偏向一定角度逆流航行時，為了到達 B 點，船的速度 $\mathbf{v}_b'$ 必須由 A 點指向 B 點，如圖 1-3.9 所示。此時船速 $\mathbf{v}_b'$ 的大小為

$$v_b' = \sqrt{v_{b/w}'^2 - v_w^2} = \sqrt{v_{b/w}^2 - v_w^2} \tag{5}$$

但 $\overline{AB} = d = v_b' t'$，即

$$25\sqrt{v_{b/w}^2 - v_w^2} = d \tag{6}$$

從(3)、(4)和(6)式，解得水流速度為

$$v_w = 15\,\text{m}\,/\,\text{min} \rightarrow$$

河寬為

$$d = 500\,\text{m}$$

船相對於水的速度之大小為

$$v_{b/w} = 25\,\text{m}\,/\,\text{min}$$

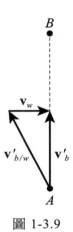

圖 1-3.9

 1.4 速度和加速度的直角座標分量

設我們用一直角座標系來描述質點的運動，則質點的位置向量 r 和質點座標 (x, y, z) 的關係為

$$\mathbf{r} = x\mathbf{i} + y\mathbf{j} + z\mathbf{k} \tag{1-4.1}$$

其中 x、y 和 z 是時間 t 的函數；$\mathbf{i}$、$\mathbf{j}$ 和 $\mathbf{k}$ 分別是平行於 x、y 及 z 軸的單位向量，如圖 1-4.1 所示。

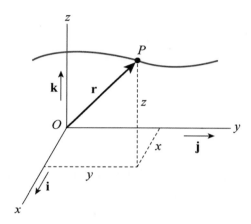

圖 1-4.1　用直角座標系描述質點的運動

　　根據 $\mathbf{v} = \dot{\mathbf{r}}$，對(1-4.1)式在所選定的直角座標系中對時間求導數，就得質點相對於此座標系的速度。所述「在所選定的直角座標系中對時間求導數」是什麼意思呢？這就是說，在求導過程中，我們認為這個座標系是「固定」不動的。因此，平行於座標軸的單位向量 $\mathbf{i}$、$\mathbf{j}$ 和 $\mathbf{k}$ 是固定不變的，求導時不必考慮它們的變化。如此求導後，我們得到質點速度的表達式

$$\mathbf{v} = \dot{x}\mathbf{i} + \dot{y}\mathbf{j} + \dot{z}\mathbf{k} \tag{1-4.2}$$

上式說明速度在直角座標軸上的分量就是質點座標的一階導數。由此得到速度的大小（速率）為

$$v = \left|\mathbf{v}\right| = \sqrt{\dot{x}^2 + \dot{y}^2 + \dot{z}^2} \tag{1-4.3}$$

同理，將(1-4.2)式在此直角座標系中對時間再求一次導數就得加速度

$$\mathbf{a} = \ddot{x}\mathbf{i} + \ddot{y}\mathbf{j} + \ddot{z}\mathbf{k} \tag{1-4.4}$$

加速度的大小是

$$a = |\mathbf{a}| = \sqrt{\ddot{x}^2 + \ddot{y}^2 + \ddot{z}^2} \tag{1-4.5}$$

下面考慮兩種特殊情況：

情況 I： 平面運動。當質點只在一個固定平面內運動時，不妨取此平面為直角座標系的 xy 平面，於是質點的 z 座標恆為零。此時速度和加速度公式分別為

$$\mathbf{v} = \dot{x}\mathbf{i} + \dot{y}\mathbf{j} \tag{1-4.6}$$

$$\mathbf{a} = \ddot{x}\mathbf{i} + \ddot{y}\mathbf{j} \tag{1-4.7}$$

情況 II： 直線運動。當質點沿著一固定直線運動時，不妨取 x 軸（即 1-2 節之 s 軸）與此直線重合，於是質點的 y 座標和 z 座標都恆為零。此時速度和加速度公式簡化成

$$\mathbf{v} = \dot{x}\mathbf{i} \tag{1-4.8}$$

$$\mathbf{a} = \ddot{x}\mathbf{i} \tag{1-4.9}$$

從 $\dot{x}$ 和 $\ddot{x}$ 的正負號我們完全能夠判定速度和加速度的方向，故當質點作直線運動時，可以不用向量記號，而將速度和加速度公式寫成

$$v = \dot{x} \tag{1-4.10}$$

$$a = \ddot{x} \tag{1-4.11}$$

例 ▶ 1-4.1

一曲柄滑塊機構如圖 1-4.2 所示，其中曲柄 $\overline{OA} = k$ 繞 O 點旋轉，滑塊 B 被限制在水平直線上運動，連桿 $\overline{AB} = b$。求滑塊 B 的速度表達式。

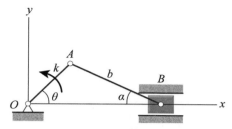

圖 1-4.2　曲柄滑塊機構

 因為滑塊 B 作直線運動，不妨取該直線為 x 軸。首先求出滑塊 B 的 x 座標，然後對時間求導數即得其速度。由圖 1-4.2 可得

$$x = k\cos\theta + b\cos\alpha$$

由正弦定理得

$$k\sin\theta = b\sin\alpha$$

由此得

$$\sin\alpha = \frac{k}{b}\sin\theta \ , \quad \cos\alpha = \sqrt{1 - \frac{k^2}{b^2}\sin^2\theta}$$

於是滑塊 B 的座標 x 可表示成

$$x = k\cos\theta + b\sqrt{1 - \frac{k^2}{b^2}\sin^2\theta}$$

對時間求一階導數，即得滑塊 B 的速度表達式

$$v = \dot{x} = -k\dot{\theta}\sin\theta - \frac{k^2\dot{\theta}\sin\theta\cos\theta}{\sqrt{b^2 - k^2\sin^2\theta}}$$

其中 $\dot{\theta}$ 為 θ 的導數，它表示了曲柄 OA 旋轉的快慢，稱為曲柄角速度。圖 1-4.3 所示為曲柄長 $k = 0.2\,\mathrm{m}$，連桿長 $b = 0.4\,\mathrm{m}$ 時，在不同曲柄角速度 $\dot{\theta}$ 下，應用上式求出滑塊速度 v 隨轉角 θ 的變化圖。θ 角大於 $360°$ 表示，曲柄旋轉超過一圈。

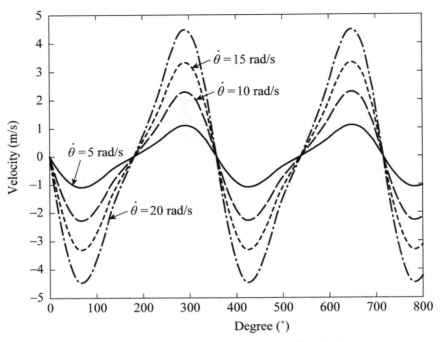

圖 1-4.3　不同曲柄角速度下的滑塊速度

例 ▶ 1-4.2

　　一小船只能沿湖面作水平運動，今用一不可伸長的軟繩跨過滑輪 A 拉動小船。設人水平拉繩子的速度大小為 v_A，求小船前進的速度 v_B。

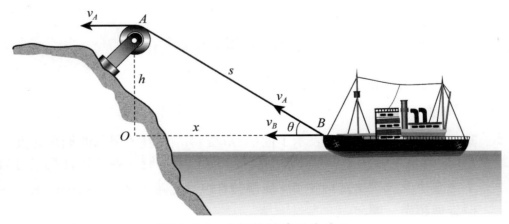

圖 1-4.4　小船的速度是多少？

解 設軟繩和水平方向的夾角為 θ ，一個常見的錯誤是認為船的速度 $v_B = v_A \cos\theta$ ，其實這是錯誤的。正確解法如下：取圖 1-4.4 中的 O 點為直角座標系的原點，則有

$$x^2 = s^2 - h^2$$

兩邊對時間求導數，得

$$2x\dot{x} = 2s\dot{s}$$

$$\dot{x} = \frac{s}{x}\dot{s}$$

注意到 $\dot{x} = -v_B$ ， $\dot{s} = -v_A$ ， $s/x = 1/\cos\theta$ ，我們得到正確的答案：

$$v_B = \frac{v_A}{\cos\theta}$$

即小船水平前進的速度 v_B 等於人拉繩子的速度 v_A 除以 $\cos\theta$ 。

例 ▶ 1-4.3

取 x 軸沿水平方向， y 軸沿鉛垂方向，並使 xy 平面與拋射體運動平面重合，如圖 1-4.5 所示。若空氣阻力不計，試分析此拋射體的運動。

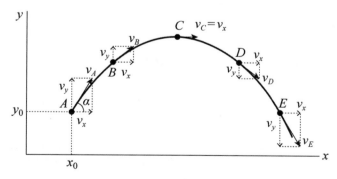

圖 1-4.5　拋射體的運動

解 拋射體的加速度分量為

$$\ddot{x} = 0, \quad \ddot{y} = -g = -9.81 \, \text{m/s}^2 = -32.2 \, \text{ft/s}^2$$

即沿水平方向（x 方向）拋射體作等速運動（無加速度），而沿垂方向（y 方向）拋射體作等加速度運動（加速度為常值）。對時間積分一次及兩次，我們可得速度和位置向量的座標分量

$$\dot{x} = c_1, \quad \dot{y} = -gt + c_2$$

$$x = c_1 t + c_3, \quad y = -\frac{1}{2}gt^2 + c_2 t + c_4$$

應用初始條件

$$t = 0, \quad x = x_0, \quad y = y_0$$

$$\dot{x} = v_0 \cos\alpha, \quad \dot{y} = v_0 \sin\alpha$$

得積分常數

$$c_1 = v_0 \cos\alpha, \quad c_2 = v_0 \sin\alpha$$

$$c_3 = x_0, \quad c_4 = y_0$$

於是

$$\dot{x} = v_0 \cos\alpha, \quad \dot{y} = v_0 \sin\alpha - gt$$

$$x = x_0 + (v_0 \cos\alpha)t, \quad y = y_0 + (v_0 \sin\alpha)t - \frac{1}{2}gt^2$$

圖 1-4.5 中顯示拋射體在不同位置質點的速度水平和垂直分量 v_x、v_y。

例 ▶ 1-4.4

一砲彈從 A 點以初速度 $v_0 = 200 \, \text{m/s}$ 及仰角 $\alpha = 60°$ 射出。設斜面的傾角為 $\theta = 15°$，如圖 1-4.6 所示。求砲彈擊中 B 點時的射程 L。

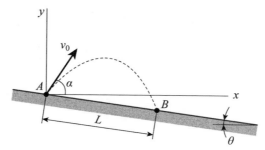

圖 1-4.6　砲彈的射程

解　將直角座標系的原點取在 A 點。設砲彈經過 t 秒後擊中 B 點，根據例 1-4.3，我們可以列出下面的關係式

$$x_B = x_A + (v_0 \cos\alpha)t \tag{1}$$

$$y_B = y_A + (v_0 \sin\alpha)t - \frac{1}{2}gt^2 \tag{2}$$

注意到

$$x_A = 0 , \quad y_A = 0 \tag{3}$$

$$x_B = L\cos\theta , \quad y_B = -L\sin\theta \tag{4}$$

將(3)、(4)式代入(1)和(2)式，得

$$L\cos\theta = (v_0 \cos\alpha)t \tag{5}$$

$$-L\sin\theta = (v_0 \sin\alpha)t - \frac{1}{2}gt^2 \tag{6}$$

從(5)式得

$$t = \frac{L\cos\theta}{v_0 \cos\alpha} \tag{7}$$

將(7)式代入(6)式，化簡後得

$$L = \frac{2v_0^2 \sin(\alpha + \theta)\cos\alpha}{g\cos^2\theta} = \frac{2(200)^2 \sin(60° + 15°)\cos 60°}{(9.81)\cos^2 15°} = 4221\,\text{m}$$

註：如果將直角座標系的原點取在 B 點，該如何求解？當然最後的答案應該一樣。另外，請讀者解釋當 $\alpha = 0°$ 和 $\theta = 0°$ 時，所得結果的物理意義。

例 ▶ 1-4.5

質點 P 的位置向量與時間的關係為 $\mathbf{r} = 2\cos^2 3t\mathbf{i} + 6\sin^2 3t\mathbf{j}$，求質點 P 的運動軌跡。

 解

$$\mathbf{r}(t) = x(t)\mathbf{i} + y(t)\mathbf{j} + z(t)\mathbf{k} = 2\cos^2 3t\mathbf{i} + 6\sin^2 3t\mathbf{j}$$

$$x(t) = 2\cos^2 3t = 2(1 - \sin^2 3t) \tag{1}$$

$$y(t) = 6\sin^2 3t \tag{2}$$

$$z(t) = 0 \tag{3}$$

從(1)和(2)式中消去 t，得質點運動的軌跡方程為

$$3x + y = 6$$

它代表一直線。因為(1)和(2)式中的 $x(t)$ 與 $y(t)$ 恆大於等於零，故質點 P 的運動軌跡限於第一象限，如圖 1-4.7 所示。

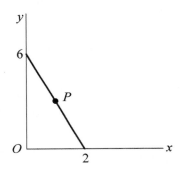

圖 1-4.7　質點 P 的運動軌跡

例 ▶ 1-4.6

一圓錐方程為 $x^2 + y^2 = 16z^2$，一質點 P 在圓錐內部運動，如圖 1-4.8 所示。質點在 x、y、z 方向的座標方向的分量可用 $x = 2y^2$，$z = 0.64 - 0.06t^2$，$y > 0$ 來描述，單位為 m。求質點在時間 $t = 2\,\text{sec}$ 時的位置、速度和加速度。

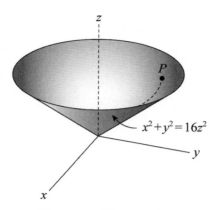

圖 1-4.8　例 1-4.6 之圖

 解　採用直角座標分量法，依題意描述質點位置的方程為

$$x = 2y^2 \tag{1}$$

$$z = 0.64 - 0.06t^2 \tag{2}$$

$$4y^4 + y^2 = 16z^2 \tag{3}$$

微分上面三式，得質點速度分量表達式

$$\dot{x} = 4y\dot{y} \tag{4}$$

$$\dot{z} = -0.12t \tag{5}$$

$$(16y^3 + 2y)\dot{y} = 32z\dot{z} \tag{6}$$

再微分一次，可得質點加速度分量表達式

$$\ddot{x} = 4(y\ddot{y} + \dot{y}^2) \tag{7}$$

$$\ddot{z} = -0.12 \tag{8}$$

$$(16y^3 + 2y)\ddot{y} + (48y^2 + 2)\dot{y} = 32(z\ddot{z} + \dot{z}^2) \tag{9}$$

以 $t = 2$ 代入(2)式可求得 z，將 z 值代入(3)式可求得 y，再將 y 值代入(1)式便可求得 x，由此可得質點在時刻 $t = 2\,\sec$ 時位置向量的直角座標分量

$$x = 1.355，\quad y = 0.823，\quad z = 0.4$$

代入(4)、(5)、(6)式，可得速度分量

$$\dot{x} = -0.958，\dot{y} = -0.291，\dot{z} = -0.24$$

類似地將以上求得的座標分量及速度分量代入(7)、(8)、(9)式，可得加速度分量

$$\ddot{x} = -0.478，\ddot{y} = -0.248，\ddot{z} = -0.12$$

所以質點在 $t = 2\,\mathrm{sec}$ 時的位置向量、速度和加速度分別為

$$\mathbf{r} = 1.355\,\mathbf{i} + 0.823\mathbf{j} + 0.4\mathbf{k}\ \mathrm{m}$$
$$\mathbf{v} = -0.958\,\mathbf{i} - 0.291\mathbf{j} - 0.24\mathbf{k}\ \mathrm{m/s}$$
$$\mathbf{a} = -0.478\,\mathbf{i} - 0.248\mathbf{j} - 0.12\mathbf{k}\ \mathrm{m/s}^2$$

 ## 1.5　速度和加速度的切線與法線座標分量

　　在地面上固定一個直角座標系 Oxy，設質點 P 在 xy 平面內運動形成一曲線軌跡。我們的目的是要求出質點相對於 Oxy 的速度與加速度公式，但我們不是將速度和加速度用直角座標分量表示出來，而是要將它們用切線和法線分量表示出來，這種分量稱為**切線與法線座標**(tangential and normal coordinates)分量。

　　我們知道，速度的一般定義是 $\mathbf{v} = \dot{\mathbf{r}}$。定義弧長 s 為運動路徑上由固定參考點沿運動路徑至質點所在位置的距離，則速度可寫成

$$\mathbf{v} = \frac{d\mathbf{r}}{dt} = \frac{d\mathbf{r}}{ds}\frac{ds}{dt} \tag{1-5.1}$$

其中 $d\mathbf{r}/ds$ 代表切線方向的單位向量，用 $\mathbf{e}_t$ 表示之（見圖 1-5.1），於是(1-5.1)式就可寫成

$$\mathbf{v} = \dot{s}\mathbf{e}_t = v\mathbf{e}_t \tag{1-5.2}$$

其中 $v = \dot{s} = ds/dt$ 是 **v** 在切線方向的分量，它可正可負。當 $\dot{s} > 0$，表示 **v** 沿 $\mathbf{e}_t$ 的正方向；當 $\dot{s} < 0$，表示 **v** 沿 $\mathbf{e}_t$ 的負方向。總之，速度的大小為 $|\dot{s}|$ 或 $|v|$，方向必沿著軌跡的切線方向，至於速度指向切線的那一方，則由 $\dot{s}$ 正負來確定（見圖 1-5.1）。

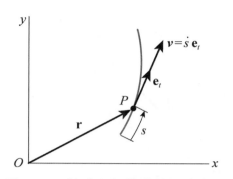

圖 1-5.1　速度必沿軌跡的切線方向

　　將(1-5.2)式對時間求一次導數即得加速度。我們曾經說過，對一個向量求導數，必須指明在哪個座標系中求得。我們希望求質點相對於 Oxy 座標系的加速度，當然這個求導過程應在 Oxy 中進行。值得注意的是，對於 Oxy 而言，切線方向的單位向量 $\mathbf{e}_t$ 不是常向量，其方向是隨時間而變的，如圖 1-5.2(a)所示。將(1-5.2)式對時間求導，得

$$\mathbf{a} = \frac{d\mathbf{v}}{dt} = \ddot{s}\mathbf{e}_t + \dot{s}\frac{d\mathbf{e}_t}{dt} \tag{1-5.3}$$

現在關鍵是要求出 $d\mathbf{e}_t/dt$。考慮 t 時刻的切線單位向量 $\mathbf{e}_t$ 和 $t+dt$ 時刻的單位向量 $\mathbf{e}_{t'}$，並將它們畫在圖 1-5.2(b)中。設 $\mathbf{e}_t$ 和 $\mathbf{e}_{t'}$ 之間的夾角為 $d\theta$，由於 $\mathbf{e}_t$ 和 $\mathbf{e}_{t'}$ 都為單位向量，其大小為 1，故 $|d\mathbf{e}_t| = 1 \cdot |d\theta|$。當 P' 趨於 P 點時，$d\mathbf{e}_t$ 將垂直於 $\mathbf{e}_t$ 而指向 $\mathbf{e}_n$（法線方向），故

$$d\mathbf{e}_t = d\theta\mathbf{e}_n, \quad \frac{d\mathbf{e}_t}{dt} = \dot{\theta}\mathbf{e}_n \tag{1-5.4}$$

其中 $\mathbf{e}_n$ 為質點運動軌跡法線方向的單位向量，它指向軌跡凹的一邊，如圖 1-5.3 所示。

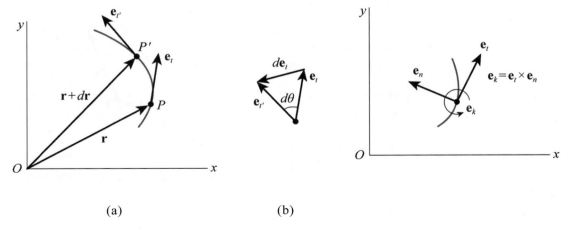

(a) (b)

圖 1-5.2　切線單位向量的變化　　　圖 1-5.3　切線與法線座標架

　　單位向量 $\mathbf{e}_t$ 和 $\mathbf{e}_n$ 也構成一個座標架，當質點 P 運動時，這個座標架相對於 Oxy 有旋轉運動，故稱為活動座標架，$\dot{\theta}$ 就表示這個活動標架的角速度。引進另一個單位向量 $\mathbf{e}_k$，使得 $\mathbf{e}_t$ 和 $\mathbf{e}_n$ 和 $\mathbf{e}_k$ 三者構成一個右手座標系，如圖 1-5.3 所示。這樣，$\boldsymbol{\omega} = \dot{\theta}\mathbf{e}_k$ 就是這個活動座標架的角速度向量。活動座標架的角速度可用右手定則確定：彎曲的右手四指表示活動標架的旋轉方向，則大姆指的方向即為角速度的方向。用角速度向量，可將(1-5.4)式寫成

$$\frac{d\mathbf{e}_t}{dt} = \boldsymbol{\omega} \times \mathbf{e}_t \tag{1-5.5}$$

結論： 活動座標架上的單位向量對時間求一階導數，等於活動座標架的角速度與該單位向量的叉積。

　　以上結論雖然是對上述特殊情況導出的，但這一結論對一般情況也是正確的，今後我們可以直接應用它。利用以上結論，我們立即可得出法線單位向量 $\mathbf{e}_n$ 對時間之導數為

$$\frac{d\mathbf{e}_n}{dt} = (\dot{\theta}\mathbf{e}_k) \times \mathbf{e}_n = -\dot{\theta}\mathbf{e}_t \tag{1-5.6}$$

　　現在求加速度。將(1-5.4)式代入(1-5.3)式，得

$$\mathbf{a} = \ddot{s}\mathbf{e}_t + \dot{s}\dot{\theta}\mathbf{e}_n \tag{1-5.7}$$

注意到

$$\dot{\theta} = \frac{d\theta}{dt} = \frac{d\theta}{ds}\frac{ds}{dt} = \dot{s}\frac{d\theta}{ds} = \frac{\dot{s}}{\rho} = \frac{v}{\rho} \tag{1-5.8}$$

其中 $\rho = ds/d\theta$ 稱為運動軌跡的 **曲率半徑**(radius of curvature)。於是,(1-5.7)式最後可寫成

$$\mathbf{a} = \ddot{s}\mathbf{e}_t + \frac{\dot{s}^2}{\rho}\mathbf{e}_n \tag{1-5.9}$$

或

$$\mathbf{a} = \dot{v}\mathbf{e}_t + \frac{v^2}{\rho}\mathbf{e}_n \tag{1-5.10}$$

因此,質點加速度在切線方向和法線方向的分量為

$$a_t = \ddot{s} = \dot{v}, \quad a_n = \frac{\dot{s}^2}{\rho} = \frac{v^2}{\rho} \tag{1-5.11}$$

結論: 加速度有兩個分量。一為切線分量,其值為 $\ddot{s}$ 或 $\dot{v}$,是因速度大小改變而引起的。另一為法線分量,其大小為 $\frac{\dot{s}^2}{\rho}$ 或 v^2/ρ,指向曲率中心,它是因速度方向改變而引起的,如圖 1-5.4 所示。公式 (1-5.2) 和 (1-5.10)雖然是用質點作平面曲線運動推導出來的,它們對質點作空間一般曲線運動仍適用。

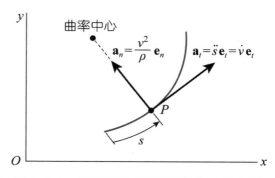

圖 1-5.4 加速度的切線與法線座標分量

例 ▶ 1-5.1

圓周運動。如圖 1-5.5 所示,令 R 為圓周的半徑,則

$$s = R\theta \, , \quad \dot{s} = R\dot{\theta} \, , \quad \ddot{s} = R\ddot{\theta} \, , \quad \rho = R$$

於是速度 **v** 之值為

$$v = \dot{s} = R\dot{\theta}$$

加速度的切線分量 a_t 和法線分量 a_n 為

$$a_t = \ddot{s} = R\ddot{\theta} \, , \quad a_n = \frac{v^2}{\rho} = R\dot{\theta}^2$$

特別,對於等速圓周運動,$v = R\dot{\theta}$ =常值,由此知 $\dot{\theta}$ =常值。這時切線加速度 a_t 為零,而法線加速度 $a_n = \dfrac{v^2}{R}$ 並不為零。

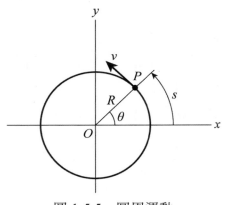

圖 1-5.5 圓周運動

例 ▶ 1-5.2

一汽車在半徑為 100 m 的水平圓形跑道上行駛,若汽車靜止從 A 點出發,並沿著跑道以 5 m/s² 等加速率前進,求:(a)汽車的加速度大小達到 10 m/s² 所需的時間;(b)此瞬時汽車的速率;(c)汽車在跑道所走的路程。

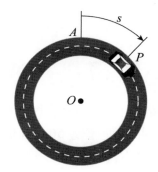

圖 1-5.6　例 1-5.2 之圖

 (a) 取 A 點為弧長 s 的原點，由題意

$$\ddot{s} = 5 \text{ m/s}^2 \tag{1}$$

積分(1)式並應用初始條件 $t = 0$，$s = 0$，$\dot{s} = 0$，得

$$\dot{s} = 5t + c_1 = 5t \qquad (t = 0, \dot{s} = 0) \tag{2}$$

$$s = 2.5t^2 + c_2 = 2.5t^2 \qquad (t = 0, s = 0) \tag{3}$$

根據方程(1-5.9)

$$a = \sqrt{a_t^2 + a_n^2} = \sqrt{\ddot{s}^2 + (\dot{s}^2 / \rho)^2} \tag{4}$$

將 $a = 10$，$\rho = 100$ 及(1)、(2)式代入(4)式，得

$$10 = \sqrt{5^2 + (\frac{25t^2}{100})^2} \tag{5}$$

解得 $t = 5.89$ sec

(b) 此時車子的速率 $|\mathbf{v}|$：

$$|\mathbf{v}| = |v| = |\dot{s}| = |5t| = |5(5.89)| = 29.45 \text{ m/s}$$

(c) 汽車所行駛的路程（弧長）s：

$$s = 2.5 t^2 = 2.5(5.89)^2 = 86.7 \text{ m}$$

動力學
Dynamics

問題：當汽車繞一圈後到 P 點之位置，設 $\angle POA = \theta$，則此時的弧長 $s = ?$

一部汽車行駛於起伏路面，如圖 1-5.7 所示，在 A 點的速率為 80 km/h，然後以等減速率行駛至 B 點時的速率為 50 km/h，A 點至 B 點的路徑長 160 m。設汽車在 A 點的加速度大小為 3 m/s²，且路面在 B 點的曲率半徑為 100 m。求：(a)汽車從 A 點至 B 點所需的時間；(b)路面在 A 點的曲率半徑；(c)汽車在 B 點的加速度。

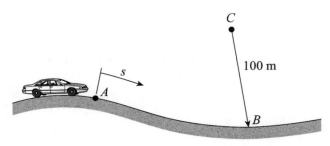

圖 1-5.7　例 1-5.3 之圖

 取 A 點為沿路徑之弧長 s 的原點如圖 1-5.7 所示，由題意

$$v_A = 80 \text{ km / h} = 22.22 \text{ m / s}$$

$$v_B = 50 \text{ km / h} = 13.89 \text{ m / s}$$

因汽車作等減速率運動，故切線加速度之值 a_t 為常數 K，即

$$\ddot{s} = a_t = K \tag{1}$$

積分(1)式並應用初始條件 $t = 0$，$\dot{s} = v_A = 22.22$ 可得

$$\dot{s} = a_t t + c_1 = a_t t + 22.22 \qquad (t = 0, \dot{s} = 22.22, c_1 = 22.22) \tag{2}$$

積分(2)式並由初始條件 $t = 0$，$s = 0$，得

$$s = \frac{1}{2}a_t t^2 + 22.22t + c_2 = \frac{1}{2}a_t t^2 + 22.22t \qquad (t = 0, s = 0, c_2 = 0) \tag{3}$$

(a) 在 B 點 $v_B = \dot{s} = 13.89\,\text{m/s}$，$s = 160\,\text{m}$ 代入(2)、(3)式，得

$$13.89 = a_t t + 22.22 \tag{4}$$

$$160 = \frac{1}{2} a_t t^2 + 22.22t \tag{5}$$

從(4)和(5)式解得

$$t = 8.86\,\text{sec}$$
$$a_t = -0.94\,\text{m/s}^2$$

(b) 在 A 點的加速度的大小 $a = 3\,\text{m/s}^2$，而 $a_t = -0.94\,\text{m/s}^2$，故

$$a = \sqrt{a_t^2 + a_n^2}\,, \quad 3 = \sqrt{(-0.94)^2 + a_n^2}\,, \quad a_n = 2.85\,\text{m/s}^2$$

又法線加速度的大小 $a_n = v^2/\rho$，故 A 點的曲率半徑為

$$\rho = \frac{v_A^2}{a_n} = \frac{(22.22)^2}{2.85} = 173.2\,\text{m}$$

(c) 以 $\ddot{s} = -0.94$，$\dot{s} = 13.89$ 及 $\rho = 100$ 代入(1-5.9)式，得 B 點的加速度為

$$\mathbf{a} = \ddot{s}\mathbf{e}_t + \frac{\dot{s}^2}{\rho}\mathbf{e}_n = -0.94\mathbf{e}_t + \frac{(13.89)^2}{100}\mathbf{e}_n = -0.94\mathbf{e}_t + 1.93\mathbf{e}_n$$

其中 $\mathbf{e}_t$ 為路面在 B 點的切線方向，$\mathbf{e}_n$ 為法線方向，如圖 1-5.8 所示。

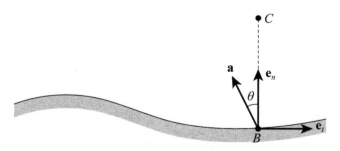

圖 1-5.8　B 點的加速度

加速度的大小 a 及角度 θ，如圖 1-5.8 所示，即

$$a = \sqrt{a_t^2 + a_n^2} = \sqrt{(-0.94)^2 + (1.93)^2} = 2.15 \,\text{m}/\text{s}^2$$

$$\theta = \tan^{-1}\frac{-a_t}{a_n} = \tan^{-1}\frac{0.94}{1.93} = 26°$$

例 ▶ 1-5.4

質點 P 以等速率 3 m/s 沿拋物線 $y = \dfrac{1}{10}x^2$ 滑下，如圖 1-5.9 所示。用切線與法線座標，求它到達 $x = 10\,\text{m}$，$y = 10\,\text{m}$ 的速度和加速度。

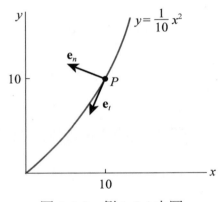

圖 1-5.9　例 1-5.4 之圖

解　將切線與法線座標建於 P 點上，則質點的速度

$$\mathbf{v} = v\mathbf{e}_t = 3\mathbf{e}_t$$

其中 $\mathbf{e}_t$ 為切線方向的單位向量，它與運動路徑相切，為了求 $\mathbf{e}_t$ 在 $x = 10$，$y = 10$ 時之方向，先求該點的斜率 dy / dx，即

$$\left.\frac{dy}{dx}\right|_{x=10} = \left.\frac{1}{5}x\right|_{x=10} = 2$$

所以 $\mathbf{e}_t$ 的方向與 x 軸的夾角 $\theta = \tan^{-1}2 = 63.4°$。由此速度 $\mathbf{v}$：

$$v = 3\,\text{m/s} \qquad \overset{\displaystyle 63.4°}{\searrow}$$

欲求加速度必須先求出曲率半徑 ρ，根據微積分公式

$$\rho = \left|\frac{[1+(dy/dx)^2]^{\frac{3}{2}}}{d^2y/dx^2}\right| = \left|\frac{[1+(\frac{1}{5}x)^2]^{\frac{3}{2}}}{\frac{1}{5}}\right|_{x=10} = 55.9\,\text{m}$$

由此，求得加速度

$$\mathbf{a} = \dot{v}\mathbf{e}_t + \frac{v^2}{\rho}\mathbf{e}_n = 0 + \frac{3^2}{55.9}\mathbf{e}_n = 0.16\mathbf{e}_n$$

但 $\mathbf{e}_n$ 與 $\mathbf{e}_t$ 垂直，所以加速度 $\mathbf{a}$：

$$a = 0.16\,\text{m/s}^2 \qquad \overset{26.6°}{\nearrow}$$

1.6　速度和加速度的極座標分量

　　如圖 1-6.1 所示，Oxy 為固定於地面上的座標系。質點在 Oxy 平面內運動，質點的位置由極座標 r 和 θ 定義。設 t 時刻質點在 P 點，平行 OP 的單位向量 $\mathbf{e}_r$ 稱為**徑向單位向量** (radial unit vector)，將 $\mathbf{e}_r$ 順著 θ 增加的方向旋轉 90° 得另一單位向量 $\mathbf{e}_\theta$，稱為**橫向單位向量** (transverse unit vector)。顯然 $\mathbf{e}_t$ 和 $\mathbf{e}_\theta$ 構成一個活動標架，即當質點 P 運動時，此標架相對於 Oxy 有旋轉運動。設 $\mathbf{e}_k$ 為另一單位向量，使 $\mathbf{e}_k = \mathbf{e}_r \times \mathbf{e}_\theta$，則 $\boldsymbol{\omega} = \dot{\theta}\mathbf{e}_k$ 即為這個活動標架的角

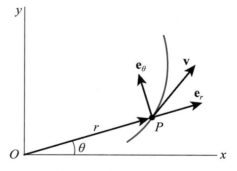

圖 1-6.1　質點的極座標

速度。從上節我們知道，活動標架上單位向量的時間導數，等於活動標架的角速度與該單位向量之叉積。由此，我們得到 $\mathbf{e}_r$ 和 $\mathbf{e}_\theta$ 對時間的導數：

$$\frac{d\mathbf{e}_r}{dt} = (\dot{\theta}\mathbf{e}_k) \times \mathbf{e}_r = \dot{\theta}\mathbf{e}_\theta \tag{1-6.1}$$

$$\frac{d\mathbf{e}_\theta}{dt} = (\dot{\theta}\mathbf{e}_k) \times \mathbf{e}_\theta = -\dot{\theta}\mathbf{e}_r \tag{1-6.2}$$

現在我們來求質點相對於 Oxy 之速度的極座標分量。首先，質點的位置向量可表示為

$$\mathbf{r} = r\mathbf{e}_r \tag{1-6.3}$$

在 Oxy 中對時間微分，即得速度

$$\mathbf{v} = \dot{\mathbf{r}} = \dot{r}\mathbf{e}_r + r\dot{\mathbf{e}}_r \tag{1-6.4}$$

利用(1-6.1)式，得

$$\mathbf{v} = \dot{r}\mathbf{e}_r + r\dot{\theta}\mathbf{e}_\theta \tag{1-6.5}$$

故質點的速度可分解為徑向分量 v_r 與橫向分量 v_θ，如圖 1-6.2 所示，且

$$v_r = \dot{r}, \quad v_\theta = r\dot{\theta} \tag{1-6.6}$$

速度的大小為

$$v = \sqrt{v_r^2 + v_\theta^2} = \sqrt{\dot{r}^2 + r^2\dot{\theta}^2} \tag{1-6.7}$$

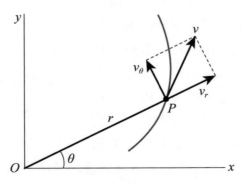

圖 1-6.2　速度的徑向與橫向分量

質點的加速度，可將速度 $\mathbf{v}$ 對時間 t（在 Oxy）中求導而得，即

$$\mathbf{a} = \dot{\mathbf{v}} = (\ddot{r}\mathbf{e}_r + \dot{r}\dot{\mathbf{e}}_r) + (\dot{r}\dot{\theta}\mathbf{e}_\theta + r\ddot{\theta}\mathbf{e}_\theta + r\dot{\theta}\dot{\mathbf{e}}_\theta)$$

將(1-6.1)和(1-6.2)式代入上式，整理後得

$$\mathbf{a} = (\ddot{r} - r\dot{\theta}^2)\mathbf{e}_r + (r\ddot{\theta} + 2\dot{r}\dot{\theta})\mathbf{e}_\theta \tag{1-6.8}$$

因此，質點的加速度亦可分解為徑向分量 a_r 與橫向分量 a_θ，如圖 1-6.3 所示，即

$$a_r = \ddot{r} - r\dot{\theta}^2, \quad a_\theta = r\ddot{\theta} + 2\dot{r}\dot{\theta} \tag{1-6.9}$$

加速度的大小為

$$a = \sqrt{a_r^2 + a_\theta^2} \tag{1-6.10}$$

特別，若質點繞固定點 O 作圓周運動，由於 r 保持不變，$\dot{r} = 0$，$\ddot{r} = 0$。因此，(1-6.5)和(1-6.8)式變成

$$\mathbf{v} = r\dot{\theta}\mathbf{e}_\theta \tag{1-6.11}$$

$$\mathbf{a} = -r\dot{\theta}^2\mathbf{e}_r + r\ddot{\theta}\mathbf{e}_\theta \tag{1.6.12}$$

注意，此時 $r\ddot{\theta}$ 又代表切線加速度分量；而 $r\dot{\theta}^2$ 又代表法線加速度分量。

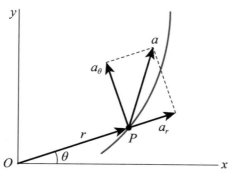

圖 1-6.3　加速度的徑向與橫向分量

例 ▶ 1-6.1

飛機以水平速度 **v** 在高度 $h = 10\ \text{km}$ 處飛行,且受到雷達的追蹤,如圖 1-6.4 所示。當 $\theta = 60°$ 時,$\dot{\theta} = 0.03\ \text{rad/s}$,$\ddot{\theta} = 0.01\ \text{rad/s}^2$,求此瞬間 $\dot{r}$、$\ddot{r}$、飛行速率及加速度之值。

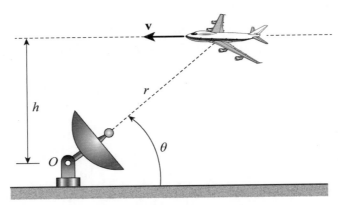

圖 1-6.4　例 1-6.1 之圖

 解　採用極座標系並以 O 點為原點,如圖 1-6.4 所示。從圖中,得

$$r = \frac{h}{\sin\theta} = h\csc\theta \tag{1}$$

對時間 t 微分(1)式,得

$$\dot{r} = -h\csc\theta\cot\theta\,\dot{\theta} \tag{2}$$

$$\ddot{r} = h\csc\theta\cot^2\theta\,\dot{\theta}^2 + h\csc^3\theta\,\dot{\theta}^2 - h\csc\theta\cot\theta\,\ddot{\theta} \tag{3}$$

由題意以 $h = 10\ \text{km} = 10000\ \text{m}$,$\dot{\theta} = 0.03\ \text{rad/s}$,$\ddot{\theta} = 0.01\ \text{rad/s}^2$,$\theta = 60° = \dfrac{\pi}{3}$ 代入(1)、(2)和(3)式,得

$r = 11547\ \text{m}$

$\dot{r} = -200\ \text{m/s}$

$\ddot{r} = -49.35\ \text{m/s}^2$

飛機的速度為

$$\mathbf{v} = \dot{r}\mathbf{e}_r + r\dot{\theta}\mathbf{e}_\theta$$
$$= -200\mathbf{e}_r + 346.4\mathbf{e}_\theta$$

所以，飛行速率為

$$v = \sqrt{(-200)^2 + (346.4)^2} = 400 \text{ m/s}$$

飛機之加速度

$$\mathbf{a} = (\ddot{r} - r\dot{\theta}^2)\mathbf{e}_r + (r\ddot{\theta} + 2\dot{r}\dot{\theta})\mathbf{e}_\theta$$
$$= -59.74\mathbf{e}_r + 103.47\mathbf{e}_\theta$$

故加速度的大小為

$$a = \sqrt{(-59.74)^2 + (103.47)^2} = 119.5 \text{ m/s}^2$$

例 ▶ 1-6.2

槽臂 OC 可繞 O 點轉動，並經由銷子 P，使曲柄 AP 運動。設在運動過程中 $\dot{\theta} = c$（常數），證明銷子 P 的速度和加速度之大小不變。（見圖 1-6.5）

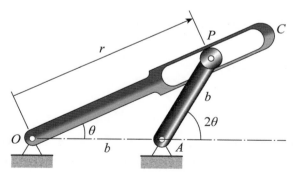

圖 1-6.5　P 點的速度和加速度

💡 **解** 用極座標求解：

$$r = 2b\cos\theta$$

$$\dot{r} = -2b\dot{\theta}\sin\theta = -2bc\sin\theta$$

$$\ddot{r} = -2bc\dot{\theta}\cos\theta = -2bc^2\cos\theta$$

由此求得速度分量及大小為

$$v_r = \dot{r} = -2bc\sin\theta$$

$$v_\theta = r\dot{\theta} = 2bc\cos\theta$$

$$v = \sqrt{v_r^2 + v_\theta^2} = 2bc \quad （常數）$$

加速度分量及大小為

$$a_r = \ddot{r} - r\dot{\theta}^2 = -4bc^2\cos\theta$$

$$a_\theta = r\ddot{\theta} + 2\dot{r}\dot{\theta} = -4bc^2\sin\theta$$

$$a = \sqrt{a_r^2 + a_\theta^2} = 4bc^2 \quad （常數）$$

另解：顯然銷子 P 的運動為以 A 為圓心，以 b 為半徑的圓周運動。因此其速度可按(1-6.11)式求出，即

$$v = b(2\dot{\theta}) = 2bc \quad （常數）$$

由於 v 為常數，其切線加速度 $a_t = \dot{v} = 0$，而法線加速度為

$$a_n = \frac{v^2}{b} = 4bc^2 \quad （常數）$$

故總加速度大小也為常數。

讀者已看到，第一種解法不如第二種解法簡便。在解題時，首先分析運動的形成，選取合適的座標系；但如何選取適當的座標系，則必須靠解題經驗的累積。

1.7　速度和加速度的圓柱座標分量

如圖 1-7.1 所示，$Oxyz$ 為固定於地面上的直角座標系，P 點的運動軌跡為一空間曲線，P' 為 P 點在 Oxy 平面上的投影。P 點的位置由圓柱座標 r、θ 及 z 確定。引入三個單位向量如下：徑向單位向量 $\mathbf{e}_r$ 平行於 $\overrightarrow{OP'}$ 的方向；橫向單位向量 $\mathbf{e}_\theta$ 垂直於 $\mathbf{e}_r$，指向 θ 增加的方向；$\mathbf{e}_z$ 為平行於 z 軸的方向。於是這三個單位向量構成一個活動標架，其角速度為 $\boldsymbol{\omega} = \dot{\theta}\mathbf{e}_z$。這些單位向量在 $Oxyz$ 中對時間的導數可按如下方法求得：

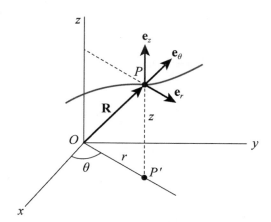

圖 1-7.1　圓柱座標

$$\dot{\mathbf{e}}_r = \boldsymbol{\omega} \times \mathbf{e}_r = \dot{\theta}\mathbf{e}_\theta \tag{1-7.1a}$$

$$\dot{\mathbf{e}}_\theta = \boldsymbol{\omega} \times \mathbf{e}_\theta = -\dot{\theta}\mathbf{e}_r \tag{1-7.1b}$$

$$\dot{\mathbf{e}}_z = \boldsymbol{\omega} \times \mathbf{e}_z = 0 \tag{1-7.1c}$$

有了以上的結果，我們很容易求出質點的速度和加速度。首先，注意到質點的位置向量可表示為

$$\mathbf{R} = r\mathbf{e}_r + z\mathbf{e}_z \tag{1-7.2}$$

對時間求導（在 $Oxyz$ 中），並利用(1-7.1)式，可得質點 P 的速度公式：

$$\mathbf{v} = \dot{r}\mathbf{e}_r + r\dot{\theta}\mathbf{e}_\theta + \dot{z}\mathbf{e}_z \tag{1-7.3}$$

將速度對時間求導（在 $Oxyz$ 中），並利用(1-7.1)式整理後即得質點 P 的加速度公式：

$$\mathbf{a} = (\ddot{r} - r\dot{\theta}^2)\mathbf{e}_r + (r\ddot{\theta} + 2\dot{r}\dot{\theta})\mathbf{e}_\theta + \ddot{z}\mathbf{e}_z \tag{1-7.4}$$

 例 ▶ 1-7.1

一質點沿螺旋線運動，其圓柱座標為 $r = 5 + \dfrac{1}{5}t^2\,(\text{m})$ ， $\theta = 2\pi t\,(\text{rad})$ ， $z = t^2\,(\text{m})$ ， t 的單位為秒。求當 $t = 5\,\text{s}$ 時質點的速度和加速度。

 解 當 $t = 5\,\text{s}$ 時

$$r = 5 + \frac{1}{5}t^2 = 10 \text{ , } \dot{r} = \frac{2}{5}t = 2 \text{ , } \ddot{r} = \frac{2}{5}$$

$$\theta = 2\pi t = 10\pi \text{ , } \dot{\theta} = 2\pi \text{ , } \ddot{\theta} = 0$$

$$z = t^2 = 25 \text{ , } \dot{z} = 2t = 10 \text{ , } \ddot{z} = 2$$

應用(1-7.3)和(1-7.4)式，得

$$\mathbf{v} = \dot{r}\mathbf{e}_r + r\dot{\theta}\mathbf{e}_\theta + \dot{z}\mathbf{e}_z = 2\mathbf{e}_r + 20\pi\mathbf{e}_\theta + 10\mathbf{e}_z$$

$$v = \sqrt{2^2 + (20\pi)^2 + 10^2} = 63.7\,\text{m/s}$$

$$\mathbf{a} = (\ddot{r} - r\dot{\theta}^2)\mathbf{e}_r + (r\ddot{\theta} + 2\dot{r}\dot{\theta})\mathbf{e}_\theta + \ddot{z}\mathbf{e}_z = (\frac{2}{5} - 40\pi^2)\mathbf{e}_r + 8\pi\mathbf{e}_\theta + 2\mathbf{e}_z$$

$$a = [(\frac{2}{5} - 40\pi^2)^2 + (8\pi)^2 + 2^2]^{\frac{1}{2}} = 395.2\,\text{m/s}^2$$

1.8 拘束運動

所謂拘束(constraint)就是加在運動上的限制條件。考慮圖 1-8.1 所示的單擺，如果我們用擺球 P 的直角座標 (x, y) 來描述其運動，則 x 和 y 彼此並不是獨立的，它們滿足如下的拘束條件：

$$x^2 + y^2 = \ell^2 \qquad (1.8.1)$$

這種表示限制條件的方程（例如 1-8.1 式）稱為拘束方程。在質點運動學中，最常見的拘束運動為：兩質

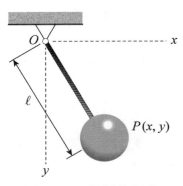

圖 1-8.1　單擺的運動

點之間用不可伸長的軟繩或剛桿相連。其拘束條件為連接兩質點之間的軟繩或剛桿的長度為定值。由拘束條件可寫出拘束方程，然後對時間微分，即可得出質點速度之間的關係。下面藉助幾個例題來說明這類問題的解題方法。

例 ▶ 1-8.1

如圖 1-8.2 所示，物體 A 以 0.1 m/s 的速率往下降，求物體 B 的速度。

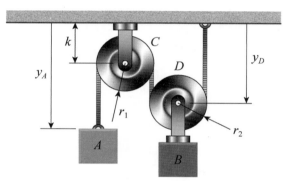

圖 1-8.2　質點 A 和 B 的拘束運動

 取圖頂的水平面作為座標 y_A 和 y_D 的基準面，其中 y_A 為物體 A 的座標，y_D 為滑輪 D 的圓心的座標。y_A 與 y_D 取往下為正，繩長 L 為

$$L = y_D + \pi r_2 + (y_D - k) + \pi r_1 + (y_A - k)$$

$$= 2y_D + y_A + \pi(r_1 + r_2) - 2k \tag{1}$$

由於滑輪 C 的半徑 r_1，滑輪 D 的半徑 r_2，滑輪 C 的圓心與基準面的距離 k 及繩長 L 皆為常數，故將(1)式對時間微分，得

$$0 = 2\dot{y}_D + \dot{y}_A, \quad \dot{y}_D = -\frac{1}{2}\dot{y}_A \tag{2}$$

從題意知 $\dot{y}_A = 0.1\,\mathrm{m/s}$，代入(2)式得

$$\dot{y}_D = v_D = v_B = -0.05\,\mathrm{m/s}$$

所以物體 B 以 0.05 m/s 之速率往上升。

例 ▶ 1-8.2

A 和 B 兩點用一桿相連，A 點在平行於 Oxy 的平面內繞圓心 O_1 作圓周運動；B 點在沿平行於 y 軸的直線 CD 滑動，如圖 1-8.3 所示。求 B 點的速度與 θ 的關係。已知 $\overline{OO_1} = h$，$\overline{OC} = a$，$\overline{O_1A} = R$，$\overline{AB} = \ell$，A 點的速率為 v_A。

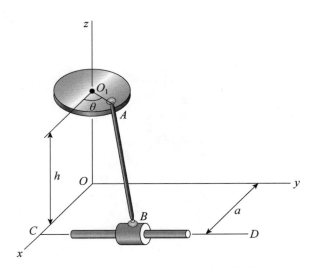

圖 1-8.3　　A 和 B 兩點的拘束運動

 解　A 點的座標為

$$x_A = R\cos\theta, \quad y_A = R\sin\theta, \quad z_A = h$$

B 點的座標為

$$x_B = a, \quad y_B = y_B, \quad z_B = 0$$

因 A 和 B 兩點用長為 ℓ 的直桿相連，故拘束方程可寫成

$$(x_A - x_B)^2 + (y_A - y_B)^2 + (z_A - z_B)^2 = \ell^2$$

即

$$(R\cos\theta - a)^2 + (R\sin\theta - y_B)^2 + (h-0)^2 = \ell^2$$

兩邊對時間微分，得

$$(R\cos\theta - a)(-R\dot\theta\sin\theta) + (R\sin\theta - y_B)(R\dot\theta\cos\theta - \dot y_B) = 0$$

由此可解得

$$v_B = \dot y_B = R\dot\theta\cos\theta - \frac{(R\cos\theta - a)R\dot\theta\sin\theta}{(R\sin\theta - y_B)}$$

$$= R\dot\theta\cos\theta - \frac{(R\cos\theta - a)R\dot\theta\sin\theta}{\sqrt{\ell^2 - h^2 - (R\cos\theta - a)^2}}$$

1.9 結 語

　　質點曲線運動的描述方法有許多種，一般來說，位置向量法的運算較簡潔，適用於理論的推導；直角座標法是我們最熟悉的方法，它不必預先知道質點的運動路徑；如果已經知道質點的運動路徑，則可採用切線與法線座標法；極座標法適於繞定點之平面運動的描述；圓柱座標法則適合於空間的曲線運動，它是極座標法的擴展。當然有些問題也可以綜合上述方法求解或可以從一種方法換成另一種方法求解。研究質點曲線運動的方法歸類於表 1-9.1，以供查用。

表 1-9.1　質點曲線運動的各種描述方法

研究方法	位置	速度	加速度
位置向量法	$\mathbf{r} = \mathbf{r}(t)$	$\mathbf{v} = \dfrac{d\mathbf{r}}{dt} = \dot{\mathbf{r}}$	$\mathbf{a} = \dfrac{d\mathbf{v}}{dt} = \dfrac{d^2\mathbf{r}}{dt^2} = \ddot{\mathbf{r}}$
直角座標法	$x = x(t)$ $y = y(t)$ $z = z(t)$ $\mathbf{r} = x\mathbf{i} + y\mathbf{j} + z\mathbf{k}$	$v_x = \dfrac{dx}{dt} = \dot x$ $v_y = \dfrac{dy}{dt} = \dot y$ $v_z = \dfrac{dz}{dt} = \dot z$ $\mathbf{v} = \dot x\mathbf{i} + \dot y\mathbf{j} + \dot z\mathbf{k}$ $\quad = v_x\mathbf{i} + v_y\mathbf{j} + v_z\mathbf{k}$ $v = \sqrt{v_x^2 + v_y^2 + v_z^2}$ $\quad = \sqrt{\dot x^2 + \dot y^2 + \dot z^2}$	$a_x = \dfrac{dv_x}{dt} = \dfrac{d^2x}{dt^2} = \ddot x$ $a_y = \dfrac{dv_y}{dt} = \dfrac{d^2y}{dt^2} = \ddot y$ $a_z = \dfrac{dv_z}{dt} = \dfrac{d^2z}{dt^2} = \ddot z$ $\mathbf{a} = \ddot x\mathbf{i} + \ddot y\mathbf{j} + \ddot z\mathbf{k}$ $\quad = a_x\mathbf{i} + a_y\mathbf{j} + a_z\mathbf{k}$ $a = \sqrt{a_x^2 + a_y^2 + a_z^2}$ $\quad = \sqrt{\ddot x^2 + \ddot y^2 + \ddot z^2}$

表 1-9.1　質點曲線運動的各種描述方法（續）

研究方法	位置	速度	加速度
切線與法線座標法	沿軌跡之弧座標 $s = s(t)$	$\mathbf{v} = \dot{s}\mathbf{e}_t = v\mathbf{e}_t$ 速率 $\|v\| = \|\dot{s}\|$ 方向沿軌跡的切線方向	$\mathbf{a} = a_t\mathbf{e}_t + a_n\mathbf{e}_n$ $a_t = \ddot{s} = \dot{v}$ $a_n = \dfrac{\dot{s}^2}{\rho} = \dfrac{v^2}{\rho}$ $a = \sqrt{a_t^2 + a_n^2}$
極座標法	$r = r(t)$ $\theta = \theta(t)$ $\mathbf{r} = r\mathbf{e}_r$	$\mathbf{v} = v_r\mathbf{e}_r + v_\theta\mathbf{e}_\theta$ $v_r = \dot{r}$ $v_\theta = r\dot{\theta}$ $v = \sqrt{v_r^2 + v_\theta^2}$	$\mathbf{a} = a_r\mathbf{e}_r + a_\theta\mathbf{e}_\theta$ $a_r = \ddot{r} - r\dot{\theta}^2$ $a_\theta = r\ddot{\theta} + 2\dot{r}\dot{\theta}$ $a = \sqrt{a_r^2 + a_\theta^2}$
圓柱座標法	$r = r(t)$ $\theta = \theta(t)$ $z = z(t)$ $\mathbf{R} = r\mathbf{e}_r + z\mathbf{e}_z$	$\mathbf{v} = \dot{r}\mathbf{e}_r + r\dot{\theta}\mathbf{e}_\theta + \dot{z}\mathbf{e}_z$ $v_r = \dot{r}$ $v_\theta = r\dot{\theta}$ $v_z = \dot{z}$ $v = \sqrt{v_r^2 + v_\theta^2 + v_z^2}$	$\mathbf{a} = (\ddot{r} - r\dot{\theta}^2)\mathbf{e}_r + (r\ddot{\theta} + 2\dot{r}\dot{\theta})\mathbf{e}_\theta + \ddot{z}\mathbf{e}_z$ $a_r = \ddot{r} - r\dot{\theta}^2$ $a_\theta = r\ddot{\theta} + 2\dot{r}\dot{\theta}$ $a_z = \ddot{z}$ $a = \sqrt{a_r^2 + a_\theta^2 + a_z^2}$

思考題

1. 質點的速度方向永遠與其運動路徑相切。此敘述對否？

2. 選定參考座標系後，質點的速度與座標系原點的位置有關。此敘述對否？

3. 質點在下列各種情況中作什麼運動？

　(a) $a_t = 0$，$a_n = 0$

　(b) $a_t = 0$，$a_n \neq 0$

　(c) $a_t \neq 0$，$a_n = 0$

　(d) $a_t \neq 0$，$a_n \neq 0$

4. 下列敘述是否正確？

　(a) 若 $v = 0$，則 a 必等於零。

(b) 若 $a = 0$，則 v 必等於零。

(c) $|\Delta\mathbf{r}| = \Delta r$。

5. 若質點的運動以極座標描述，則 $v_r = 0$ 及 $v_\theta = 0$ 分別代表什麼運動？

6. 判斷下列敘述的正確性。

    (a) 質點具有向南的速度及向北的加速度。

    (b) 質點具有向東的速度及向南的加速度。

    (c) 質點的速度為零，但其加速度不為零。

    (d) 質點具有恆定的速度，但卻具有變化的加速度。

    (e) 質點的加速度增加，其速率必增加。

7. $\left|\dfrac{d\mathbf{r}}{dt}\right|$ 和 $\dfrac{d|\mathbf{r}|}{dt}$ 有無區別？

8. $\dfrac{d\mathbf{v}}{dt}$ 與 $\dfrac{dv}{dt}$ 的區別是什麼？

9. 質點沿圖 t1.9 所示的曲線運動，圖中表示出點在不同位置的速度和加速度，請問哪些是正確的。

10. 如圖 t1.10 所示，套筒只能沿水平直桿 AB 運動，軟繩接在套筒上並跨過固定點 O，今用手以等速 v_O 拉動軟繩的另一端。問套筒的速度是越來越大還是越來越小？（提示：參見例 1-4.2）

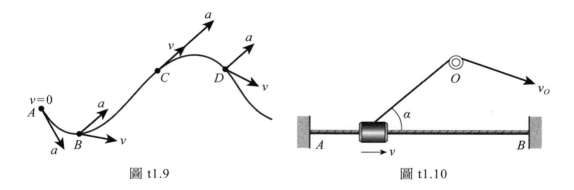

圖 t1.9　　　　　　　　　　圖 t1.10

11. 如圖 t1.11 所示，$\mathbf{e}_r$ 為固定在直桿 OA 且與 OA 平行的單位向量，$\mathbf{e}_\theta$ 亦為單位向量但始終與 $\mathbf{e}_r$ 垂直，完成表 t1.11 的運算。

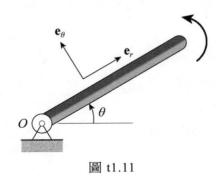

圖 t1.11

表 t1.11

	$\mathbf{e}_r$	$\mathbf{e}_\theta$
$\dfrac{d}{dt}$		
$\dfrac{d}{d\theta}$		

12. 只要質點作等速率曲線運動，則該質點一定有加速度。這敘述對否？

習　題

1.1　一作直線運動的質點之位置與時間的關係如圖所示，求在 $0 \leq t \leq 7$ 秒的區間內的 Δs，s_T，v_{av}，$|v|_{av}$。

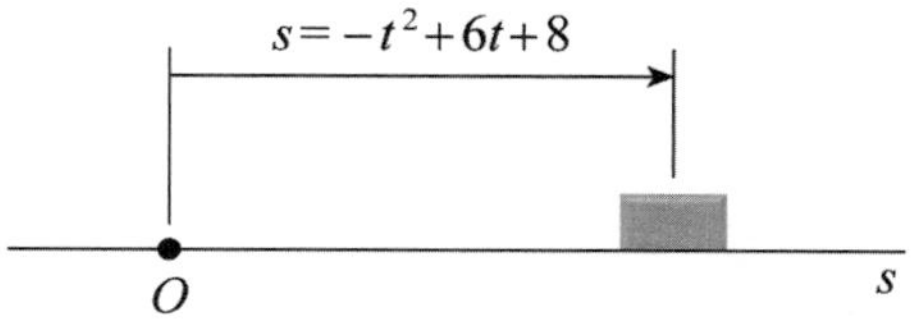

$$s = -t^2 + 6t + 8$$

圖 P1.1

1.2　汽車以 0.8 m/s^2 等加速度行駛，在 20 s 後共行駛了 250 m，求：(a)車子的初速；(b)車子在前 10 s 所走的距離。

1.3　一質點作直線運動其加速度與時間的關係為 $a = 2 - 6t$ m/s^2，已知質點在 $t = 0$ 時，$v = v_0 = 1$ m/s，$s = s_0 = 80$ m，求：(a)速度等於零的時間；(b) $t = 2$ s 時的位置和速度；(c)質點從 $t = 0$ 至 $t = 2$ s 所移動的路程。

1.4　一質點作直線運動時具有加速度 $a = -10v$，已知質點的初速度為 100 m/s，求質點在停止前所移動的距離。

1.5　A、B 兩地的水平直線距離為 500 m，一汽車靜止從 A 出發至 B 停止。設汽車在行駛過程中先以等加速度 $a_1 = 8$ m/s^2 前進至某點後，再以等減速度 $a_2 = -6$ m/s^2 至 A 地而停止，求汽車從 A 到 B 所需的時間 t 及最大速度 v。

1.6　設某列火車的最大加速度為 a，最大減速度為 b，最大速度是 v_{max}。A 和 B 兩站的距離為 d，求火車從 A 站靜止出發至 B 站停止，所需的最短時間 t。

1.7　質點作直線運動，其加速度與位移的關係為 $a = 20 - 5s^2$ m/s^2。設初始條件為 $t = 0$，$s = 0$，$v = 0$。求：(a) $s = 3$ m 時質點的速度；(b)質點的速度再為零時的位置。

1.8　質點沿 s 軸運動，已知加速度 $a = 25s$，且 $t = 0$ 時 $s = s_0$，$v = 0$。求位移 s 與時間 t 的關係式。

1.9　一質點作直線運動其速度與時間的關係，如圖 P1.9 所示。設 $t = 0$ 時 $s_0 = 10$ m，畫出其所對應的位移圖與加速度圖，並決定由 $t = 0$ 至 $t = 12$ 秒，質點所走的路程。

1.10　一人以 4 m/s 的速度向東行，感覺風從南方來；若以 6 m/s 的速度向東行，則感覺風從東南方來。求風速？

1.11 如圖所示，汽車 A 以 50 km/h 之速率行駛，汽車 B 以 100 km/h 之速率在另外一條公路行駛。求汽車 A 相對於汽車 B 的速度。

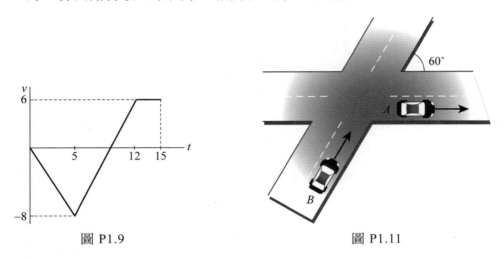

圖 P1.9 圖 P1.11

1.12 如圖所示，河寬 3 km，水流 8 km/h，一遊艇欲從 A 點航向 B 點。已知遊艇相對於水的最大速率為 25 km/h，求：(a)遊艇保持某一方向時，到達 B 點所需的最少時間；(b)此時遊艇的航行角度 θ。

1.13 一質點的位置向量為 $\mathbf{r} = 20\cos t\mathbf{i} + 5t\mathbf{j} - 40\sin t\mathbf{k}$，其中 $\mathbf{r}$ 的單位為 m，t 的單位為 s，$\mathbf{i}$、$\mathbf{j}$ 和 $\mathbf{k}$ 為固定於地面的直角座標系的單位向量。求質點運動的速度與加速度。

1.14 一砲彈在高 200 m 的峭壁邊緣以 300 m/s 的初速發射出去，仰角為 30°。不計空氣阻力，求：(a)砲彈著地處至發射點的水平距離 d；(b)砲彈達到最高點時與地面的距離 h。

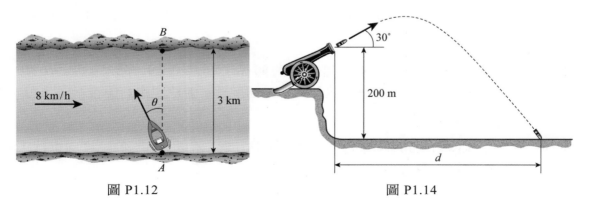

圖 P1.12 圖 P1.14

1.15 一籃球員欲在圖示之位置以 40° 的仰角將球投入籃框內，不計空氣阻力，求：(a)球投出時初速度之大小；(b)球到籃框所需的時間；(c)球進入籃框時的速度。

1.16 如圖所示，射擊手瞄準 A 點射擊後，子彈以 600 m/s 的速度射出並命中 B 點。求 A 和 B 點間的距離 d。

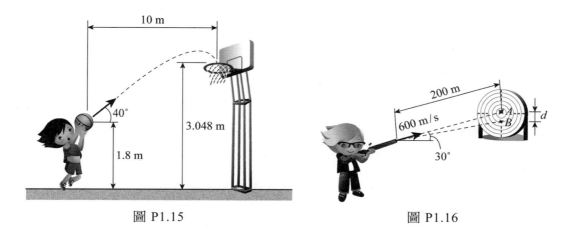

圖 P1.15　　　　　圖 P1.16

1.17 已知質點運動時其 x、y 的座標分量與時間 t 的關係。求質點運動的軌跡方程。

(a) $x = 2t^2 + 5$，$y = 3t^2 - 3$ ； (b) $x = 8\cos\dfrac{\pi}{3}t$，$y = 3\sin\dfrac{\pi}{3}t$ ； (c) $x = 6e^{-t} - 1$，$y = 6e^{-t} + 1$。

1.18 飛雲飛彈以水平定速 v_0 及高度 H 向目標飛行，今用愛國者飛彈加以攔截，如圖所示。設愛國者飛彈發射時，飛雲飛彈的水平座標為 $x = D$，求愛國者飛彈發射時的速度 v_i、仰角 θ 及所經的時間 t，使其在圖示的位置攔截到飛雲飛彈。不計空氣阻力。

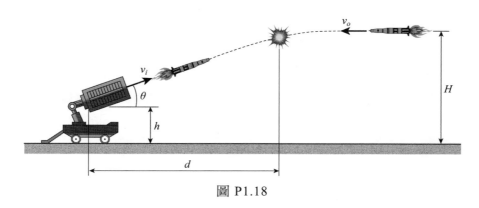

圖 P1.18

1.19 一汽車在曲率半徑為 250 m 的圓形跑道上運動，若車速在 3 秒內均勻的從 20 m/s 增加到 30 m/s，求當速率為 25 m/s 時，汽車的加速度大小。

1.20 一噴射機以速率 120 m/s 飛行，加速度為 25 m/s² 方向如圖所示。求該瞬間飛機飛行路徑的曲率半徑。

1.21 根據微積分的公式，平面曲線的曲率半徑 ρ 與時間 t 的關係為

$$\frac{1}{\rho} = \left| \frac{\dot{x}\ddot{y} - \dot{y}\ddot{x}}{(\dot{x}^2 + \dot{y}^2)^{3/2}} \right|$$

若 $x = \sin 2t$，$y = t^2 - 3t + 1$，求在 $t = 2\ \sec$ 時的曲率半徑。

1.22 一質點沿橢圓 $x^2/a^2 + y^2/b^2 = 1$ 運動，其 x、y 座標與時間 t 的關係為 $x = a\cos\omega t$，$y = b\sin\omega t$。求質點運動的切線加速度與法線加速度之大小。

1.23 圖示的質點 P 沿拋物線 $y = 2x^2$ 以等速率 5 m/s 向下運動，求質點在 $x = 2$，$y = 8$ 時的切線與法線加速度。（提示：$\dfrac{1}{\rho} = \left| \dfrac{d^2y/dx^2}{[1 + (dy/dx)^2]^{3/2}} \right|$）

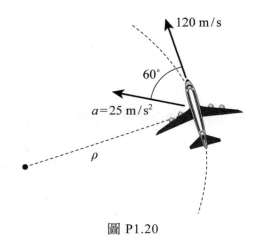

圖 P1.20

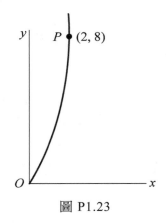

圖 P1.23

1.24 如圖所示，質點 P 以等速率 60 m/s 運動，當它行至 A 點時，開始以等減速率減速運動，直到 C 點時的速率為 40 m/s，已知 AB 段為直線，長度為 100 m，BC 段為圓弧，長度也是 100 m，半徑為 250 m。求質點經過 B 點時的加速度之大小。

1.25 如圖所示，一小球從車裡向上拋出，汽車以定速 30 km/h 行駛。求：(a)小球離開手時；(b)小球到達最高點 A 時的曲率半徑。

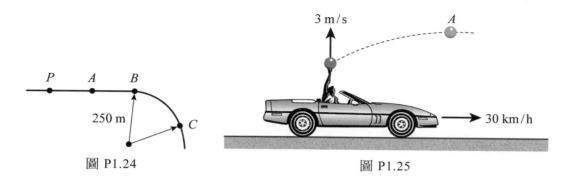

圖 P1.24

圖 P1.25

1.26 如圖所示，質點 P 在圓盤中運動，其徑向座標 r 及角度 θ 與時間的關係為 $r = 3t^2$ m， $\theta = t^2$ rad，求 P 在 $t = 0.5$ s 時的速度和加速度。

1.27 如圖所示，火箭垂直發射升空後受到雷達的追蹤。當 $\theta = 60°$ 時， $r = 10$ km、 $\ddot{r} = 25 \, \text{m/s}^2$ 、 $\dot{\theta} = 0.01 \, \text{rad/s}$ 、 $\ddot{\theta} = 0.05 \, \text{rad/s}^2$ 。求火箭在此位置時的速度與加速度。

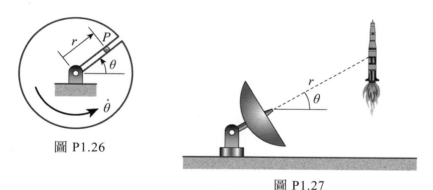

圖 P1.26

圖 P1.27

1.28 如圖所示，質點 P 沿半徑為 b 的圓以等速率 v 作圓周運動。如以圓的水平直徑左端之點 O 作為極座標的原點，求質點在角度 θ 時的徑向加速度與橫向加速度。

1.29 如圖所示之機構中，桿 AP 以定角速度 $\pi/3$ rad/s 順時針旋轉，銷 P 可在 OB 桿的槽中滑動。已知 $\overline{AP} = 0.6$ m、 $\overline{OA} = 2.5$ m，求 $\phi = 60°$ 時， $\dot{r}$ 與 $\dot{\theta}$ 之值。

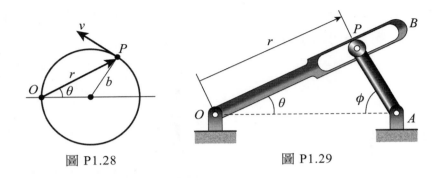

圖 P1.28   圖 P1.29

1.30 質點 P 在某瞬時的位置如圖所示，其速率 $v=7\,\text{m/s}$，加速度分量 $a_x=2\,\text{m/s}^2$，$a_\theta=-5\,\text{m/s}^2$。求該瞬時 P 點的徑向加速度 a_r、切線加速度 a_t、法線加速度 a_n、y 方向的加速度 a_y 及曲率半徑 ρ 之值。

1.31 如圖所示，油壓缸 C 以定轉速 $\dot\theta=10°/\text{s}$ 繞 O 點旋轉，活塞桿 P 的長度 ℓ 以 $15\,\text{mm/s}$ 的速率增加。求 $\ell=100\,\text{mm}$ 時，桿端 A 的速度與加速度。

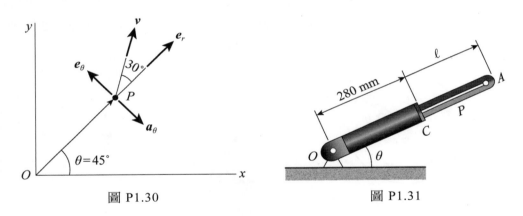

圖 P1.30   圖 P1.31

1.32 質點 P 沿螺旋線運動的軌跡可用圓柱座標 $r=7$，$\theta=\pi t$，$z=t$ 描述，其中 r，z 的單位為米，θ 的單位的弧度。求質點 P 的速度與加速度的大小。

1.33 質點 P 的位置向量 $\mathbf{r}=3t^2\cos\phi\mathbf{i}+3t^2\sin\phi\mathbf{j}+2t^3\mathbf{k}$，其中 ϕ 為 $\mathbf{r}$ 在 xy 平面投影與 x 軸的夾角。求質點 P 的速度與加速度之圓柱座標表達式。

1.34 AB 桿的兩端沿著垂直與水平面運動，如圖所示。B 端以 $5\,\text{m/s}$ 等速向左移動。求當 B 端距離 O 點 $6\,\text{m}$ 時，A 端的速度和加速度。

1.35 某人以 $v_B = 0.8\,\mathrm{m/s}$ 等速向右走動以拉升一物體 E，繩長 $\overline{AB} = 50\,\mathrm{m}$，如圖所示。不計滑輪 G 的大小，求當 A 點上升至距離 O 點 10 m 時，物體的速度與加速度。

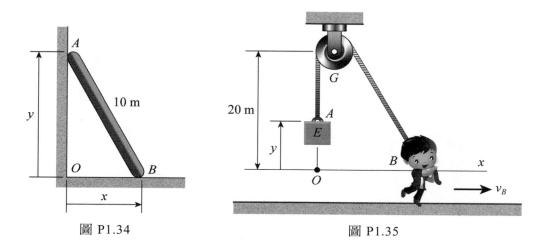

圖 P1.34　　　　　　　　　　圖 P1.35

1.36 如圖所示，銷 P 被限制在拋物線槽 $x = y^2/10$ 及鉛垂槽 A 中運動。設槽 A 從 $x = 0$ 處以等速度 0.7 m/s 向右運動，求 $x = 2$ m 時 P 點的速度與加速度。

1.37 重量相等的物體 A 與 B，用軟繩連接在高度相等的兩個小滑輪 C 和 E 上，如圖所示。設 $\overline{CE} = 10\,\mathrm{m}$，且不計滑輪的質量與大小，在時刻 $t = 0$ 時，CE 的中點 D 以 6 m/s 等速率下降，求 2 秒後物體 A 和 B 上升的速度與加速度之大小。

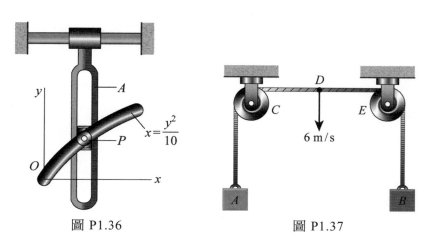

圖 P1.36　　　　　　　　　　圖 P1.37

1.38 如圖所示，銷 P 可在圖弧槽 CD 及水平桿 AB 的槽內自由滑動，AB 桿以 15 mm/s 等速率上升。求當 $\theta = 120°$ 時，銷 P 的速度與加速度。

1.39 如圖所示，已知 $v_A = 2\,\text{m/s}\uparrow$，$v_C = 6\,\text{m/s}\downarrow$，求物體 B 的速度。

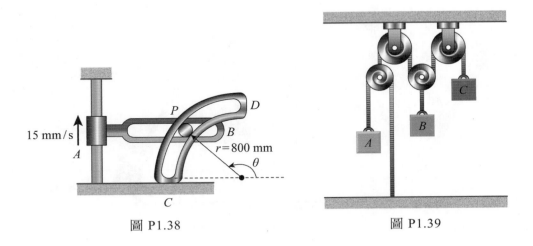

圖 P1.38   圖 P1.39

1.40 如圖所示，物體 A 以速度 $v_A = 0.6\,\text{m/s}\rightarrow$，加速度 $a_A = 0.1\,\text{m/s}^2 \leftarrow$ 運動，求此時物體 B 的速度與加速度。

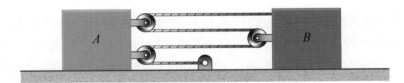

圖 P1.40

Chapter 02

質點運動力學：
力與加速度

2.1　概　說

在靜力學中，我們討論了力系的簡化和平衡。在質點運動學中，我們討論了質點運動的描述方法。但是我們還沒有將質點所受的力和運動聯繫起來，而這正是本章將要討論的內容：**質點運動力學**(kinetics of particles)。我們的討論將以牛頓定律為基本定律。這種以牛頓定律為基礎的力學稱為牛頓力學或古典力學 (classical mechanics)，它受到下列兩方面的限制。第一，牛頓力學研究的對象，其速度要遠小於光速 $C(C = 3 \times 10^8 \text{ m/s})$，否則必須用相對論力學代替之。第二，牛頓力學研究的對象不能太小。例如，對於原子以及比它還要小的基本粒子，一般應用量子力學或物理學的其他分支科學。對於一般的工程問題，牛頓力學已足夠精確，不必擔心是否滿足以上兩個限制條件。

2.2　牛頓定律

牛頓三大定律是分析質點受力與運動的基本定律，儘管讀者曾多次學過和用過牛頓定律，但是我們還是要強調一下牛頓定律的內容及注意事項。

第一定律：當質點不受外力，或所受外力之合力（合外力）為零時，它將繼續保持原來的狀態：如果質點原來是靜止的，則它將繼續保持靜止；如果質點原來是運動的，則它將以原來的速度為初速度而作等速直線運動。

應注意的是，牛頓第一定律又稱慣性定律，它只對慣性座標系才成立。從邏輯上講，牛頓第一定律實際上確定了慣性座標系的存在，即：存在一種座標系（慣性座標系），只要質點所受的合外力為零，則質點在此座標系中的加速度必為零。

第二定律：當質點所受外力的合力（合外力）不為零時，質點將獲得加速度。加速度的方向與合外力的方向一致；而加速度的大小與合外力的大小成正比，與質點質量成反比。

以 m 代表質點的質量，以 $\mathbf{F}_i (i = 1, \cdots, n)$ 代表作用在質點上的外力系，以 $\mathbf{a}$ 代表質點獲得的加速度，則牛頓第二定律可寫成

$$\sum_{i=1}^{n} \mathbf{F}_i = m\mathbf{a} \tag{2-2.1}$$

關於牛頓第二定律，我們要強調下列幾點：第一，此定律只對慣性座標系才成立。對非慣性座標系，不能簡單地將此定律寫成(2-2.1)式的形式，必須加修正項。第二，方程(2-2.1)中各量的單位皆有嚴格的規定，各個量的單位必須是同一單位系統中的標準單位。在國際單位系統中，各量之單位如下：[F]=[牛頓]，[m]=[公斤]，[a]=[米／秒^2]。在英制單位系統中：[F]=[磅]，[m]=[斯勒]，[a]=[呎／秒^2]。第三，(2-2.1)式是向量方程，不是純量方程。初學者常常只記得力等於質量乘加速度，而不管力的方向也不管加速度的方向，這種錯誤必須避免。

第三定律：兩質點之間的作用力與反作用力其大小相等方向相反，作用線相同。

牛頓第三定律又稱為作用與反作用定律，我們已在靜力學中討論過。不論在靜力學或動力學中，牛頓第三定律都適用，而且此定律與所選取的座標系無關。

2.3　質點的運動方程

當質量為 m 的質點，受到力系 $\mathbf{F}_1$、$\mathbf{F}_2$、$\cdots$、$\mathbf{F}_n$ 的作用時，在慣性座標系中的加速度為 $\mathbf{a}$，則

$$\sum_{i=1}^{n} \mathbf{F}_i = m\mathbf{a} \tag{2-3.1}$$

此方程稱為質點的**運動方程**(equation of motion)。這個方程顯示出質點所受的力和運動量之間的關係。等式左邊是共點力系的合力，已在靜力學中討論過；等式右邊是運動量，已在運動學中討論過。

在很多情況下，直接用向量形式的運動方程(2-3.1)會不太方便。此時，我們通常採用的方法是選取一個慣性座標系，將(2-3.1)式寫成純量方程的形式，具體步驟如下：

（一）確定研究對象

根據題意，確定一個質點或簡化為質點的物體作為**研究對象**(object)。

（二）畫自由體圖和有效力圖

如圖 2-3.1 所示，等號左邊畫出作用在研究對象上的所有外力，稱為**自由體圖**(free-body diagram)，等號右邊畫出研究對象的**有效力**(effective force) *ma*（即質量和加速度的乘積，稱為有效力），稱為**有效力圖**(effective force diagram)。根據方程(2-3.1)，合外力和有效力之間彼此相等，故用等號連接之。

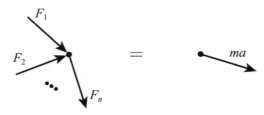

圖 2-3.1　自由體圖和有效力圖

（三）取投影，列方程

因為圖 2-3.1 中等號左右兩邊相等，故等號兩邊不論沿著什麼方向取投影，彼此也應相等，由此可得到純量方程。在取投影時，常常是選取一條直線或座標軸作為投影軸，並規定投影軸之正負方向，將圖 2-3.1 沿著投影軸取投影，並用正負號表示各分量的方向。但必須遵循一個原則，那就是：「**力和加速度，都要投影取正負，兩者方向要相符**」（即投影軸的正向必須一致）。此外，投影軸最好和未知力互相垂直，這樣該未知力便不出現在方程中，使方程得到簡化。

例 ▶ 2-3.1

圓錐擺的擺球質量為 m，擺長為 ℓ。擺球在水平面內作等速圓周運動，擺線與鉛垂方向的夾角為 θ，如圖 2-3.2 所示。設擺線中的張力為 T，甲、乙兩同學用不同的方法分析擺球的運動。甲同學的方法是：沿著 AO 方向取投影，得

$$T - mg\cos\theta = 0 \tag{1}$$

乙同學的方法如下：沿 AB 方向取投影，得

$$T \cos\theta - mg = 0 \tag{2}$$

顯然，方程(1)和(2)彼此是矛盾的，何者正確？

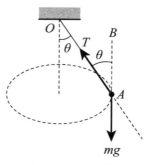

圖 2-3.2　圓錐擺

 我們不急於回答何者正確，讓我們按正確的解題步驟去做，何者正確自會明白。

(1) 研究對象：擺球。

(2) 自由體圖和有效力圖：如圖 2-3.3 所示，等號左邊是作用在擺球上的所有外力，其中包括繩子張力 T 和重力 mg。等號右邊為有效力 ma_n。因擺球作等速圓周運動，故無切線加速度 a_t，而法線加速度 a_n 指向圓心。

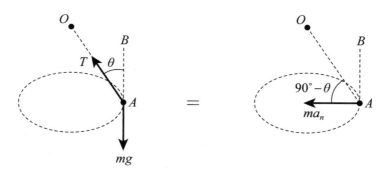

圖 2-3.3　圓錐擺的自由體圖和有效力圖

(3) 取投影，列方程：將圖 2-3.3 中等號左右兩邊沿 AO 方向取投影得

$$T - mg \cos\theta = ma_n \sin\theta \tag{3}$$

同理，沿 AB 方向取投影，得

$$T\cos\theta - mg = 0 \tag{4}$$

由此可知甲同學得出的方程(1)是錯誤的，正確的答案應是方程(3)。乙同學得的方程(2)是正確的。甲同學的錯誤在於他沒有正確的求出投影分量，他沿 AO 取投影時，沒有注意到有效力 ma_n 沿 AO 的分量並不為零。換句話說，他沒有遵循「力和加速度都要投影取正負」的原則。

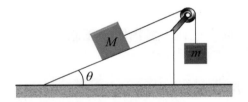

例 ▶ 2-3.2

如圖 2-3.4 所示，物體 M 和 m 之間用不可伸長的軟繩相連。設 $M = 5\,\text{kg}$、$m = 3\,\text{kg}$、$\theta = 30°$，不考慮摩擦力，求系統加速度的大小。

圖 2-3.4　例 2-3.2 之圖

（1）研究對象：M 和 m。

（2）自由體圖和有效力圖：如圖 2-3.5(a)、(b)所示。因繩不可伸長，故 M 和 m 的加速度大小相同。

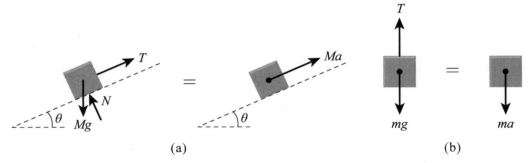

(a)　　　　　　　　　　　　　　　(b)

圖 2-3.5　自由體圖和有效力圖

(3) 取投影，列方程：對 M 沿著平行於斜面方向取投影（N 不出現在方程中），得

$$T - Mg\sin\theta = Ma \tag{1}$$

對 m，沿著鉛垂方向取投影，得

$$mg - T = ma \tag{2}$$

將方程(1)和(2)相加，得

$$mg - Mg\sin\theta = (m+M)a \tag{3}$$

由此，得系統的加速度

$$a = \frac{m - M\sin\theta}{m + M}g$$

代入數值後，得

$$a = \frac{3 - 5\sin 30°}{3 + 5}(9.81) = 0.61\,\text{m/s}^2$$

綜合上面所述，為了獲得純量形式的運動方程，只需將自由體圖和有效力圖中等號兩邊同時沿著一公共軸取投影即可。當這一過程是沿著座標系的座標軸進行時，我們便得到該座標系中的純量運動方程。例如，將圖 2-3.6 所示的自由體圖和有效力圖分別向 x、y、z 軸投影，可得

$$F_{1x} + F_{2x} + \cdots + F_{nx} = ma_x$$
$$F_{1y} + F_{2y} + \cdots + F_{ny} = ma_y$$
$$F_{1z} + F_{2z} + \cdots + F_{nz} = ma_z$$

或者

$$\sum F_x = ma_x \tag{2-3.2}$$

$$\sum F_y = ma_y \tag{2-3.3}$$

$$\sum F_z = ma_z \tag{2-3.4}$$

方程(2-3.2)至(2-3.4)分別為質點沿 x、 y、 z 軸的三個純量運動方程。第一章第 9 節的表 1-9.1 已列出了一些常見座標系中加速度分量表達式。利用這張表，並遵循上述步驟，我們很容易得到各種不同座標系中的純量運動方程。為了節省篇幅，我們把最後的結果列在表 2-3.1 中，讀者可自己練習以完成其推導過程。對於不同的問題，可以選取不同的座標系，至於如何選取合適的座標系，這要靠研讀必要的例題和解一定數量的習題，才能累積經驗。

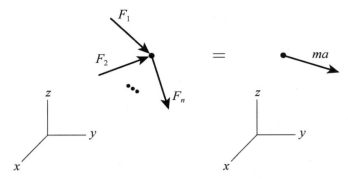

圖 2-3.6　力和有效力在直角座標軸的投影

表 2-3.1　運動方程

研究方法	位置	運動方程
位置向量法	$\mathbf{r} = \mathbf{r}(t)$	$\sum \mathbf{F} = m\mathbf{a} = m\ddot{\mathbf{r}}$
直角座標法	$x = x(t)$ $y = y(t)$ $z = z(t)$	$\sum F_x = ma_x = m\ddot{x}$ $\sum F_y = ma_y = m\ddot{y}$ $\sum F_z = ma_z = m\ddot{z}$
切線與法線座標法	$s = s(t)$	$\sum F_t = ma_t = m\ddot{s} = m\dot{v}$ $\sum F_n = ma_n = m\dfrac{\dot{s}^2}{\rho} = m\dfrac{v^2}{\rho}$
極座標法	$r = r(t)$ $\theta = \theta(t)$	$\sum F_r = ma_r = m(\ddot{r} - r\dot{\theta}^2)$ $\sum F_\theta = ma_\theta = m(r\ddot{\theta} + 2\dot{r}\dot{\theta})$
圓柱座標法	$r = r(t)$ $\theta = \theta(t)$ $z = z(t)$	$\sum F_r = ma_r = m(\ddot{r} - r\dot{\theta}^2)$ $\sum F_\theta = ma_\theta = m(r\ddot{\theta} + 2\dot{r}\dot{\theta})$ $\sum F_z = ma_z = m\ddot{z}$

例 ▶ **2-3.3**

　　求圖 2-3.7(a)、(b)中物體 A 的加速度及繩索的張力，設滑輪及繩子的質量可忽略不計。

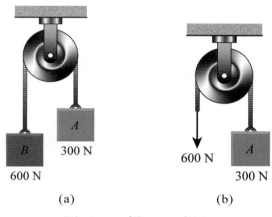

(a)　　　　　　　　　　　　　(b)

圖 2-3.7　例 2-3.3 之圖

 對(a)圖分別以物體 A 及物體 B 為研究對象，
畫其自由體圖和有效力圖，如圖 2-3.8 所示。
對物體 A，投影得

$$+\uparrow \sum F_y = ma_y: \quad T - 300 = \frac{300}{g}a \qquad (1)$$

對物體 B，投影得

$$+\downarrow \sum F_y = ma_y: \quad 600 - T = \frac{600}{g}a \qquad (2)$$

從(1)和(2)式解得物體 A 與 B 的加速度 a 及
繩子的張力 T：

$$a = 3.27 \text{ m/s}^2$$
$$T = 400 \text{ N}$$

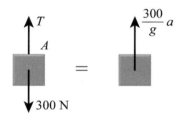

圖 2-3.8

對(b)圖以物體 A 為研究對象，畫其自由體圖和有效力圖，如圖 2-3.9 所示，繩子的張力 $T = 600\,\text{N}$。投影得

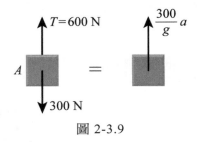

圖 2-3.9

$$+\uparrow\sum F_y = ma_y:\quad 600 - 300 = \frac{300}{g}a,$$

$$a = g = 9.81\,\text{m/s}^2$$

從以上分析得知對(a)和(b)兩種情況，繩子的張力及物體 A 的加速度都不相等，原因是(a)圖中的物體 B 除了受到重力外，本身在運動中還有慣性。

例 ▶ 2-3.4

二維拋射運動。一砲彈以初速 v_0，仰角 θ 射出，如圖 2-3.10 所示。求砲彈所能達到的高度 H 和水平射程 L。空氣阻力不計。

 解　砲彈在運動過程中只受其本身重力的作用，故其在直角座標系中的運動微分方程為

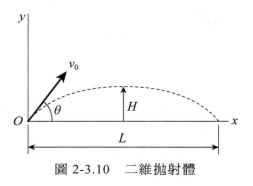

圖 2-3.10　二維拋射體

$$ma_x = m\ddot{x} = 0,\quad ma_y = m\ddot{y} = -mg$$

初始條件 $(t = 0)$ 為 $x_0 = y_0 = 0$，$\dot{x}_0 = v_0\cos\theta$，$\dot{y}_0 = v_0\sin\theta$。利用初始條件解運動方程，可得

$$\dot{x} = v_0\cos\theta,\quad x = v_0\cos\theta\cdot t$$

$$\dot{y} = v_0\sin\theta - gt,\quad y = v_0\sin\theta\cdot t - \frac{1}{2}gt^2$$

當砲彈達到最高點時，$\dot{y} = 0$，由此解得

$$t = v_0\sin\theta / g$$

由 y 的表達式，得

$$H = \frac{v_0^2 \sin^2 \theta}{2g}$$

當砲彈達到水平射程點時，$y = 0$，由 y 的表達式可解得

$t = 0$（捨去），$t = 2v_0 \sin \theta / g$

將 t 的值代入 x 的表達式，得水平射程

$$L = \frac{v_0^2 \sin 2\theta}{g}$$

由此可見，當砲彈仰角為 $\theta = 45°$ 時，其水平射程最大。

例 ▶ 2-3.5

質量為 m 的滑塊 A 置於傾斜角為 θ 的光滑斜面上，設斜面 B 以加速度 a_B 作水平移動，如圖 2-3.11 所示，求此時滑塊相對於斜面的加速度 a' 及滑塊與斜面間的作用力。

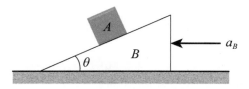

圖 2-3.11　例 2-3.5 之圖

 解　(1) 研究對象：滑塊 A。

(2) 自由體圖和有效力圖：如圖 2-3.12 所示。特別注意：滑塊 A 沿斜面滑下的加速度 a' 為 A 相對 B 的相對加速度，所以滑塊的絕對加速度為 $\mathbf{a}_A = \mathbf{a}_B + \mathbf{a}'$。牛頓第二定律中的加速度為絕對加速度，因此如果有效力圖中少畫了 ma_B，所得的答案必定是錯誤的。

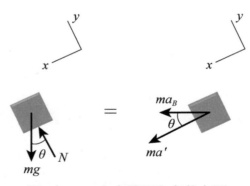

圖 2-3.12　自由體圖和有效力圖

(3) 取投影，列方程：取 x 朝左下為正， y 朝左上為正。投影得

$$+\swarrow \sum F_x = ma_x : \ mg\sin\theta = ma' + ma_B\cos\theta \tag{1}$$

$$+\nwarrow \sum F_y = ma_y : \ N - mg\cos\theta = ma_B\sin\theta \tag{2}$$

從(1)和(2)式解得

$$a' = g\sin\theta - a_B\cos\theta \tag{3}$$

$$N = mg\cos\theta + ma_B\sin\theta \tag{4}$$

(4) 討論：

　　a.　當 $a_B = g\tan\theta$ 時， $a' = 0$ 。此時如果滑塊 A 沒有初速的話，它就靜止在斜面上，而隨斜面運動。

　　b.　當 $a_B > g\tan\theta$ 時， a' 為負值，此時如果滑塊 A 沒有初速的話，則 A 將沿斜面向上滑動。

　　c.　當斜面 B 的加速度方向與原來題目相反，且其大小等於 $g\cot\theta$ 時，也就是 $a_B = -g\cot\theta$ 時，代入 (4) 式得 $N = 0$ ，代入 (3) 式得 $a' = g/\sin\theta$ ，然後從 $\mathbf{a}_A = \mathbf{a}_B + \mathbf{a}'$ 可得滑塊 A 的絕對加速度等於重力加速度 g ，所以滑塊將脫離斜面而成為自由落體。

例 ▶ 2-3.6

　　一球質量 2 kg 繫於長為 1 m 之繩上而形成單擺，如圖 2-3.13 所示。已知球在 $\theta = 30°$ 時的速度為 10 m/s，求此時球的加速度及繩子的張力。

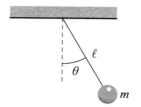

圖 2-3.13　單擺

 (1) 研究對象：擺球。

(2) 自由體圖和有效力圖：因球作圓弧運動，故採用切線與法線座標法取切線軸 t 和法線軸 n，如圖 2-3.14 所示。

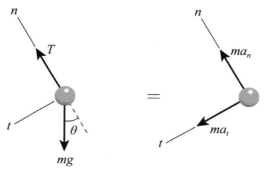

圖 2-3.14

(3) 取投影，列方程：

$$+ \nwarrow \sum F_n = ma_n : T - mg \cos \theta = ma_n \tag{1}$$

$$+ \swarrow \sum F_t = ma_t : mg \sin \theta = ma_t \tag{2}$$

將 $\theta = 30°$，$a_n = v^2 / \ell = (10)^2 / 1 = 100 \, \text{m} / \text{s}^2$，代入(1)及(2)式解得

$$T = 217 \, \text{N}$$
$$a_t = 4.9 \, \text{m} / \text{s}^2$$

故球的加速度大小 $= \sqrt{a_n^2 + a_t^2} = 100.12 \, \text{m} / \text{s}^2$，其方向與 n 軸的夾角 $\phi = \tan^{-1} \dfrac{a_t}{a_n} = 2.81°$

例 ► 2-3.7

如圖 2-3.15(a)、(b)所示，一質量為 m 的質點沿著光滑鉛垂面上的曲線運動。曲線的曲率半徑為 ρ，求質點會與曲線保持接觸之速度大小。

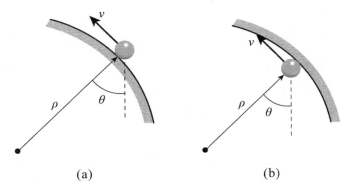

(a)   (b)

圖 2-3.15　例 2-3.7 圖

 (1) 研究對象：質點，並採用切線與法線座標法。

(2) 自由體圖和有效力圖：如圖2-3.16所示[(a)和(b)分別對應於圖2-3.15(a)和(b)]。

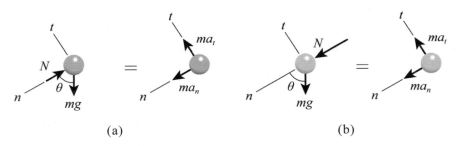

(a)   (b)

圖 2-3.16　自由體圖和有效力圖

(3) 取投影，列方程：

對圖(a)

$$+\swarrow \sum F_n = ma_n : mg\cos\theta - N = ma_n = m\frac{v^2}{\rho} \tag{1}$$

對圖(b)

$$+\swarrow \sum F_n = ma_n : mg\cos\theta + N = ma_n = m\frac{v^2}{\rho} \tag{2}$$

(4) 求解：

質點與曲線保持接觸的條件為 $N \geq 0$，將其代入(1)和(2)式，得

對圖(a)

$$N = mg\cos\theta - m\frac{v^2}{\rho} \geq 0, \quad v \leq \sqrt{\rho g\cos\theta}$$

對圖(b)

$$N = m\frac{v^2}{\rho} - mg\cos\theta \geq 0, \quad v \geq \sqrt{\rho g\cos\theta}$$

例 ▶ 2-3.8

圖 2-3.17 所示為一複合式阿特武德機(Atwood machine)，三重物由不可伸長且質量不計的軟繩所連結，物體的質量分別為 $m_1 = 1\,\text{kg}$，$m_2 = 2\,\text{kg}$，$m_3 = 3\,\text{kg}$。不計滑輪重量及摩擦力，求各重物的加速度。

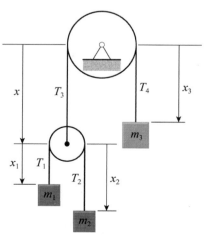

圖 2-3.17　阿特武德機

 引進四個座標 x_1、 x_2、 x_3 及 x 來描述重物的位置。因繩不可伸長，故得拘束方程

$$x_1 + x_2 = 常數 \quad 或 \quad \ddot{x}_1 + \ddot{x}_2 = 0 \tag{1}$$

$$x_3 + x = 常數 \quad 或 \quad \ddot{x}_3 + \ddot{x} = 0 \tag{2}$$

各重物的「絕對」加速度可表示為

$$a_1 = \ddot{x} + \ddot{x}_1, \quad a_2 = \ddot{x} + \ddot{x}_2, \quad a_3 = \ddot{x}_3 \tag{3}$$

在圖 2-3.18 的各重物之自由體圖中，因滑輪質量不計，故繩中張力 $T_1 = T_2$，$T_3 = T_4$，且 $T_3 = T_1 + T_2$。

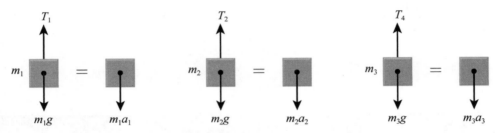

圖 2-3.18　阿特武德機中各重物之自由體圖和有效力圖

根據自由體圖和有效力圖，並應用(1)和(2)式得運動方程

$$m_1 g - T_1 = m_1 a_1 = m_1(\ddot{x} + \ddot{x}_1) \tag{4}$$

$$m_2 g - T_1 = m_2 a_2 = m_2(\ddot{x} + \ddot{x}_2) = m_2(\ddot{x} - \ddot{x}_1) \tag{5}$$

$$m_3 g - 2T_1 = m_3 a_3 = m_3 \ddot{x}_3 = -m_3 \ddot{x} \tag{6}$$

將(5)式減去(4)式，得

$$(m_2 - m_1)g = -(m_1 + m_2)\ddot{x}_1 + (m_2 - m_1)\ddot{x}$$

代入數值後，化簡為

$$g = -3\ddot{x}_1 + \ddot{x} \tag{7}$$

將(4)、(5)兩式相加後再減去(6)式，得

$$0 = -\ddot{x}_1 + 6\ddot{x} \tag{8}$$

由(7)和(8)式，得

$$\ddot{x} = -g/17，\quad \ddot{x}_1 = -6g/17 \tag{9}$$

再利用拘束方程(1)和(2)，求得

$$\ddot{x}_2 = 6g/17，\quad \ddot{x}_3 = g/17 \tag{10}$$

於是各重物加速度為

$$a_1 = \ddot{x} + \ddot{x}_1 = -7g/17 （負號表示加速度方向向上）$$

$$a_2 = \ddot{x} + \ddot{x}_2 = 5g/17 （加速度方向向下）$$

$$a_3 = \ddot{x}_3 = g/17 （加速度方向向下）$$

例 ▶ 2-3.9

　　AB 桿以定角速率 2 rad/s 在鉛垂面上旋轉，質量為 800 g 的套筒 C 在 $r = 500$ mm 之位置時以 5 m/s 的速率向 A 滑動，如圖 2-3.19 所示。設摩擦力可忽略，求此時作用在套筒上的正向力及其加速度。

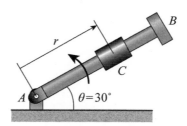

圖 2-3.19　例 2-3.9 之圖

 (1) 研究對象：套筒 C。

(2) 自由體圖和有效力圖：如 2-3.20 所示。採用極座標法，以 A 為原點。

(3) 取投影，列方程：

$$+\nearrow \sum F_r = ma_r: \ -mg\sin\theta = m(\ddot{r} - r\dot{\theta}^2) \tag{1}$$

$$+\nwarrow \sum F_\theta = ma_\theta: \ N - mg\cos\theta = m(r\ddot{\theta} + 2\dot{r}\dot{\theta}) \tag{2}$$

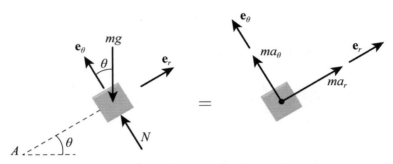

圖 2-3.20　套筒之自由體圖和有效力圖

(4) 求解：

$$m = 800\,\text{g} = 0.8\,\text{kg}, \quad g = 9.81\,\text{m/s}^2$$

$$r = 500\,\text{mm} = 0.5\,\text{m}, \quad \dot{r} = -5\,\text{m/s}\ （因\ C\ 向\ A\ 動）$$

$$\theta = 30° = \pi/6\,\text{rad}, \quad \dot{\theta} = 2\,\text{rad/s}, \quad \ddot{\theta} = 0$$

代入(1)及(2)式，得

$$-(0.8)(9.81)\sin 30° = 0.8[\ddot{r} - (0.5)(2)^2]$$
$$N - (0.8)(9.81)\cos 30° = 0.8[0.5(0) + 2(-5)(2)]$$

解得

$$\ddot{r} = -2.9\,\text{m/s}^2, \quad N = -9.21\,\text{N}$$

N 為負值表示其方向與圖 2-3.20 所示之方向相反。套筒的加速度

$$\mathbf{a} = (\ddot{r} - r\dot{\theta}^2)\mathbf{e}_r + (r\ddot{\theta} + 2\dot{r}\dot{\theta})\mathbf{e}_\theta = -4.9\mathbf{e}_r - 20\mathbf{e}_\theta\ \text{m/s}^2$$

例 ▶ 2-3.10

質量為 M 的光滑圓環以柔軟細線掛在天花板上，質量均為 m 的兩個小珠串在圓環上，如圖 2-3.21(a)所示。今從圓環最高點將兩小珠子從靜止釋放。問 M 和 m 之間有什麼關係時，圓環會向上運動。

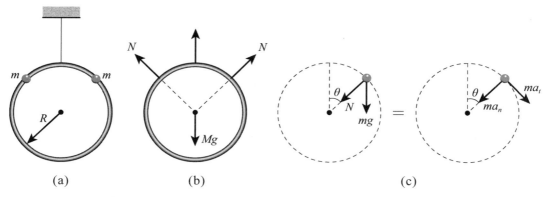

圖 2-3.21　圓環及小珠系統

解 分別以圓環和小珠為研究對象。圓環和小珠的自由體圖分別示於圖 2-3.21(b)和(c)。顯然，如果兩個 N 力之合力大於圓環的重力 Mg，則圓環便會上升。所以我們應用分析珠子 m 的運動來找 N 的表達式。因珠子作圓周運動，用切線與法線座標分量較方便。其運動方程如下：

$$+ \searrow \sum F_t = ma_t : mg\sin\theta = mR\ddot{\theta} \tag{1}$$

$$+ \swarrow \sum F_n = ma_n : N + mg\cos\theta = mR\dot{\theta}^2 \tag{2}$$

利用 $\ddot{\theta} = \dot{\theta}d\dot{\theta}/d\theta$，可將(1)式改寫成

$$\dot{\theta}d\dot{\theta} = \frac{g}{R}\sin\theta d\theta \tag{3}$$

兩邊積分，並利用初始條件 $\theta_0 = 0$，$\dot{\theta}_0 = 0$，得

$$\dot{\theta} = \frac{2g}{R}(1-\cos\theta) \tag{4}$$

（註：待我們學習了機械能守恆定律後，方程(4)可由機械能守恆定律立即得到。）

將方程(4)代入(2)式，得

$$N = 2mg - 3mg\cos\theta \tag{5}$$

於是兩個 N 力在鉛垂方向的合力為

$$F_y = 2N\cos\theta = 4mg\cos\theta - 6mg\cos^2\theta \tag{6}$$

令 $dF_y / d\theta = 0$，即可求出最大的 F_y：

$$\frac{dF_y}{d\theta} = -4mg\sin\theta + 12mg\cos\theta\sin\theta = 0$$

故 $\sin\theta = 0$（捨去），$\cos\theta = \frac{1}{3}$

將 $\cos\theta = \frac{1}{3}$ 代入(6)式，得 F_y 的最大值

$$F_{y,\max} = \frac{2}{3}mg$$

如果

$$F_{y,\max} \geq Mg , \quad \frac{2}{3}mg \geq Mg$$

則圓環將會上升，由此解得 M 和 m 的關係應為

$$\frac{M}{m} \leq \frac{2}{3}$$

另解：圓環上升的條件為

$$2N\cos\theta - Mg \geq 0$$

其中 N 由(5)式確定。將(5)式代入，得

$$-6mg\cos^2\theta + 4mg\cos\theta - Mg \geq 0$$

要使這一不等式對實數 $\cos\theta$ 有解，其判別式 Δ 應大於零，即

$$\Delta = (4mg)^2 - 4(-6mg)(-Mg) \geq 0$$

由此解得

$$\frac{M}{m} \leq \frac{2}{3}$$

例 ▶ 2-3.11

已知質量為 0.5 kg 的質點作螺旋線運動，其位置可用圓柱座標定義為 $r = 20$ m， $\theta = (\pi/6)t$ rad， $z = (\pi/8)t$ m，其中時間 t 的單位為秒，求此質點所受的合外力。

 解　依題意，我們有

$$r = 20 ， \dot{r} = 0 ， \ddot{r} = 0$$

$$\theta = \frac{\pi}{6}t ， \dot{\theta} = \frac{\pi}{6} ， \ddot{\theta} = 0$$

$$z = \frac{\pi}{8}t ， \dot{z} = \frac{\pi}{8} ， \ddot{z} = 0$$

代入(1-7.4)式，得質點的加速度 $\mathbf{a}$：

$$\mathbf{a} = (\ddot{r} - r\dot{\theta}^2)\mathbf{e}_r + (r\ddot{\theta} + 2\dot{r}\dot{\theta})\mathbf{e}_\theta + \ddot{z}\mathbf{e}_z = -5.48\mathbf{e}_r$$

故質點所受的合外力 $\mathbf{F}$：

$$\mathbf{F} = m\mathbf{a} = (0.5)(-5.48)\mathbf{e}_r = -2.74\mathbf{e}_r$$

例 ▶ 2-3.12

設一質點 p 作拋射體運動時受到與速度成正比的空氣阻力作用，試分析其運動。

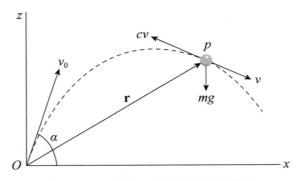

圖 2-3.22　有空氣阻力的拋體運動

 採用位置向量法及直角座標分量法，運動過程中質點承受的空氣阻力為 $(-c\mathbf{v})$、重力為 $m\mathbf{g}$，如圖 2-3.22 所示。應用牛頓第二定律，可得質點以位置向量法描述的運動方程：

$$m\frac{d^2\mathbf{r}}{dt^2} = -c\mathbf{v} + m\mathbf{g} \tag{1}$$

式中 $\mathbf{r}$ 為質點的位置向量，令 $\beta = \dfrac{c}{m}$，(1)式可寫成

$$m\frac{d^2\mathbf{r}}{dt^2} = -m\beta\mathbf{v} + m\mathbf{g} \tag{2}$$

採用直角座標分量法並消去 m，(2)式可寫成

$$\ddot{x}\mathbf{i} + \ddot{y}\mathbf{j} + \ddot{z}\mathbf{k} = -\beta(\dot{x}\mathbf{i} + \dot{y}\mathbf{j} + \dot{z}\mathbf{k}) - g\mathbf{k} \tag{3}$$

於是 x、y、z 方向的運動方程為

$$\ddot{x} = -\beta\dot{x}, \quad \ddot{y} = -\beta\dot{y}, \quad \ddot{z} = -\beta\dot{z} - g \tag{4}$$

取 xy 平面為水平面，因拋射體運動在 xz 鉛垂平面，並取發射點為座標系原點，故 $\dot{y} = \dot{y}_0 = 0$。積分後並用初始條件 $t=0$，$\dot{x} = \dot{x}_0 = v_0\cos\alpha$，$\dot{z} = \dot{z}_0 = v_0\sin\alpha$，得速度 $\mathbf{v}$ 在 x、y、z 方向的分量

$$\dot{x} = \dot{x}_0 e^{-\beta t}, \quad \dot{y} = \dot{y}_0 e^{-\beta t}, \quad \dot{z} = \dot{z}_0 e^{-\beta t} - \frac{g}{\beta}(1 - e^{-\beta t}) \tag{5}$$

積分(5)式中的 $\dot{x}$ 和 $\dot{z}$，可得

$$x = \frac{\dot{x}_0}{\beta}(1-e^{-\beta t}), \quad z = (\frac{\dot{z}_0}{\beta}+\frac{g}{\beta^2})(1-e^{-\beta t})-\frac{g}{\beta}t \tag{6}$$

寫成向量形式：

$$\mathbf{r} = (\frac{\mathbf{v}_0}{\beta}+\frac{g\mathbf{k}}{\beta^2})(1-e^{-\beta t})-\frac{gt}{\beta}\mathbf{k} \tag{7}$$

假設此題的質點 p 不會碰到地面，當時間 t 趨近於無窮大時，由方程(6)
可知質點 x 座標趨近於 $x = \frac{\dot{x}_0}{\beta}$。參考例題 2-3.4，畫出質點在有空氣阻力和
無空氣阻力的運動軌跡圖，如圖 2-3.23 所示。

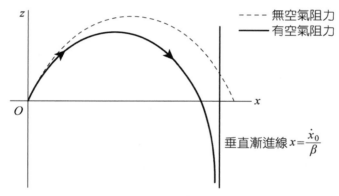

圖 2-3.23　質點運動軌跡

2.4　達蘭伯原理

　　達蘭伯原理(d'Alembert's principle)最初由達蘭伯於 1743 年提出，隨著歷史
的發展，人們從不同的角度研究解釋這一原理，而提出了不同的表達方式。由於
表達方式的不同，常令初學者困惑不解，到底什麼是達蘭伯原理？事實上，直至
今日，關於這一原理的表示方式並無統一的觀點，有時甚至還有爭議。本節介紹
三種最具代表性的表達方式。

　　第一種表達方式代表了達蘭伯的原始思想。設作用在質點上有主動力 **F** 和拘束力 **N**，則可將主動力 **F** 分解成兩部分：一部分用來使質點產生加速度 **a**，餘下的部分（即 **F** − *m***a**）和拘束力 **N** 構成平衡力系。因此，達蘭伯原理可表示為

$$\mathbf{F} - m\mathbf{a} + \mathbf{N} = 0 \qquad\qquad (2\text{-}4.1)$$

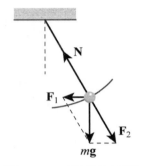

　　以圖 2-4.1 所示單擺為例，作用在擺球上的主動力為重力 *m***g**，拘束力為繩子的張力 **N**。設擺球的合加速度為 **a**（注意：擺球有切線加速度和法線加速度）。則可將主動力 *m***g** 分解為兩個力 **F**₁ 和 **F**₂，其中 **F**₁ 用來使擺球產生加速度，即 $\mathbf{F}_1 = m\mathbf{a}$；而 $\mathbf{F}_2 = m\mathbf{g} - m\mathbf{a}$ 正好和拘束力 **N** 互相平衡。

　　達蘭伯原理的第二種表達方式出現於十九世紀前半葉，人們把 −*m***a** 這個量叫做**慣性力**(inertia force)，此原理就被解釋為：在加上慣性力 $\mathbf{F}^* = -m\mathbf{a}$ 以後，質點的主動力、慣性力和拘束力三者構成平衡力系，即

圖 2-4.1　達蘭伯原理
（第一種表達方式）

$$\mathbf{F} + \mathbf{F}^* + \mathbf{N} = 0 \qquad\qquad (2\text{-}4.2)$$

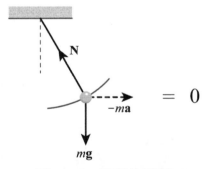

　　同樣以單擺為例，如圖 2-4.2 所示，作用在質點上的力有主動力 *m***g** 和拘束力 **N**，當加上慣性力 −*m***a** 後，以上三個力構成平衡力系。注意：慣性力 $\mathbf{F}^* = -m\mathbf{a}$ 與加速度 **a** 的方向相反。慣性力不是真正作用在質點上的力，它只是一種假想的力。為了和其實力相區別，我們以虛箭號表示慣性力。

圖 2-4.2　達蘭伯原理
（第二種表達方式）

　　達蘭伯原理的這第二種表達方式和前面的第一種表達方式，在數學式子上並無區別。但是，第二種表達方式卻用一種新的觀點來解釋這一原理：將動力學的問題轉化成靜力學的平衡問題。因此，這種方法亦稱**動態靜力學法**(method of dynamic statics)。這種方法簡單易行，越來越廣泛地被工程界所採用。

　　達蘭伯原理的第三種表達方式亦稱為**拉格蘭日形式的達蘭伯原理**(Lagrange's form of d'Alembert's principle)。根據(2-4.2)式，主動力 **F**，慣性力 −*m***a** 和拘束力 **N** 構成一平衡力系。由虛功原理，平衡力系的虛功為零，即

$$(\mathbf{F} - m\mathbf{a} + \mathbf{N}) \cdot \delta\mathbf{r} = 0 \qquad (2\text{-}4.3)$$

其中 $\delta\mathbf{r}$ 表示質點的虛位移。特別，對於理想拘束，拘束力的虛功為零（此種拘束力稱為無功力），即

$$\mathbf{N} \cdot \delta\mathbf{r} = 0 \qquad (2\text{-}4.4)$$

於是(2-4.3)式變成

$$(\mathbf{F} - m\mathbf{a}) \cdot \delta\mathbf{r} = 0 \qquad (2\text{-}4.5)$$

如果我們研究的不只一個質點，而是有 n 個質點的質點系，則上述方程變為

$$\sum_{i=1}^{n} (\mathbf{F}_i - m_i\mathbf{a}_i) \cdot \delta\mathbf{r}_i = 0 \qquad (2\text{-}4.6)$$

這就是質點系之拉格蘭日形式的達蘭伯原理，它構成了整個**分析力學**(analytical dynamics)的基礎，稱為**基礎方程**(fundamental equation)，亦稱**動力學普遍方程**(generalized equation of dynamics)。這一方程的主要優點在於，它將無功拘束力自動消失。即在使用這一方程時，可以不管無功拘束力。

最後提請讀者注意，有人以為達蘭伯原理只不過是將牛頓第二定律 $\mathbf{F} + \mathbf{N} = m\mathbf{a}$ 的右端項 $m\mathbf{a}$ 移到方程的左端而已。對達蘭伯原理的這種解釋曾受到許多力學大師的嚴厲抨擊，認為這是對達蘭伯的莫大侮辱[1]。事實上，將某一方程的右端項移至左端並不能產生新的原理，這正和 $a = b$ 與 $a - b = 0$ 是同一個方程一樣，除非你有全新的解釋。

例 ▶ 2-4.1

一單擺位於車廂內如圖 2-4.3(a)所示，若此車廂以等加速度 a 水平移動，求單擺的偏角 θ。

---

[1] 註：見 Reinhardt M. Rosenberg 著《Analytical Dynamics of Discrete systems》。

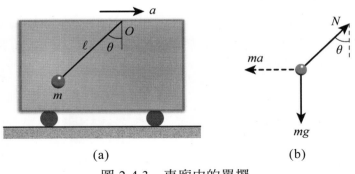

(a)   (b)

圖 2-4.3　車廂中的單擺

解法一

　　用動態靜力學法（即達蘭伯原理的第二種表達方式）求解。以小球作為研究對象，其自由體圖和慣性力如圖 2-4.3(b)所示。注意：小球隨車箱向右運動，其加速度為 a，故慣性力 $-ma$ 向左。根據動態靜力學法（2-4.2 式）

沿水平方向投影：　$N\sin\theta = ma$ $\qquad\qquad\qquad\qquad$ (1)

沿垂直方向投影：　$N\cos\theta = mg$ $\qquad\qquad\qquad\qquad$ (2)

將(1)式除以(2)式，得

$$\tan\theta = \frac{a}{g}, \quad \theta = \tan^{-1}\frac{a}{g} \qquad\qquad\qquad (3)$$

解法二

　　用基礎方程（即達蘭伯原理的第三種表達方式）求解。質點的位置向量為

$$\mathbf{r} = (x - \ell\sin\theta)\mathbf{i} - \ell\cos\theta\mathbf{j} \qquad\qquad\qquad (4)$$

其中 x 表示懸掛點 O 的 x 座標。用等時變分（見靜力學第九章）求得虛位移

$$\delta\mathbf{r} = (\delta x - \ell\cos\theta\delta\theta)\mathbf{i} + \ell\sin\theta\delta\theta\mathbf{j} \qquad\qquad\qquad (5)$$

作用在質點上的所有外力為

$$\mathbf{F} + \mathbf{N} = -mg\mathbf{j} + N\sin\theta\mathbf{i} + N\cos\theta\mathbf{j} \qquad\qquad\qquad (6)$$

質點的加速度為

$$\mathbf{a} = a\mathbf{i} \tag{7}$$

將(5)至(7)式代入方程(2-4.3)，整理後得

$$(N\sin\theta - ma)\delta x + (mal\cos\theta - mgl\sin\theta)\delta\theta = 0 \tag{8}$$

由於 $\delta\theta$ 和 δx 是彼此獨立的，上式表明，$\delta\theta$ 和 δx 的係數應為零。由此，得

$$mal\cos\theta - mgl\sin\theta = 0 \tag{9}$$

$$N\sin\theta - ma = 0 \tag{10}$$

由(9)式，得

$$\tan\theta = \frac{a}{g}, \quad \theta = \tan^{-1}\frac{a}{g} \tag{11}$$

這和前面的結果一致。求出 θ 後，代入(10)式還可求出拘束力 N。

討論：以上我們引入了廣義座標 x 和 θ。對 δx 而言，拘束力 N 的虛功不為零（N 是有功力）。用虛功原理時，並不一定要考慮所有的虛位移，只須考慮任一組獨立的虛位移即可。對於本例，如果我們只考慮由 $\delta\theta$ 引起的虛位移，則拘束力 N 便是無功力，在解題過程中可以不管它（如果一定要考慮拘束力 N，則最終它會自動消去！）這就是下面的第三種解法。

💡解法三

用基礎方程，但只考慮由 $\delta\theta$ 引起的虛位移 $\delta\mathbf{r}_1$〔參見(5)式〕：

$$\delta\mathbf{r}_1 = -l\cos\theta\delta\theta\mathbf{i} + l\sin\theta\delta\theta\mathbf{j}$$

注意到主動力為 $\mathbf{F} = -mg\mathbf{j}$，加速度為 $\mathbf{a} = a\mathbf{i}$，代入方程 $(\mathbf{F} - m\mathbf{a})\cdot\delta\mathbf{r}_1 = 0$，得

$$(mal\cos\theta - mgl\sin\theta)\delta\theta = 0$$

令 $\delta\theta$ 的係數為零，解得

$$\tan\theta = \frac{a}{g}, \quad \theta = \tan^{-1}\frac{a}{g} \tag{12}$$

這和前面的結果一致。

例 ▶ 2-4.2

離心調速器由一個質量為 M 的套筒 C，兩個質量均為 m 的小球 A 和 B，以及四根質量不計，長度均為 ℓ 的直桿組成，如圖 2-4.4 所示。設調速器的角速度 ω 為常數，不計摩擦，求相對平衡時 θ 之值。

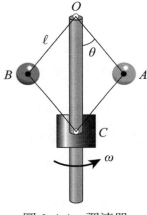

圖 2-4.4　調速器

解法一

用動態靜力學法。以 A 球和套筒為研究對象，其自由體圖和慣性力如圖 2-4.5 所示。對 A 球

$$\sum F_x = 0: \quad N_1\sin\theta + N_2\sin\theta = m\omega^2\ell\sin\theta \tag{1}$$

$$\sum F_y = 0: \quad N_1\cos\theta - N_2\cos\theta - mg = 0 \tag{2}$$

對套筒 C，我們得

$$\sum F_y = 0: \quad 2N_2\cos\theta = Mg \tag{3}$$

由(3)式，得

$$N_2 = \frac{Mg}{2\cos\theta} \tag{4}$$

代入(2)式，得

$$N_1 = \frac{2m+M}{2\cos\theta}g \tag{5}$$

將(4)和(5)式代入(1)式，得

$$[\frac{(M+m)g}{\cos\theta} - m\omega^2\ell]\sin\theta = 0 \tag{6}$$

由此得

$$\sin\theta = 0 \text{（不考慮）}, \quad \cos\theta = \frac{(M+m)g}{m\omega^2\ell} \tag{7}$$

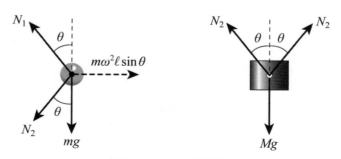

圖 2-4.5　自由體圖

解法二

用基礎方程。令 O 為座標原點，則 A 球和套筒 C 的位置向量為

$$\mathbf{r}_A = \ell\sin\theta\mathbf{i} - \ell\cos\theta\mathbf{j}, \quad \mathbf{r}_C = -2\ell\cos\theta\mathbf{j} \tag{8}$$

用等時變分求得虛位移為

$$\delta\mathbf{r}_A = \ell\cos\theta\delta\theta\mathbf{i} + \ell\sin\theta\delta\theta\mathbf{j}, \quad \delta\mathbf{r}_C = 2\ell\sin\theta\delta\theta\mathbf{j} \tag{9}$$

（註：由調速器旋轉引起 A 球和 B 球在垂直於紙面方向的虛位移可不必考慮，因為該方向無主動力。）因為 A 球和 B 球是對稱的，故動力學方程可寫成

$$2(\mathbf{F}_A - m\mathbf{a}_A)\cdot\delta\mathbf{r}_A + (\mathbf{F}_c - 0)\cdot\delta\mathbf{r}_C = 0 \tag{10}$$

注意到

$$\mathbf{F}_A = -mg\mathbf{j}, \quad \mathbf{a}_A = -\omega^2\ell\sin\theta\mathbf{i}, \quad \mathbf{F}_C = -Mg\mathbf{j}$$

代入上式並化簡，得

$$[m\omega^2\ell\cos\theta - (M+m)g]\sin\theta\delta\theta = 0 \tag{11}$$

令 $\delta\theta$ 的係數為零，即得相同的答案。讀者已看到，後一方法較簡單，因為不必考慮拘束力。

例 ▶ 2-4.3

質量為 m_B 的物體 B 置於質量為 m_A 的物體 A 上，如圖 2-4.6 所示。不計摩擦，求物體 B 相對於 A 的加速度 $a_{B/A}$ 和物體 A 水平移動的加速度 a_A。設 $m_A = 15\text{ kg}$，$m_B = 7\text{ kg}$，$\theta = 30°$。

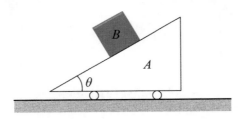

圖 2-4.6　例 2-4.3 之圖

解　用基礎方程，這樣不必考慮兩物體之間的作用力 N。物體 A 和 B 受的主動力和慣性力如圖 2-4.7 所示。用基礎方程時，不必同時考慮所有的虛位移，只須考慮任一組獨立的虛位移即可。

考慮虛位移 $\delta x \neq 0$，$\delta x_1 = 0$，可得

$$(-m_A a_A - m_B a_A + m_B a_{B/A}\cos\theta)\delta x = 0 \tag{1}$$

考慮虛位移 $\delta x = 0$, $\delta x_1 \neq 0$, 可得

$$(m_B g \sin\theta + m_B a_A \cos\theta - m_B a_{B/A})\delta x_1 = 0$$

令 δx 和 δx_1 的係數為零，得

$$m_B a_{B/A} \cos\theta - (m_A + m_B)a_A = 0$$

$$m_B g \sin\theta + m_B a_A \cos\theta - m_B a_{B/A} = 0$$

由此解得

$$a_A = \frac{m_B g \sin\theta \cos\theta}{m_A + m_B \sin^2\theta} = 1.78 \text{ m} / \text{s}^2$$

$$a_{B/A} = \frac{(m_A + m_B)a_A}{m_B \cos\theta} = 6.46 \text{ m} / \text{s}^2$$

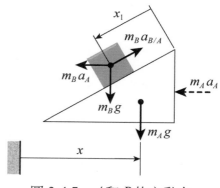

圖 2-4.7 A 和 B 的主動力
和慣性力

2.5 質點系的運動方程

　　假設空間中有一個質點系由 n 個質點 $P_i(i=1,2,\cdots,n)$ 所組成，其對應的質量為 m_i，且 P_i 承受主動力 $\mathbf{F}_i$ 以及和其他質點之間相互作用的力 $\mathbf{f}_{ij}(j=1,2,\cdots,n)$，如圖 2-5.1 所示，其中 $\mathbf{f}_{ij}$ 表示質點 P_j 作用於質點 P_i 之力。對 P_i 而言，$\mathbf{f}_{ij}$ 為外力；對整個系統而言，它為內力。注意，因為質點 P_i 並不能施力於本身，故 $\mathbf{f}_{ii} = 0$。

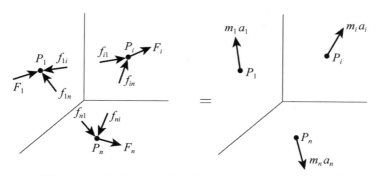

圖 2-5.1 質點系中質點的自由體圖和有效力圖

動力學
Dynamics

根據牛頓第二定律，作用在質點 P_i 的合外力應等於其有效力 $m_i\mathbf{a}_i$，如圖 2-5.1 所示，故

$$\mathbf{F}_i + \sum_{j=1}^{n}\mathbf{f}_{ij} = m_i\mathbf{a}_i \tag{2-5.1}$$

(2-5.1)式為質點系中質點 P_i 的運動方程，它與系統的內力有關。因系統包含 n 個質點，令(2-5.1)式中的下標 $i = 1, 2, \cdots, n$，我們得到 n 個方程，並將這 n 個方程相加，可得

$$\sum_{i=1}^{n}\mathbf{F}_i + \sum_{i=1}^{n}\sum_{j=1}^{n}\mathbf{f}_{ij} = \sum_{i=1}^{n}m_i\mathbf{a}_i \tag{2-5.2}$$

依據牛頓第三定律，內力總是成對出現的，它們大小相等，方向相反，且作用在同一直線上，故系統中所有內力之向量和等於零，即

$$\sum_{i=1}^{n}\sum_{j=1}^{n}\mathbf{f}_{ij} = 0 \tag{2-5.3}$$

因此，(2-5.2)式簡化成

$$\sum_{i=1}^{n}\mathbf{F}_i = \sum_{i=1}^{n}m_i\mathbf{a}_i \tag{2-5.4}$$

這就是質點系的運動方程。它表明：作用於質點系的所有外力（不包括系統中各質點之間互相作用的內力）之向量和等於各質點有效力之向量和。

 ## 2.6 質心運動定理

假設一質點系包括 n 個質點 $P_i(i=1,\cdots,n)$ 其所對應的質量與位置向量分別為 m_i 及 $\mathbf{r}_i(i=1,\cdots,n)$，如圖 2-6.1(a)所示。設此質點系的總質量為 m，質心的位置向量為 $\mathbf{r}_G$，參考圖 2-6.1 及靜力學第七章的力矩原理，可得

$$m = \sum_{i=1}^{n} m_i \tag{2-6.1}$$

$$m\mathbf{r}_G = \sum_{i=1}^{n} m_i \mathbf{r}_i \tag{2-6.2}$$

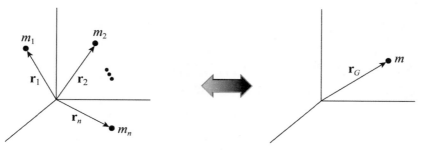

圖 2-6.1　質點系及其質心

令質點 P_i 的速度為 $\mathbf{v}_i$，加速度為 $\mathbf{a}_i$，質心的速度為 $\mathbf{v}_G$，加速度為 $\mathbf{a}_G$。將(2-6.2) 式對時間求導，得

$$m\dot{\mathbf{r}}_G = \sum_{i=1}^{n} m_i \dot{\mathbf{r}}_i \tag{2-6.3}$$

或

$$m\mathbf{v}_G = \sum_{i=1}^{n} m_i \mathbf{v}_i \tag{2-6.4}$$

將(2-6.2)式對時間求兩次導數，得

$$m\ddot{\mathbf{r}}_G = \sum_{i=1}^{n} m_i \ddot{\mathbf{r}}_i \tag{2-6.5}$$

或

$$m\mathbf{a}_G = \sum_{i=1}^{n} m_i \mathbf{a}_i \tag{2-6.6}$$

應用(2-5.4)式，得

$$\sum_{i=1}^{n} \mathbf{F}_i = m\mathbf{a}_G \tag{2-6.7}$$

(2-6.7)式稱為**質心運動定理**(principle of motion of the mass center)，它說明：任何質點系質心的運動，與一個質點的運動相同，該質點的質量等於質點系的總質量並且集中在系統的質心上；而這個質點所受的力等於作用於質點系的所有外力之和。

質心運動定理說明了質心運動的一個重要性質：一個質點系內各質點由於外力及內力的作用，它們的運動情況可能很複雜，但此質點系之質心的運動確可能很簡單。質心的運動與內力無關，只要知道質點系所受的合外力，我們便可確定質心的運動。例如，炮彈便可視為一質點系，假設忽略空氣阻力，炮彈只受重力，其質心將沿拋物線運動，當炮彈炸成碎片，這些碎片的質心仍將沿著爆炸前的

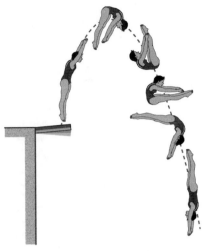

圖 2-6.2　跳水選手之質心運動

拋物線繼續運動，直到有一部分碎片撞到其他物體或地面為止。又例如跳水選手，當其離開跳板後，身體（質點系）各部位的動作變化很大，但因身體只受重力的作用，故其質心沿著拋物線運動，如圖 2-6.2 所示。

例 ▶ 2-6.1

圖 2-6.3 所示為一質點系，包括 P_1，P_2，P_3 三個質點，其所對應的質量分別為 5 kg，10 kg，3 kg，且分別受 $\mathbf{F}_1 = 5\mathbf{i} + 10\mathbf{j}$ N，$\mathbf{F}_2 = -12\mathbf{i} + 3\mathbf{j} + 6\mathbf{k}$ N，$\mathbf{F}_3 = 18\mathbf{j} - 15\mathbf{k}$ N 之力。各質點的速度分別為 $\mathbf{v}_1 = 4\mathbf{i} + 5\mathbf{j} + 6\mathbf{k}$ m/s，$\mathbf{v}_2 = -\mathbf{i} + 7\mathbf{k}$ m/s，$\mathbf{v}_3 = 3\mathbf{i} - 9\mathbf{j}$ m/s。求：(a)質點系的質心位置向量 $\mathbf{r}_G$；(b)質心速度 $\mathbf{v}_G$；(c)質心加速度 $\mathbf{a}_G$。

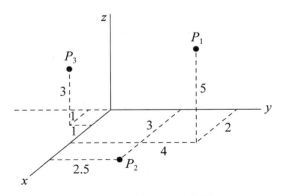

圖 2-6.3　例 2-6.1 之圖

解 　$m_1 = 5 \text{ kg}$，$\mathbf{r}_1 = 2\mathbf{i} + 4\mathbf{j} + 5\mathbf{k}$

$m_2 = 10 \text{ kg}$，$\mathbf{r}_2 = 3\mathbf{i} + 2.5\mathbf{j}$

$m_3 = 3 \text{ kg}$，$\mathbf{r}_3 = \mathbf{i} - \mathbf{j} + 3\mathbf{k}$

(a) 應用力矩原理，即(2-6.1)及(2-6.2)式，可得

$$m = m_1 + m_2 + m_3 = 18 \text{ kg}$$
$$18\mathbf{r}_G = 5(2\mathbf{i} + 4\mathbf{j} + 5\mathbf{k}) + 10(3\mathbf{i} + 2.5\mathbf{j}) + 3(\mathbf{i} - \mathbf{j} + 3\mathbf{k})$$
$$\mathbf{r}_G = 2.39\mathbf{i} + 2.33\mathbf{j} + 1.89\mathbf{k} \text{ (m)}$$

(b) 利用(2-6.4)式，得

$$18\mathbf{v}_G = 5(4\mathbf{i} + 5\mathbf{j} + 6\mathbf{k}) + 10(-\mathbf{i} + 7\mathbf{k}) + 3(3\mathbf{i} - 9\mathbf{j})$$
$$\mathbf{v}_G = 1.06\mathbf{i} - 0.11\mathbf{j} + 5.56\mathbf{k} \text{ (m / s)}$$

(c) 應用質心運動定理〔(2-6.7)式〕，得

$$(5\mathbf{i} + 10\mathbf{j}) + (-12\mathbf{i} + 3\mathbf{j} + 6\mathbf{k}) + (18\mathbf{j} - 15\mathbf{k}) = 18\mathbf{a}_G$$
$$\mathbf{a}_G = -0.39\mathbf{i} + 1.72\mathbf{j} - 0.50\mathbf{k} \text{ (m / s}^2)$$

例 ▶ 2-6.2

　　A球與B球以不計質量的繩索相連，並且忽略空氣阻力，將A球與B球拋向空中，分析此系統的質心運動。

 解 　設A球的質量為m_1，以初速$\mathbf{v}_1$拋出；B球的質量為m_2，以初速$\mathbf{v}_2$拋出。在飛行過程中，繩子可能時鬆時緊，A球與B球的飛行路徑非常複雜。但對整個質點系而言，繩子的作用力屬於內力，不影響質心的運動，而此系統所受的外力只有重力，根據質心運動定理，可得

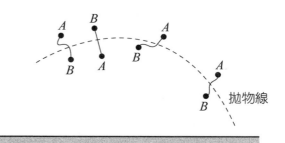

圖 2-6.4　A、B兩球之質心的運動路徑

$$m_1\mathbf{g} + m_2\mathbf{g} = (m_1 + m_2)\mathbf{a}_G$$

化簡得質心加速度 $\mathbf{a}_G$：

$$\mathbf{a}_G = \mathbf{g}$$

所以質心的運動路徑為拋物線，如圖 2-6.4 所示。

2.7　結　語

　　本章討論質點及質點系所受的力和加速度的關係，從而建立運動方程。有兩種方法可用：(1)牛頓第二定律；(2)達蘭伯原理。

　　用牛頓第二定律建立運動方程應遵循三個步驟：(1)確定研究對象；(2)畫自由體圖和有效力圖；(3)取投影，列方程。投影軸的方向可以任意選取，這完全取決於解題的方便。表 2-3.1 列出了沿不同座標軸取投影所得的運動方程。

　　達蘭伯原理有不同的表達方式，其中動態靜力學法是最普遍的表達法，即：質點所受的主動力，慣性力和拘束力三者構成平衡力系，於是將動力學問題轉換成靜力學問題求解。我們已從靜力學中知道，靜力學問題可用平衡方程求解，也可用虛功原理求解（見例 2-4.1 至 2-4.3）。達蘭伯原理的另一種表達方式，稱為拉格蘭日形式的的達蘭伯原理，如方程（2-4.6）所示，它是分析力學的基礎，稱為基礎方程，亦稱為動力學普遍方程。其優點是，理想拘束力不出現在方程中。

　　建立質點系的運動方程和建立單個質點的運動方程並無本質的區別，也應遵循三個步驟，應注意的是，質點之間相互作用力為內力，不會出現在質點系的運動方程中。

　　質心運動定理說明質點系質心的運動，它尤如一個質點的運動，該質點的質量等於質點系的總質量並位於質點系的質心上，所受到力等於質點系所受外力之合力。

思考題

1. 下列敘述正確與否？
   (a) 質點的運動方向就是作用於質點之合力的方向。
   (b) 質點的速度越大，其所受之力也越大。

2. 如圖 t2.2 所示，質量為 m 的質點受到兩個水平力 **F** 及 **Q** 的作用產生向左的加速度 **a**，取 O 點為座標原點，則下列哪些方程是正確的。
   (a) $m\mathbf{a} = \mathbf{Q} - \mathbf{F}$ ；(b) $-m\mathbf{a} = \mathbf{F} - \mathbf{Q}$ ；(c) $m\mathbf{a} = \mathbf{F} + \mathbf{Q}$ ；
   (d) $m\ddot{x} = Q - F$ ；(e) $-m\ddot{x} = F - Q$ ；(f) $m\ddot{x} = F - Q$ ；
   (g) $ma = Q - F$ ；(h) $ma = F - Q$

3. 如圖 t2.3 所示，一質點 m 被水平拋出，設空氣阻力與速度一次方成正比，比例係數為 β，關於 y 方向的運動方程下列何者正確？
   (a) $m\ddot{y} = \beta\dot{y} + mg$
   (b) $m\ddot{y} = -\beta\dot{y} - mg$

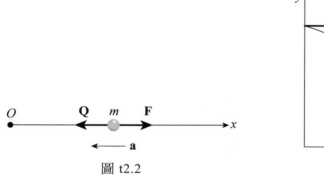

圖 t2.2

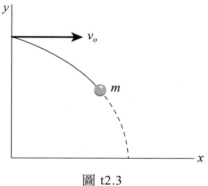

圖 t2.3

4. 如圖 t2.4 所示，M 和 m 之間的正向力是：(a) $mg\cos\alpha$ ；(b) $mg\sin\alpha$ ；(c)以上皆非。

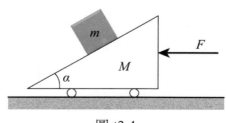

圖 t2.4

5. 如圖 t2.5 所示，空心管繞 O 點以等角速度旋轉，管內有一小球 m。說明小球為何會向 A 端運動。

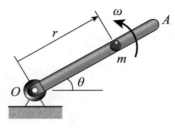

圖 t2.5

6. 三個質量皆為 m 的質點，在某一瞬時的速度，如圖 t2.6 所示，今對它們施予相同的力 F，問質點的運動情況是否一樣？

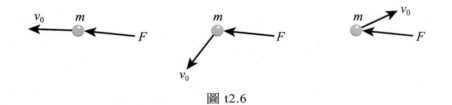

圖 t2.6

習 題

2.1 質量為 10 kg 的物體置於摩擦係數為 0.5 的斜面上，一水平力 F 作用於物體上使其沿斜面以 2 m/s^2 的加速度運動，求力 F 的大小。

2.2 兩質量分別為 m 與 M 的物體 A 和 B 併列放在光滑水平面上。(a)若一水平力 F 作用在物體 A 上使兩物體一起向右運動；(b)若水平力 F 作用在物體 B 上使 A 與 B 一起向左運動，求其加速度及兩物體間的作用力。

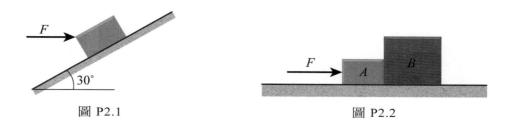

圖 P2.1 　　　　　　　　　　　　　　　　圖 P2.2

2.3 電梯質量為 500 kg，上升時的速度與時間的關係如圖所示。求在下列三個時間間隔內，懸掛電梯之繩索所受的力：(a) $t = 0$ 到 $t = 2$ 秒；(b) $t = 2$ 至 $t = 7$ 秒；(c) $t = 7$ 至 $t = 9$ 秒。

2.4 圖示的物體 A 和 B 從靜止釋放，不計滑輪的質量與摩擦。求 A 和 B 的加速度及繩子的張力。

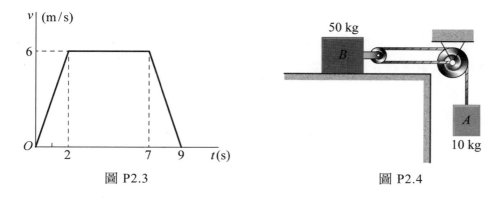

圖 P2.3 　　　　　　　　　　　　　　　　圖 P2.4

2.5 圖示的物體 A 和 B 的質量均為 10 kg，接觸面的動摩擦係數皆為 0.25。不計滑輪質量，求物體 A 與 B 的加速度大小。

2.6 圖示的三物體質量均為 10 kg，每個接觸面的靜摩擦係數 $\mu_s = 0.3$，動摩擦係數 $\mu_k = 0.25$，求物體 A、B、C 的加速度。

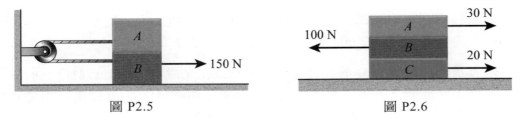

圖 P2.5   圖 P2.6

2.7 一質量為 m 的質點以初速 $\mathbf{v}_0$，仰角 α 拋出後，受到與速度成正比的空氣阻力，如圖所示。求質點的運動微分方程。

2.8 不計滑輪 A、B 與繩的質量，求 B、C、D、E 在重力作用下的加速度。

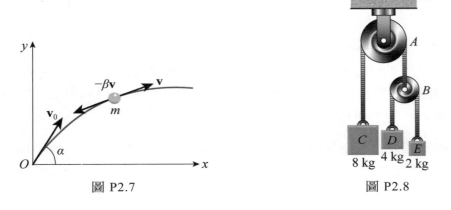

圖 P2.7   圖 P2.8

2.9 忽略摩擦，求：(a)物體 A 與 B 的加速度；(b)繩的張力。

2.10 圖示的小車從靜止釋放，繩長為 1 m。不計摩擦，求：(a)小車的加速度；(b)物體 B 的加速度；(c)繩中的張力。

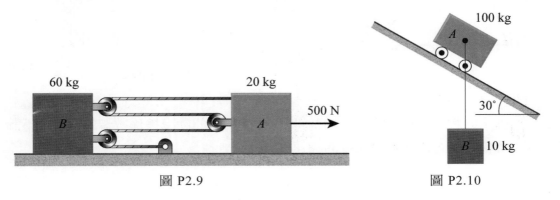

圖 P2.9   圖 P2.10

2.11 一質量為 m 的質點從靜止受到固定方向的力 $F = 5\sqrt{t}$ 的作用，求在時刻 t_1 時的位移。

2.12 單擺在圖示之位置時的速率為 5 m/s，求繩中的張力。

2.13 圖示的小球以等速率在一個水平圓上旋轉。求：(a)繩的張力；(b)小球的速率。

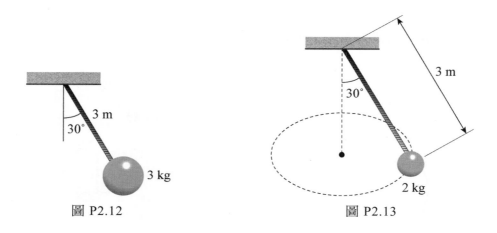

圖 P2.12   圖 P2.13

2.14 圖示的小球以等速率在一水平圓上旋轉，已知 $\overline{AD} = 1\,\text{m}$，求繩 AB 和 BD 都保持拉緊的最小速率。

2.15 圖示的輸送帶以等速率 0.6 m/s 輸送小零件。求零件與輸送帶間所需的最小的靜摩擦係數 μ_s，使得零件與輸送帶間沒有滑動。

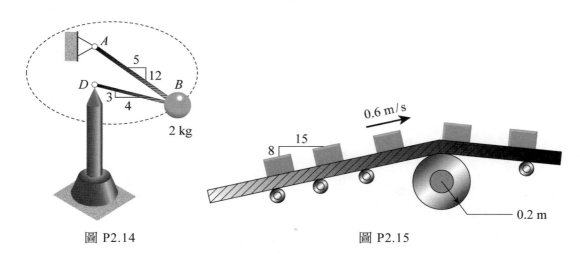

圖 P2.14   圖 P2.15

2.16 汽車在傾斜角為 θ 的斜面上轉彎行駛，其曲率半徑為 ρ，若輪胎與路面間的摩擦角為 ϕ_s。求此汽車行駛不致滑行的最小與最大安全速率。

2.17 一圓盤可繞經過圓心 O 點之固定鉛垂軸旋轉，一重物質量為 m 放在圓盤上，其間的摩擦係數為 μ。今圓盤以等角速度旋轉，求重物不致因圓盤旋轉而滑動的最大角速度。

2.18 一半徑為 r 的錢幣在半徑為 R 的圓柱內滾動，錢幣與圓柱壁之間的摩擦係數為 μ，如圖所示。求使錢幣不致下降的最小質心速度。

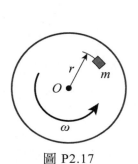

圖 P2.17

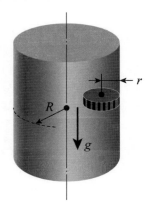

圖 P2.18

2.19 一質量為 5 kg 的圓柱 A，在臂 OB 的圓形槽內運動，臂 OB 又以等角速率 $\dot{\theta} = 30$ rpm 繞經 O 點之軸在水平面內旋轉。已知圓柱與槽的動摩擦係數 $\mu_k = 0.35$。在圖示位置時，$r = 1$ m、$\dot{r} = 0.8$ m/s、$\ddot{r} = -1.2$ m/s^2，求作用在圓柱的彈簧力和摩擦力。

2.20 質量為 m 的質點受到指向原點 O 的中心力 $F = \beta r$ 作用，其中 β 為常數，r 為質點到 O 點的距離。假設在時刻 $t = 0$ 時質點的位置為 $x = x_0$，$y = 0$，速度分量為 $v_x = 0$，$v_y = v_0$。求質點的運動軌跡。

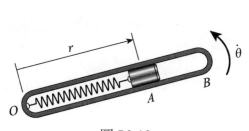

圖 P2.19

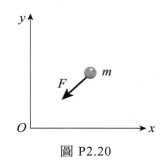

圖 P2.20

2.21 質量為 m 的小球用不可伸長的軟繩連接，並置於光滑水平桌面上旋轉，其速率為 v_0。繩穿過桌面的小孔，一力 P 施於繩上，使繩以等速率 v_0 下降，如圖所示。設初始時，球距孔心 r_0，求經時間 t 後繩的張力。

2.22 質量為 m 的質點位於水平面上沿與 x 軸平行的線段 AB 運動，此質點受到一指向圓心 O 的吸引力作用，此力的大小與質點到圓心 O 點的距離成反比，比例常數為 k。開始時質點位於 A 點，初速為零。不計摩擦，求質點經過 O' 點時的速率。

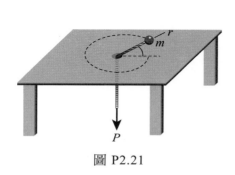

圖 P2.21

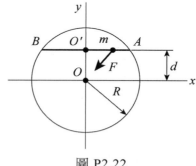

圖 P2.22

2.23 質量為 6 kg 的直角楔形塊放在水平面上，滑塊 A 的質量為 9 kg，滑塊 B 的質量為 3 kg，不計滑輪的質量並假設所有的接觸都是光滑的。求楔形塊的加速度、繩中張力及斜面對 A 的反作用力。

2.24 用達蘭伯原理解 2.23 題。

2.25 一質點系由三個質點 P_1、P_2、P_3 組成，在圖示的位置時三個質點分別受到外力 $\mathbf{F}_1 = 10\mathbf{i} - 3\mathbf{j} + \mathbf{k}$ N，$\mathbf{F}_2 = -20\mathbf{i} + 30\mathbf{k}$ N，$\mathbf{F}_3 = 4\mathbf{i} + 5\mathbf{j} + 6\mathbf{k}$ N。質點的速度分別是 $\mathbf{v}_1 = 5\mathbf{i} - 7\mathbf{j}$ m／s，$\mathbf{v}_2 = 2\mathbf{j} + 3\mathbf{k}$ m／s，$\mathbf{v}_3 = \mathbf{i} + 8\mathbf{k}$ m／s。求在此瞬間質點系的：(a)質心座標；(b)質心速度；(c)質心加速度。

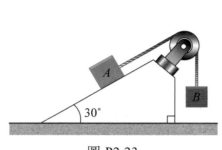

圖 P2.23

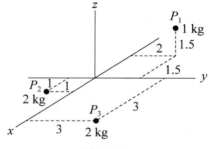

圖 P2.25

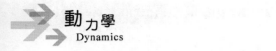

質點運動力學：
功與能

在第 2 章中，我們主要用牛頓第二定律來解決質點運動力學問題。牛頓第二定律建立了作用在質點上的力和質點的加速度之間的瞬時關係。如果力已知，則可求出加速度，再積分可求得速度和位移。本章討論解決質點運動力學的另一種方法：功與能原理（以下簡稱**功能原理**）。這種方法不是考慮力的瞬時作用，而是考慮力在質點運動過程中的**累積效果**(cumulative effect)－**功**。只要力對質點作功，則質點將獲得能量，其動能會發生變化，稱為功能原理。

用功能原理解質點運動力學問題，不需要求出質點的加速度。功能原理是解決質點運動力學非常有效的方法，在許多工程技術領域中獲得廣泛的應用。

3.1　功

如圖 3-1.1 所示，力 **F** 作用在位置向量為 **r** 的質點上，當質點從位置 A 移至鄰近的位置 A' 而產生一微小位移 $d\mathbf{r}$ 時，力 **F** 對質點所作的**功**(work) dW 定義為 **F** 與 $d\mathbf{r}$ 的點積，即

$$dW = \mathbf{F} \cdot d\mathbf{r} = F\cos\theta\, dr \qquad (3\text{-}1.1)$$

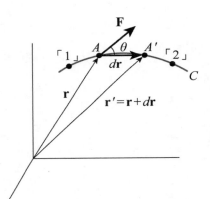

其中 θ 為 **F** 與 $d\mathbf{r}$ 的夾角。功為純量，其值可正可負，取決於 θ 之值。若 $\theta < 90°$，功為正值；若 $\theta > 90°$，功為負值。從定義得知，若(1) $\mathbf{F} = 0$，或(2) $d\mathbf{r} = 0$，或(3) $\mathbf{F} \perp d\mathbf{r}$，則功為零。功的單位為 N·m 或 ℓb·ft，在公制中 1 N·m 的功稱為 1 焦耳(J)。

圖 3-1.1　功之定義

當質點沿運動路徑 C 從位置「1」移至「2」時，力 **F** 所作的功 $W_{1,2}$ 為

$$W_{1,2} = \int_C \mathbf{F} \cdot d\mathbf{r} \qquad (3\text{-}1.2)$$

上式的積分是沿著力 **F** 的受力點的運動路徑 C 進行的。當採用直角座標系時 $\mathbf{F} = F_x\mathbf{i} + F_y\mathbf{j} + F_z\mathbf{k}$，$d\mathbf{r} = dx\mathbf{i} + dy\mathbf{j} + dz\mathbf{k}$，於是(3-1.2)式可寫成

$$W_{1,2} = \int_C (F_x dx + F_y dy + F_z dz) \qquad (3\text{-}1.3)$$

應注意，在功的定義中，$d\mathbf{r}$ 是「受力點的位移」，而不是其他什麼點的位移。如果問題涉及多個質點，強調這一點非常重要，否則易犯張冠李戴之錯誤。我們曾在靜力學第 9-4 節中用一個圓柱沿地面滾動的例子來說明此點的重要性。這裡再舉一個例子，如圖 3-1.2 所示，主動輪 A 帶

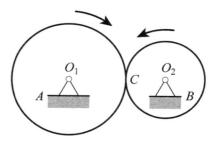

圖 3-1.2　主動輪 A 對從動輪 B 是否作功？

動從動輪 B 繞 O_2 點轉動。初學者認為接觸點 C 沒有位移，因此主動輪對從動輪不作功。如果真是這樣，那麼從動輪為什麼會繞 O_2 點轉動？能量從何而來？其實上面所說的「接觸點」C 包含三個點：一個是主動輪上的點，稱為「施力點」；另一個是從動輪上的點，稱為「受力點」；再一個是施力點與受力點之「重合點」。假設從動輪的角速度為 ω，半徑為 R，則「受力點」的速度為 $R\omega$，在 dt 時間內的位移為 $dr = vdt = R\omega dt \neq 0$。所以主動輪施加在從動輪上的力所作之功 $Fdr \neq 0$。下一時刻，從動輪上的受力點已不是原來的點了，而是輪緣上另一個點。同理，其瞬時速度亦不為零，主動輪所作之功也不等於零。總之，只要從動輪有轉動，則主動輪對從動輪要作功。

下面我們列舉一些常見的力所作的功。

（一）重力所作的功

設質量為 m 的質點在空間中沿一曲線路徑 C 從位置「1」運動至「2」，取 z 軸垂直向上，如圖 3-1.3 所示。則重力 $\mathbf{W} = -mg\mathbf{k}$，$d\mathbf{r} = dx\mathbf{i} + dy\mathbf{j} + dz\mathbf{k}$。即以 $F_x = 0$、$F_y = 0$、$F_z = -mg$，代入(3-1.3)式中，可得重力所作的功為

$$
\begin{aligned}
W_{1,2} &= \int_C (F_x dx + F_y dy + F_z dz) \\
&= \int_{z_1}^{z_2} (-mg)dz = mg(z_1 - z_2) = mg\Delta z
\end{aligned}
\tag{3-1.4}
$$

其中 Δz 為質點運動起訖點高度座標之差，可見重力所作的功與質點的運動路徑無關。

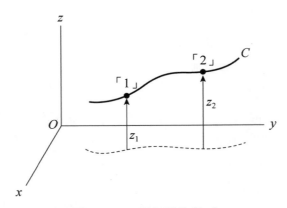

圖 3-1.3　重力所作的功

結論： 取座標軸向上為正，則質點由位置「1」運動到位置「2」，重力所作的功
為重量與「1」和「2」的高度座標之差的乘積。

（二）彈簧力所作的功

如圖 3-1.4 所示，設彈簧未變形時的長度為 ℓ_0，今將座標原點建在彈簧未變
形時的端點處，因作用於物體上的彈簧力永遠指向 O 且其大小為 $k|x|$，故彈簧力
可表示為 $\mathbf{F} = -kx\mathbf{i}$，即 $F_x = -kx$、$F_y = 0$、$F_z = 0$，代入(3-1.3)式，物體從位置「1」
$(x = x_1)$ 移至「2」$(x = x_2)$ 時，彈簧力所作的功為

$$W_{1,2} = \int_{x_1}^{x_2} F_x dx = \int_{x_1}^{x_2} (-kx)dx = \frac{1}{2}kx_1^2 - \frac{1}{2}kx_2^2 \tag{3-1.5}$$

此時 $W_{1,2} < 0$，彈簧力作負功。當物體從位置「2」移至「1」時，彈簧力所作的功
為

$$W_{2,1} = \int_{x_1}^{x_2} (-kx)dx = \frac{1}{2}kx_2^2 - \frac{1}{2}kx_1^2 \tag{3-1.6}$$

此時 $W_{2,1} > 0$，彈簧力作正功。當物體不是直接從位置「1」到「2」而是從「1」
移至「3」再回到「2」時，彈簧力所作的功為

$$W_{1,2} = W_{1,3} + W_{3,2}$$

$$= \int_{x_1}^{x_3} (-kx)dx + \int_{x_3}^{x_2} (-kx)dx$$

$$= \frac{1}{2}k(x_1^2 - x_3^2) + \frac{1}{2}k(x_3^2 - x_2^2) \qquad (3\text{-}1.7)$$

$$= \frac{1}{2}kx_1^2 - \frac{1}{2}kx_2^2$$

可見彈簧力所作的功只與起訖點的位置有關，而與運動路徑無關。

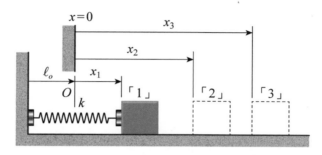

圖 3-1.4　彈簧力所作的功

結論：將彈簧端點由位置「1」移至位置「2」彈簧力所作的功為

$$W_{1,2} = \frac{1}{2}kx_1^2 - \frac{1}{2}kx_2^2 \qquad (3\text{-}1.8)$$

其中 x_1 和 x_2 分別為彈簧在位置「1」和「2」時的變形量。

例 ▶ 3-1.1

　　一力 $P = 100$ N 作用於重 200 N 的物體上，設物體與地面間的摩擦係數 $\mu = 0.3$，如圖 3-1.5 所示。求物體從位置 A 運動至 B 時力 P、重力、正向力及摩擦力所作的功。

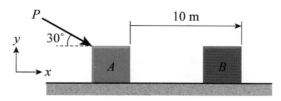

圖 3-1.5　力所作的功

💡 **解法一**

畫出物體的自由體圖，如圖 3-1.6(a)所示。由平衡方程及摩擦定律，可求得正向力 N 及摩擦力 f：

$$\sum F_y = 0 : N = 200 + 100\sin 30° = 250 \text{ N}$$

摩擦定律：$f = \mu N = 0.3(250) = 75 \text{ N}$

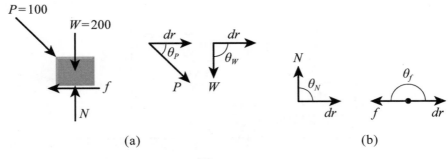

(a)   (b)

圖 3-1.6

物體的位移 **r** 向右，**P**、**W**、**N**、**f** 與 $d\mathbf{r}$ 的夾角〔見圖 3-1.6(b)〕分別為

$$\theta_p = 30°, \quad \theta_W = 90°, \quad \theta_N = 90°, \quad \theta_f = 180°$$

由於上述諸力的大小與方向皆固定，應用(3-1.1)式，物體從 A 運動至 B 時，力所作的功 $W = Fr\cos\theta$，於是

$$W_p = Pr\cos\theta_p = 100(10)\cos 30° = 866 \text{ N} \cdot \text{m}$$
$$W_W = Wr\cos\theta_W = 200(10)\cos 90° = 0$$
$$W_N = Nr\cos\theta_N = 250(10)\cos 90° = 0$$
$$W_f = fr\cos\theta_f = 75(10)\cos 180° = -750 \text{ N} \cdot \text{m}$$

💡 **解法二**

以直角座標分量表示

$$\mathbf{P} = 100\cos 30°\mathbf{i} - 100\sin 30°\mathbf{j} = 86.6\mathbf{i} - 50\mathbf{j}$$

$$\mathbf{W} = -200\mathbf{j}, \quad \mathbf{N} = 250\mathbf{j}, \quad \mathbf{f} = -75\mathbf{i}$$

$$dr = dx\mathbf{i}$$

應用(3-1.2)式，得

$$W_p = \int_C \mathbf{P} \cdot d\mathbf{r} = \int_0^{10} 86.6 dx = 866 \text{ N} \cdot \text{m}$$

$$W_W = \int_C \mathbf{W} \cdot d\mathbf{r} = \int_0^{10} 0 dx = 0$$

$$W_N = \int_C \mathbf{N} \cdot d\mathbf{r} = \int_0^{10} 0 dx = 0$$

$$W_f = \int_C \mathbf{f} \cdot d\mathbf{r} = \int_0^{10} (-75) dx = -750 \text{ N} \cdot \text{m}$$

例 ▶ 3-1.2

如圖 3-1.7 所示，彈簧常數 $k = 2 \text{ kN/m}$，彈簧未變形時長度為 1 m。求質量為 6 kg 的套環 C 從位置 A 運動至位置 B 時，彈簧力及重力所作的功。

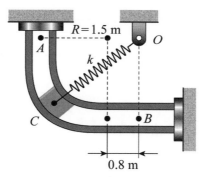

圖 3-1.7　彈簧力及重力所作的功

 彈簧力及重力所作的功只與起始及結束的位置有關而與運動路徑無關。在位置 A 時彈簧長度 $\ell_A = 2.3 \text{ m}$，在位置 B 時彈簧長度 $\ell_B = 1.5\text{m}$，故套環 C 從 A 至 B，彈簧力所作的功〔參考(3-1.5)式〕為

$$
\begin{aligned}
W_{A,B} &= \frac{1}{2} k(\ell_A - \ell_0)^2 - \frac{1}{2} k(\ell_B - \ell_0)^2 \\
&= \frac{1}{2}(2000)(2.3-1)^2 - \frac{1}{2}(2000)(1.5-1)^2 \\
&= 1440 \text{ N} \cdot \text{m}
\end{aligned}
$$

A 和 B 兩點高度之差為 $\Delta z = z_A - z_B = 1.5\,\mathrm{m}$，因此重力所作的功為

$$W_{A,\,B} = mg\Delta z = 6(9.81)(1.5) = 88.2\ \mathrm{N \cdot m}$$

例 ▶ 3-1.3

一質點受力 $\mathbf{F} = x^2\mathbf{i} + xy\mathbf{j}$ 之作用，分別沿路徑 1 和路徑 2 從 $(0, 0)$ 運動至 $(0, 2)$，如圖 3-1.8 所示。求力 $\mathbf{F}$ 所作的功。

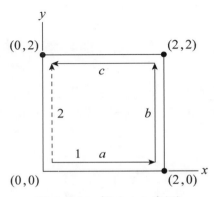

圖 3-1.8　例 3-1.3 之圖

 解　力 $\mathbf{F}$ 沿路徑 1 所作的功為

$$\int_1 \mathbf{F} \cdot d\mathbf{r} = \int_a \mathbf{F} \cdot d\mathbf{r} + \int_b \mathbf{F} \cdot d\mathbf{r} + \int_c \mathbf{F} \cdot d\mathbf{r}$$

沿路徑 a：

$$d\mathbf{r} = dx\mathbf{i}$$

$$\int_a \mathbf{F} \cdot d\mathbf{r} = \int_0^2 x^2\,dx = \left.\frac{x^3}{3}\right|_0^2 = \frac{8}{3}$$

沿路徑 b：

$$d\mathbf{r} = dy\mathbf{j}$$

$$\mathbf{F} \cdot d\mathbf{r} = xydy , \quad \int_b \mathbf{F} \cdot d\mathbf{r} = \int_{x=2,y=0}^{x=2,y=2} xydy = \int_0^2 2ydy = 4$$

沿路徑 c：

$$d\mathbf{r} = -dx\mathbf{i}$$

$$\int_c \mathbf{F} \cdot d\mathbf{r} = \int_{x=2,y=2}^{x=0,y=2} (-x^2)dx = \int_2^0 (-x^2)dx = \frac{8}{3}$$

所以沿路徑 1 所作的功為

$$\int_1 \mathbf{F} \cdot d\mathbf{r} = \frac{8}{3} + 4 + \frac{8}{3} = \frac{28}{3}$$

沿路徑 2：

$$d\mathbf{r} = dy\mathbf{j}$$
$$\int_2 \mathbf{F} \cdot d\mathbf{r} = \int_{x=0,y=0}^{x=0,y=2} xydy = \int_0^2 0dy = 0$$

可見力 F 對質點沿路徑 1 和 2 所作的功不相同。

例 ▶ 3-1.4

如圖 3-1.9 所示，$\mathbf{F}$ 方向固定作用在質點 P 上，求質點 P 沿圖示之路徑 C 由位置 1 運動至位置 2，力 $\mathbf{F}$ 所作的功。

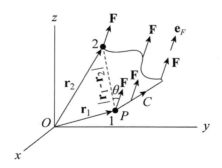

圖 3-1.9　力 $\mathbf{F}$ 所作的功

 設 $\mathbf{F} = F\mathbf{e}_F$，$\mathbf{e}_F$ 為沿 $\mathbf{F}$ 方向的單位向量。質點由位置 1 運動至位置 2，力 $\mathbf{F}$ 所作的功為

$$W_{1,2} = \int_C {}_{r_1}^{r_2} \mathbf{F} \cdot d\mathbf{r} = \int_C {}_{r_1}^{r_2} F\mathbf{e}_F \cdot d\mathbf{r}$$
$$= F\mathbf{e}_F \cdot \int_{x_1,y_1,z_1}^{x_2,y_2,z_2} (dx\mathbf{i} + dy\mathbf{j} + dz\mathbf{k})$$
$$= F\mathbf{e}_F \cdot [(x_2 - x_1)\mathbf{i} + (y_2 - y_1)\mathbf{j} + (z_2 - z_1)\mathbf{k}]$$

因為

$$(x_2 - x_1)\mathbf{i} + (y_2 - y_1)\mathbf{j} + (z_2 - z_1)\mathbf{k} = \mathbf{r}_2 - \mathbf{r}_1$$

其中 $\mathbf{r}_1$、$\mathbf{r}_2$ 分別為質點在位置 1 和 2 的位置向量，故力 $\mathbf{F}$ 作的功可表示為

$$W_{1,2} = F\cos\theta\,|\mathbf{r}_2 - \mathbf{r}_1|$$

其中 θ 為 $\mathbf{F}$ 與向量 $(\mathbf{r}_2 - \mathbf{r}_1)$ 的夾角。因 $\mathbf{F}$ 的方向不變，其所作的功與路徑無關，只與起點和終點的位置有關。

 ## 3.2 質點的功能原理

如圖 3-1.1 所示，質點的質量為 m，當其從位置「1」沿運動路徑 C 運動至位置「2」時，合外力 $\mathbf{F}$ 所作的功為

$$W_{1,2} = \int_C \mathbf{F} \cdot d\mathbf{r} = \int_C m\mathbf{a} \cdot d\mathbf{r} = \int_C m\frac{d\mathbf{v}}{dt} \cdot d\mathbf{r} = m\int_C \frac{d\mathbf{r}}{dt} \cdot d\mathbf{v}$$
$$= m\int_{v_1}^{v_2} \mathbf{v} \cdot d\mathbf{v} = m\int_{v_1}^{v_2} \frac{1}{2}d(\mathbf{v} \cdot \mathbf{v})$$
$$= m\int_{v_1}^{v_2} \frac{1}{2}d(v^2) = m\int_{v_1}^{v_2} v\,dv$$
$$= \frac{1}{2}mv_2^2 - \frac{1}{2}mv_1^2$$
$$= T_2 - T_1$$
$$= \Delta T \tag{3-2.1}$$

上式中的

$$T_1 = \frac{1}{2}mv_1^2, \quad T_2 = \frac{1}{2}mv_2^2 \tag{3-2.2}$$

稱為質點在位置「1」與「2」的**動能**(kinetic energy)，它的定義是質量與速度平方的乘積之半，即動能 T 的定義為

$$T = \frac{1}{2}mv^2 \tag{3-2.3}$$

結論：質點在外力的作用下，由位置「1」運動至位置「2」，則外力所作的功 $W_{1,2}$ 等於質點的動能變化。即 $\Delta T = T_2 - T_1$。

(3-2.1)式也可改寫成

$$T_1 + W_{1,2} = T_2 \tag{3-2.4}$$

它表示質點在位置「1」的初動能加上外力所作的功之和等於質點在位置「2」的末動能，此稱為質點的**功能原理**(principle of work and kinetic energy)。

例 ▶ 3-2.1

假設例 3-1.2 中的套環 C 從 A 處靜止開始釋放，並且套環與軌道間的摩擦可忽略不計，求套環到達位置 B 時的速率。

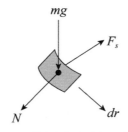

圖 3-2.1　作用在套環 C 上的力

 如圖 3-2.1 所示，作用在套環 C 上的力包含軌道的正向力 N、彈簧力 F_s 及重力 mg。正向力 N 與套環的微小位移 dr 垂直，它所作的功等於零。從例

3-1.2 中，得知彈簧力和重力所作的功分別是 $1440\,\text{N}\cdot\text{m}$ 及 $88.2\,\text{N}\cdot\text{m}$。因此，質點從位置 A 運動至 B 時，作用在套環 C 上的力所作的總功為

$$W_{A,B} = 0 + 1440 + 88.2 = 1528.2\,\text{N}\cdot\text{m}$$

套環在位置 A 的動能 $T_A = 0$，應用功能原理，可得套環在位置 B 的動能 T_B：

$$T_A + W_{A,B} = T_B: \quad 0 + 1528.2 = T_B, \quad T_B = 1528.2\,\text{N}\cdot\text{m}$$

套環在位置 B 的速率，可由其動能求得：

$$T_B = \frac{1}{2}mv_B^2, \quad v_B = \sqrt{\frac{2T_B}{m}} = \sqrt{\frac{2(1528.2)}{6}} = 22.57\,\text{m/s}$$

例 ▶ 3-2.2

一質量為 1200 kg 的汽車沿著 15° 的斜坡以 60 km/h 的速率向下行駛，如圖 3-2.2(a)所示。設車輪與道路間的動摩擦係數 $\mu_k = 0.5$，求司機踩剎車後，設前後輪鎖住滑行，求汽車行駛多少距離 S 才停止。

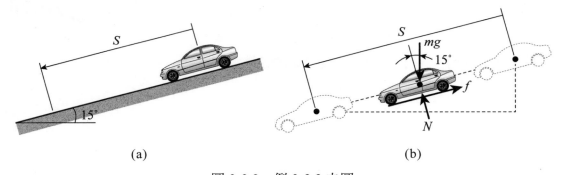

(a)   (b)

圖 3-2.2　例 3-2.2 之圖

 此題涉及力、速度及位移，故用功能原理求解較方便。畫出汽車的自由體圖，如圖 3-2.2(b)所示，應用平衡方程及摩擦定律，可得

$$N = mg\cos 15° = 1200(9.81)\cos 15° = 11371\,\text{N}$$
$$f = \mu_k N = 0.5(11371) = 5685.5\,\text{N}$$

由圖 3-2.2(b)中得知正向力 N 不作功（與位移垂直），重力 mg 所作的正功為 $mgS\sin 15°$，摩擦力 f 所作的負功為 $(-fS)$。應用功能原理

$$T_1 + W_{1,2} = T_2$$
$$\frac{1}{2}(1200)[\frac{60(1000)}{3600}]^2 + 1200(9.81)S\sin 15° - 5685.5S = 0$$

解得

$$S = 63.2 \text{ m}$$

例 ▶ 3-2.3

質量為 m 的小球從半徑為 R 的光滑半圓球頂靜止的滑下（不考慮滾動），如圖 3-2.3 所示。求小球脫離球面時的 θ 值及速率。

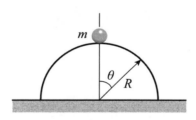

圖 3-2.3　例 3-2.3 之圖

 小球未脫離球面時，其自由體圖和有效力圖，如圖 3-2.4 所示。由於接觸面光滑正向力 N 不作功，只有重力 mg 作功。應用功能原理

 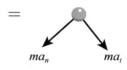

圖 3-2.4　小球自由體圖和有效力圖

$$T_1 + W_{1,2} = T_2$$
$$0 + mgR(1-\cos\theta) = \frac{1}{2}mv^2 \tag{1}$$

解得

$$v = \sqrt{2gR(1-\cos\theta)} \tag{2}$$

參考圖 3-2.4，小球在法線方向的運動方程為

$$mg\cos\theta - N = ma_n = m\frac{v^2}{R} \tag{3}$$

小球即將脫離球面時正向力 $N=0$。將(2)式代入(3)式並令 $N=0$，解得小球脫離球面時的角度

$$\theta = \cos^{-1}\frac{2}{3} = 48.2°$$

代入(2)式，小球脫離球面時的速率為

$$v = \sqrt{\frac{2gR}{3}}$$

3.3 質點系的功能原理

一質點系由 n 個質點所組成，假設第 i 個質點 P_i 的質量為 m_i，受合外力 $\mathbf{F}_i$ 及合內力 $\mathbf{f}_i = \sum_{j=1}^{n}\mathbf{f}_{ij}$ 的作用，其中 $\mathbf{f}_{ij}$ 為質點 P_j 對 P_i 的作用力，如圖 3-3.1 所示。將功能原理應用於質點系的任一質點 P_i，可寫成

$$(T_1)_i + (W_{1,2})_i = (T_2)_i \quad (i=1,2,\cdots,n) \tag{3-3.1}$$

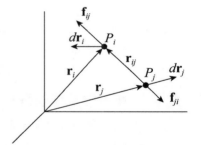
圖 3-3.1　一對內力所作的功

其中 $(W_{1,2})_i$ 為 $\mathbf{F}_i$ 及 $\mathbf{f}_i$ 對 P_i 所作的功，$(T_1)_i$ 為質點 P_i 在位置「1」時的動能，$(T_2)_i$ 為質點 P_i 在位置「2」時的動能。將(3-3.1)式之 n 個方程相加，可得

$$\sum(T_1)_i + \sum(W_{1,2})_i = \sum(T_2)_i \tag{3-3.2}$$

或者寫成

$$T_1 + W_{1,2} = T_2 \qquad\qquad (3\text{-}3.3)$$

上式稱為質點系的功能原理：質點系由位置「1」運動至「2」，則質點系在位置「1」的動能，加上所有外力及內力所作的功，等於質點系在位置「2」的動能。在一般情形下，質點系中各質點的位移不同，所以各內力所作的功之和不為零。以下我們探討內力所作的功，並討論在何種情況下，內力所作的功之和等於零。

考慮質點系中任意兩質點 P_i 與 P_j，P_j 對 P_i 的作用力為 $\mathbf{f}_{ij}$，P_i 對 P_j 的作用力為 $\mathbf{f}_{ji} = -\mathbf{f}_{ij}$，$\mathbf{r}_{ij}$ 為 P_i 相對於 P_j 的位置向量，如圖 3-3.1 所示。今設 P_i 產生微小位移 $d\mathbf{r}_i$，P_j 產生微小位移 $d\mathbf{r}_j$，則內力 $\mathbf{f}_{ij}$ 及 $\mathbf{f}_{ji}$ 所作的功之和為

$$\mathbf{f}_{ij} \cdot d\mathbf{r}_i + \mathbf{f}_{ji} \cdot d\mathbf{r}_j = \mathbf{f}_{ij} \cdot (d\mathbf{r}_i - d\mathbf{r}_j) = \mathbf{f}_{ij} \cdot d\mathbf{r}_{ij} \qquad\qquad (3\text{-}3.4)$$

上式說明一對內力所作的功之和與兩質點間的相對微小位移 $d\mathbf{r}_{ij} = d\mathbf{r}_i - d\mathbf{r}_j$ 有關。這對內力在運動過程中所作的功為 $\int_C \mathbf{f}_{ij} \cdot d\mathbf{r}_{ij}$，$C$ 為 P_i 相對於 P_j 之運動路徑。將上述的說明推廣到整個質點系，則系統中各質點間的內力所作的總功為

$$W = \sum \left(\sum \int_C \mathbf{f}_{ij} \cdot d\mathbf{r}_{ij} \right) \qquad\qquad (3\text{-}3.5)$$

當質點系為剛體時，剛體中任意兩點間的距離 r_{ij} 保持不變。應用 $\mathbf{r}_{ij} \cdot \mathbf{r}_{ij} = r_{ij}^2$ 並求導後得 $2\mathbf{r}_{ij} \cdot d\mathbf{r}_{ij} = 0$，也就是 $\mathbf{r}_{ij}$ 與 $d\mathbf{r}_{ij}$ 垂直。但 $\mathbf{f}_{ij}$ 沿 $\mathbf{r}_{ij}$ 的方向，故 $\mathbf{f}_{ij} \cdot d\mathbf{r}_{ij} = 0$。因此，對剛體而言內力所作的功之和等於零。又當兩個剛體為理想光滑接觸時，則接觸處的作用力與反作用力始終與相對微小位移垂直，因此理想光滑接觸面間相互作用的力在運動過程中所作的功之和始終為零。從上述分析得知，對剛體系統，若各剛體間的接觸面皆為理想光滑，則應用功能原理時，可以不用考慮內力所作的功。

例 ▶ 3-3.1

人在水平面上騎腳踏車，從靜止到動，設起動過程中車輪與地面無相對滑動，問什麼原因使系統的動能增加？另外人由靜止開始走路，動能也增加了，什麼力作了功？

 以人及腳踏車為研究系統，作用在系統的外力有：(1)重力；(2)地面對前後輪的正向力；(3)摩擦力；(4)空氣阻力。重力及正向力與運動路徑垂直，故不作功；因為沒有滑動，所以摩擦力也不作功；空氣阻力作負功。依上述之分析，外力作的總功是負的。但系統的動能增加了，根據功能原理，系統內力必須作正功。事實上人走路時，地面對鞋底的摩擦力向前，使人往前的動量（見第 4 章）增加，但摩擦力所作的功等於零。實際上是因為人體的內力作正功，使人的動能增加了。

例 ▶ 3-3.2

物體 A 和 B 靜止於光滑的水平面上，一水平力 $F = 500\ \mathrm{N}$ 施於 A 上，如圖 3-3.2(a)所示。不計滑輪質量及摩擦，並設繩索不可伸長，求物體 B 移動 2 m 時，物體 A 的速率。

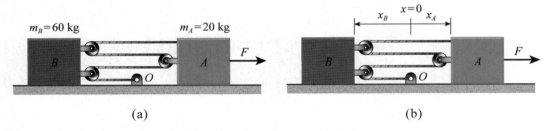

圖 3-3.2　例 3-3.2 之圖

 取經過 O 點的鉛垂線作為基準線，並以 x_A 及 x_B 描述物體 A 與 B 的位置，如圖 3-3.2(b)所示。注意到 x_A 與 x_B 的方向相反，於是拘束方程為

$$3x_A - 4x_B = 常數 \tag{1}$$

微分(1)式，得

$$3v_A - 4v_B = 0 \ , \quad v_B = \frac{3}{4}v_A \tag{2}$$

以物體 A、B、滑輪及繩索一起為研究系統，繩索的內力不作功，只有外力 F 作功。由(2)式知物體 B 向右移動 2 m 時，物體 A 向右移動 2(4/3)=8/3 m。故外力 F 所作的功為

$$W_{1,2} = 500(2)(4/3) = 500(8/3) = 1333.33 \text{ N} \cdot \text{m}$$

應用功能原理

$$T_1 + W_{1,2} = T_2 : 0 + 1333.33 = \frac{1}{2}m_A v_A^2 + \frac{1}{2}m_B v_B^2$$

$$1333.33 = \frac{1}{2}(20)v_A^2 + \frac{1}{2}(60)(\frac{3}{4}v_A)^2$$

$$v_A = 7.04 \text{ m/s}$$

3.4　功率與機械效率

（一）功率

單位時間所作的功稱為**功率**(power)。若一機器或引擎在 dt 時間內作了 dW 的功，則功率 P 的定義為

$$P = \frac{dW}{dt} \tag{3-4.1}$$

因為 $dW = \mathbf{F} \cdot d\mathbf{r}$，於是功率可寫成

$$P = \frac{dW}{dt} = \frac{\mathbf{F} \cdot d\mathbf{r}}{dt} = \mathbf{F} \cdot \frac{d\mathbf{r}}{dt} = \mathbf{F} \cdot \mathbf{v} \tag{3-4.2}$$

其中 $\mathbf{v}$ 為力 $\mathbf{F}$ 之受力點的瞬時速度。

功率為一純量，其公制單位為瓦特(W)，英制單位為馬力(hp)，各單位的定義與轉換如下：

$$1 \text{ W} = 1 \text{ J/s} = 1 \text{ N} \cdot \text{m/s}$$
$$1 \text{ hp} = 550 \text{ ft} \cdot \ell\text{b/s}$$
$$1 \text{ hp} = 746 \text{ W}$$

應用(3-4.2)式，從時刻 t_1 至 t_2，力 $\mathbf{F}$ 所作的功為

$$W_{1,2} = \int_{t_1}^{t_2} \mathbf{F} \cdot \mathbf{v} dt \tag{3-4.3}$$

比較上式與(3-1.2)式，得 $d\mathbf{r} = \mathbf{v}dt$。由於物體在運動過程中力 $\mathbf{F}$ 的受力點並不一定是固定的，此時可用(3-4.3)式來計算力所作的功（見 3.1 節關於主動輪和從動輪之說明）。

（二）機械效率

機械效率(mechanical efficiency) ε 定義為機械的輸出功率 P_{OUT} 與輸入功率 P_{IN} 的比值，即

$$\varepsilon = \frac{P_{\text{OUT}}}{P_{\text{IN}}} \tag{3-4.4}$$

若機械在單位時間所作的功為定值，則機械效率可定義為輸出功與輸入功的比值，即

$$\varepsilon = \frac{W_{\text{OUT}}}{W_{\text{IN}}} \tag{3-4.5}$$

在機械運動過程中都會有摩擦阻力，輸出功率將小於輸入功率。因此，機械效率永遠小於 1。

例 ▶ 3-4.1

馬達 M 用來升起質量為 100 kg 的箱子 A。在圖 3-4.1 所示的位置時，箱子的速度為 0.5 m/s↑，加速度為 0.2 m/s²↑，馬達的輸入功率為 550 W。不計滑輪與繩索的質量及摩擦，求在這一瞬間：(a) E 點的速度；(b)馬達的輸出功率；(c)馬達的機械效率。

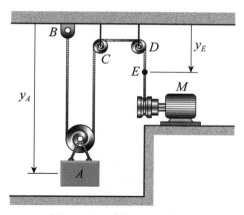

圖 3-4.1　例 3-4.1 之圖

 定基準面於頂，y 座標取向下為正。在圖示之瞬間，從 B 至 E 的繩長為定值，因此

$2y_A + y_E = $ 常數

微分得

$2v_A + v_E = 0$ （1）

此時 A 的速度 $\mathbf{v}_A = 0.5 \, \text{m/s} \uparrow = -0.5\mathbf{j}$，代入(1)式得

$v_E = -2v_A = 1 \, \text{m/s}, \quad \mathbf{v}_E = 1 \, \text{m/s} \downarrow$

欲決定馬達的輸出功率，必須先算出繩子的張力。畫出箱子 A 及繩子的自由體圖和有效力圖，如圖 3-4.2 所示。

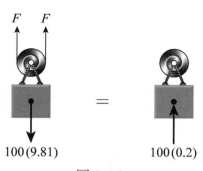

$\sum F_y = ma_y : F + F - 100(9.81) = 100(0.2)$，

$F = 500.5 \, \text{N}$

所以此瞬間馬達施於繩子的張力 $\mathbf{F} = 500.5 \, \text{N} \downarrow = 500.5\mathbf{j}$，$E$ 點速度 $\mathbf{v}_E = 1 \, \text{m/s}$ $\downarrow = 1\mathbf{j}$，故輸出功率為

圖 3-4.2

$P_{\text{OUT}} = \mathbf{F} \cdot \mathbf{v} = (500.5\mathbf{j}) \cdot (1\mathbf{j}) = 500.5 \, \text{N} \cdot \text{m/s} = 500.5 \, \text{W}$

因此，馬達的機械效率為

$$\varepsilon = \frac{P_{\text{OUT}}}{P_{\text{IN}}} = \frac{500.5}{550} = 0.91$$

3.5 保守力與位能

（一）保守力

在 3.1 節中我們已知一力 $\mathbf{F}$ 所作的功定義為 $dW = \mathbf{F} \cdot d\mathbf{r}$，其中 $d\mathbf{r}$ 為 $\mathbf{F}$ 的受力點的微小位移。$\mathbf{F}$ 在有限路程上的功必須用下列積分來計算：

$$W = \int_C \mathbf{F} \cdot d\mathbf{r} \tag{3-5.1}$$

其中 C 為受力點所經過的路徑。為了計算 $\mathbf{F}$ 在有限路程上的功，我們必須知道 $\mathbf{F}$ 與路徑的關係。

但是，有一類力（如重力、彈簧力和萬有引力）在有限路程上的功與受力點所經過的路徑無關，僅取決於起點和終點的位置。這種力稱為**保守力**(conservative force)。只受保守力及不作功的力作用的系統稱為**保守系統**(conservative system)。

根據數學中的向量分析，一力 $\mathbf{F}(x, y, z) = F_x\mathbf{i} + F_y\mathbf{j} + F_z\mathbf{k}$ 為保守力的充要條件是力 $\mathbf{F}$ 的旋度(curl) $\nabla \times \mathbf{F} = 0$，也就是 $\mathbf{F}$ 的分量必須滿足

$$\frac{\partial F_z}{\partial y} = \frac{\partial F_y}{\partial z}, \quad \frac{\partial F_x}{\partial z} = \frac{\partial F_z}{\partial x}, \quad \frac{\partial F_y}{\partial x} = \frac{\partial F_x}{\partial y} \tag{3-5.2}$$

（二）位能

保守力的功只是起點和終點座標的函數，與中間過程無關。這一事實，用數學語言可表述為：保守力所作的功是點的座標的某一單值連續函數 $V(x, y, z)$ 的全微分，即

$$dW = -dV \tag{3-5.3}$$

$V(x, y, z)$ 稱為**位能函數**(potential function)　，方程右邊的負號是人為規定的，下面將會看到，這樣規定是為了與習慣上位能的概念一致。顯然，如果 V 是位能函數，則 $V + C$（其中 C 為任意常數）也是位能函數。換言之，位能函數可以相差一個任意常數，當然我們可以令這個常數為零。

由此可知，當受力點經過一封閉曲線回到起點，保守力的功恆為零，即

$$\oint_C dW = 0 \tag{3-5.4}$$

如果知道了位能函數，則很容易計算保守力在有限路程上的功。從(3-5.3)式可知，從位置「1」到位置「2」，保守力的功可用位能函數之差來計算，即

$$W_{1,2} = \int_1^2 (-dV) = V\big|_1 - V\big|_2 = -\Delta V \tag{3-5.5}$$

其中符號 $\big|_1$ 和 $\big|_2$ 分別表示位能函數在位置「1」和「2」的值。

下面是幾種常見的位能函數：

1. 重力位能

因重力 $\mathbf{F}$ 及其受力點的微小位移 $d\mathbf{r}$ 可用直角座標表示為

$$\mathbf{F} = -mg\mathbf{k}, \quad d\mathbf{r} = dx\mathbf{i} + dy\mathbf{j} + dz\mathbf{k}$$

所以重力所作的功可表示為

$$dW = \mathbf{F} \cdot d\mathbf{r} = -mgdz = -d(mgz)$$

與(3-5.3)式比較，可知重力位能函數為

$$V = mgz \tag{3-5.6}$$

值得注意的是，z 軸必須是向上為正，但座標原點（即參考平面或零位能面）可以任意選定。由此可知，從位置「1」到位置「2」，重力所作的功可用位能函數的差來表示，即

$$W_{1,2} = mg(z_1 - z_2) \tag{3-5.7}$$

2. 彈力位能

如圖 3-5.1 所示，設彈簧未變形時的長度為 ℓ_o，今將座標原點建在彈簧未變形時的端點處，則彈簧力 **F** 及其受力點的微小位移 $d\mathbf{r}$ 可表示為

$$\mathbf{F} = -kx\mathbf{i} , \quad d\mathbf{r} = dx\mathbf{i}$$

因此，彈力所作的功可寫成

$$dW = \mathbf{F} \cdot d\mathbf{r} = -kxdx = -d(\frac{1}{2}kx^2)$$

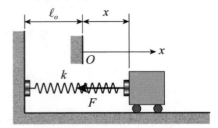

圖 3-5.1　彈力位能的計算

與(3-5.3)式比較，可知彈力位能為

$$V = \frac{1}{2}kx^2 \tag{3-5.8}$$

從位置「1」到「2」，彈力所作的功可用位能函數之差來表示，即

$$W_{1,2} = \frac{1}{2}kx_1^2 - \frac{1}{2}kx_2^2 \tag{3-5.9}$$

應該強調，這裡 x_1、x_2 都是從彈簧未變形時算起的靜變形量。

以上我們僅就彈力的受力點沿 x 軸作直線運動的情形導出了位能函數，並由此說明了彈力在有限路程上的功只取決於彈簧起始和終了時的變形，而與路徑無關。在一般情況下，可用球座標證明上述結論也是成立的，讀者可以仿照下面萬有引力位能函數的推導過程來證明這一點。

3. 萬有引力位能

質量為 m 的質點受到質量為 M 的質點的引力作用，此力可用萬有引力公式計算：

$$\mathbf{F} = -G\frac{Mm}{r^2}\mathbf{e}_r$$

其中 $G = 6.67 \times 10^{-11} \text{ m}^3/(\text{kg} \cdot \text{s}^2)$ 是萬有引力常數；$\mathbf{e}_r$ 為徑向單位向量，如圖 3-5.2 所示，設 $\mathbf{e}_\theta$ 為沿 θ 角增加方向的單位向量，$\mathbf{e}_\phi$ 為沿 ϕ 角增加方向的單位向量。質點 m 的無限小位移 $d\mathbf{r}$：

$$dr = dr\mathbf{e}_r + rd\theta\mathbf{e}_\theta + r\sin\theta d\phi\mathbf{e}_\phi$$

於是萬有引力的功可表示為

$$dW = \mathbf{F} \cdot d\mathbf{r} = -G\frac{Mm}{r^2}dr = -d(-G\frac{Mm}{r})$$

與(3-5.3)式比較，可知萬有引力位能函數為

$$V = -G\frac{Mm}{r} \tag{3-5.10}$$

當 m 從位置「1」運動到位置「2」時，萬有引力的功可用位能函數之差來表示，即

$$W_{1,2} = GMm(\frac{1}{r_2} - \frac{1}{r_1}) \tag{3-5.11}$$

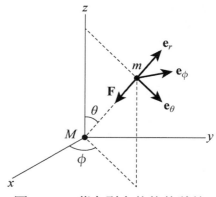

圖 3-5.2 萬有引力位能的計算

例 ▶ 3-5.1

平面力 $\mathbf{F} = -y\mathbf{i} + x\mathbf{j}$，判斷其是否為保守力？

解 $\mathbf{F} = F_x\mathbf{i} + F_y\mathbf{j} = -y\mathbf{i} + x\mathbf{j}$

$F_x = -y$，$F_y = x$，$F_z = 0$

$\dfrac{\partial F_x}{\partial y} \neq \dfrac{\partial F_y}{\partial x}$

所以 $\mathbf{F}$ 不是保守力。

 3.6　機械能守恆定律

若將作用於質點的力區分為保守力與非保守力，則功能原理可表達成

$$T_1 + (W_{1,2})_{保守} + (W_{1,2})_{非保守} = T_2 \tag{3-6.1}$$

但保守力所作的功，可用位能函數表示成

$$(W_{1,2})_{保守} = V_1 - V_2 \tag{3-6.2}$$

代入(3-6.1)式，可得

$$T_1 + V_1 + (W_{1,2})_{非保守} = T_2 + V_2 \tag{3-6.3}$$

若只有保守力作用於質點時，或非保守力所作的功之和為零時，(3-6.3)式簡化成

$$T_1 + V_1 = T_2 + V_2 \tag{3-6.4}$$

動能與位能之和稱為機械能，故(3-6.4)
式 稱 為 **機 械 能 守 恆 定 律** (principle of
conservation of mechanical energy)或稱能
量守恆定律。此定律可敘述成：若一質點
受力而只有保守力作功，則在任何瞬間質
點的動能與位能之和保持不變。例如，假
設圖 3-1.4 中的物體與地面無摩擦，則只有
彈簧力作功，物體的動能加上其彈力位能

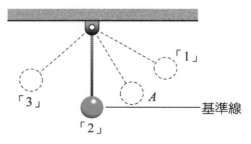

圖 3-6.1　機械能守恆

之和是守恆的。故物體在「1」、「2」和「3」三個不同位置時，動能與彈力位能
都不相等，但其和卻是相等的。機械能守恆定律建立了動能與位能之間的轉換關
係，例如圖 3-6.1 中的單擺，在位置「1」時只具有位能，運動至位置 A 時位能減
少而動能增加，到達位置「2」時位能全部轉換成動能，然後到位置「3」時動能
又部分轉換成位能。因為機械能守恆定律是從功能原理推導出來的，所以它是功
能原理應用於保守系統的一個特例。

對於質點系，我們也可得到類似(3-6.4)式的機械能守恆定律，只是此時(3-6.4)式中的位能必須包含內力所造成的位能。

例 ▶ 3-6.1

應用能量守恆重解例 3-2.1。

 解 因作用於套環的正向力 N 不作功，重力及彈簧力為保守力，故可應用機械能守恆定律求解。取圖 3-1.7 之 OA 線為重力位能基準線，則套環在位置 A（位置「1」）時的重力位能和彈力位能分別為

$$(V_g)_1 = 0 , \quad (V_e)_1 = \frac{1}{2}k(1.5+0.8-1)^2 = 1690 \text{ N} \cdot \text{m}$$

總位能為

$$V_1 = (V_g)_1 + (V_e)_1 = 1690 \text{ N} \cdot \text{m}$$

動能為

$$T_1 = 0$$

套環在位置 B（位置「2」）時的重力位能和彈力位能分別為

$$(V_g)_2 = mg\Delta z = 6(9.81)(-1.5) = -88.2 \text{ N} \cdot \text{m}$$

$$(V_e)_2 = \frac{1}{2}(2000)(1.5-1)^2 = 250 \text{ N} \cdot \text{m}$$

總位能為

$$V_2 = (V_g)_2 + (V_e)_2 = -88.2 + 250 = 161.8 \text{ N} \cdot \text{m}$$

由機械能守恆定律 $T_1 + V_1 = T_2 + V_2$：

$$0 + 1690 = T_2 + 161.8 , \quad T_2 = 1528.2 \text{ N} \cdot \text{m}$$

由此求得套環在位置 B 時的速率為

$$v_2 = \sqrt{\frac{2T_2}{m}} = \sqrt{\frac{2(1528.2)}{6}} = 22.57 \text{ m/s}$$

例 ▶ **3-6.2**

人造衛星繞地球運動，如圖 3-6.2 所示。它在位置 A 時距地球表面 $a = 5000 \text{ km}$，速率 $v_A = 6 \text{ km/s}$；在位置 B 時距地球表面 $b = 8000 \text{ km}$，求此時人造衛星的速率。已知地球質量 $M = 6 \times 10^{24} \text{ kg}$，萬有引力常數 $G = 6.67 \times 10^{-11} \text{ m}^3/(\text{kg} \cdot \text{s}^2)$，地球半徑 $R = 6.37 \times 10^6 \text{ m}$。

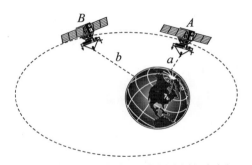

圖 3-6.2 人造衛星之機械能守恆

 解 只有萬有引力作用於人造衛星，所以這是一個保守系統，可以應用機械能守恆定律求解。地球中心 O 至 A 的距離 $r_A = R + a = 11.37 \times 10^6 \text{ m}$，$O$ 至 B 的距離 $r_B = R + b = 14.37 \times 10^6 \text{ m}$。由(3-5.10)式及機械能量守恆定律，得

$$T_A + V_A = T_B + V_B :$$

$$\frac{1}{2}mv_A^2 - \frac{GMm}{r_A} = \frac{1}{2}mv_B^2 - \frac{GMm}{r_B}$$

$$\frac{1}{2}v_A^2 - \frac{GM}{r_A} = \frac{1}{2}v_B^2 - \frac{GM}{r_B}$$

$$\frac{1}{2}(6000)^2 - \frac{6.67 \times 10^{-11}(6 \times 10^{24})}{11.37 \times 10^6} = \frac{1}{2}v_B^2 - \frac{6.67 \times 10^{-11}(6 \times 10^{24})}{14.37 \times 10^6}$$

$$v_B = 4616 \text{ m/s} = 4.616 \text{ km/s}$$

例 ▶ 3-6.3

長為 ℓ 的鏈條，置於光滑水平桌面上，如圖 3-6.3(a)所示。鏈條由靜止釋放，求最後一個鏈節離開桌面邊緣時，鏈條的速率。

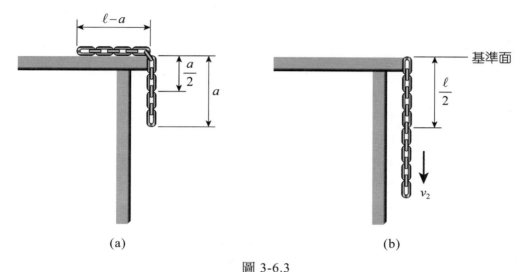

圖 3-6.3

解 桌面對鏈條不作功，鏈條內各鏈節的內力也不作功，只有重力作功，故鏈條的能量守恆。取桌面為基準面，並設鏈條單位長度的質量為 ρ，則初始動能與位能〔見圖 3-6.3(a)〕為

$$T_1 = 0，\quad V_1 = -\rho a g (\frac{a}{2})$$

鏈條剛離開桌面時的動能與位能〔見圖 3-6.3(b)〕為

$$T_2 = \frac{1}{2}\rho\ell v_2^2，\quad V_2 = -\rho\ell g(\frac{\ell}{2})$$

利用機械能守恆定律，得

$$T_1 + V_1 = T_2 + V_2 : \; 0 - \rho a g(\frac{a}{2}) = \frac{1}{2}\rho\ell v_2^2 - \rho\ell g(\frac{\ell}{2})$$

解得

$$v_2 = \sqrt{g\ell\left(1 - \frac{a^2}{\ell^2}\right)}$$

3.7 結　語

　　功是力在一段路程的累積效應，用功的定義計算力所作的功時必須注意定義中的位移是指受力點的位移。對一些常見的力（例如重力、彈簧力）可用公式去計算功而不必按定義去作。動能是物體運動的一種度量。功能原理建立了質點或質點系功與動能變化之間的關係，此原理不僅與外力有關，有時也與內力有關。但對於力學中常見的剛體，內力所作的功等於零。功能原理是從牛頓第二定律推導出來的，對於涉及路程的運動力學問題可以優先考慮用功能原理求解，它比用牛頓定律求解迅速方便。

　　機械能守恆定律建立了動能與位能之間的轉換關係，它是功能原理應用於保守系統的一個特例。對於保守系統，如果位能很容易求得，則用機械能守恆定律較用功能原理方便。

思考題

1. 質點運動時，為什麼切線方向的力作功而法線方向的力不作功？

2. 在計算彈簧力所作的功時，我們對彈簧的質量作了什麼假設？

3. 摩擦力能不能作正功？請舉例說明。

4. 如圖 t3.4 所示，系統開始時靜止，一水平力 F 使滑塊 A 和 B 一起作加速運動。分析摩擦力是否作功？作正功還是負功？

5. 下面的敘述是否正確？

把一質量為 m 的物體掛在一個上端固定且未被拉伸的彈簧之下端（此處取座標 $x=0$），如圖 t3.5 所示，然後用手托著物體使其慢慢下降。當物體下降到平衡位置 $x=\delta_s$ 處時，重力位能減少了 $mg\delta_s$，彈性位能增加了 $\frac{1}{2}k\delta_s^2$，其中 k 為彈簧常數。由機械能守恆定律，得 $mg\delta_s = \frac{1}{2}k\delta_s^2$，由此得 $\delta_s = 2mg/k$。

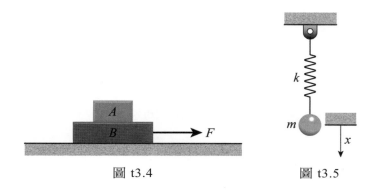

圖 t3.4　　　　　　　圖 t3.5

6. 假設一個常力 $\mathbf{F}$ 作用在一物體上，但作用點並不固定，設 $\mathbf{F}$ 的位移為 $\mathbf{r}$，則 $\mathbf{F}$ 所作的功是否等於 $\mathbf{F} \cdot \mathbf{r}$？

7. 下列敘述正確與否？
   (a) 動能的方向與速度的方向一致。
   (b) 動能永遠為正值或零。
   (c) 功永遠為正值或零。

8. 應用機械能守恆定律解問題時，是否要求所有的力都必須是保守力？

習 題

3.1 圖示的彈簧原長為 10 cm，彈簧常數 $k = 60$ kN/m，一端固定在 O 點上，另一端繫一質點 P 作圓周運動。求質點由(a) A 至 B；(b) B 到 D 時，彈簧力所作的功。

3.2 質點沿橢圓 $\dfrac{x^2}{64} + \dfrac{y^2}{9} = 1$ 運動。假設力的單位為牛頓，座標的單位為米，求力 $\mathbf{F} = -6x\mathbf{i} + 2y\mathbf{j}$ 在質點從 $x = 8$，$y = 0$ 運動至 $x = 0$，$y = 3$ 的路程中所作的功。

3.3 物體 A 質量為 m，沿斜面從靜止開始滑下，物體與斜面間的動摩擦係數為 μ，如圖所示。求物體 A 下降高度 h 時的速率。

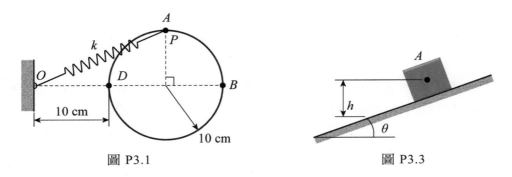

圖 P3.1   圖 P3.3

3.4 圖示的單擺中的軟繩在銷 C 處彎曲成 90°，擺球質量為 10 kg。今從位置 A 由靜止釋放，求擺球擺至位置 B 時的速率及繩子的張力。

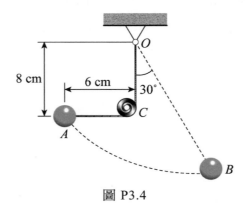

圖 P3.4

3.5 彈簧原長 $\ell_o = 2.5$ m，彈簧常數為 200 N/m，一端固定於 O 點，另一端繫於

質量為 20 kg 的套環 C 上，套環可在光滑的桿 AB 上滑動，如圖所示。假設 OAB 位於鉛垂面上，設 $\overline{OB} = \ell_o$。求套環從 A 處靜止釋放後到達 B 點的速率。

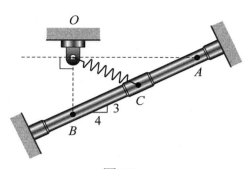

圖 P3.5

3.6　如圖所示，質量為 6 kg 的套環 C 繫於彈簧上而繞位於鉛垂面半徑為 25 cm 的光滑圓環運動。彈簧的另一端固定於圓環的頂點 O。套環在初始位置 A 時，彈簧具有原長 20 cm，今套環從 A 處靜止釋放，欲使套環 C 運動至最低點 B 時對圓環的壓力等於零，彈簧常數 k 應多大？

3.7　滑塊 A 的質量為 10 kg，以 15 m/s 的速率沿著光滑水平面運動，如圖所示。斜面上有一彈簧常數 k =1 kN/m 之彈簧，滑塊與斜面間的摩擦係數 μ = 0.5。求彈簧的最大變形量。

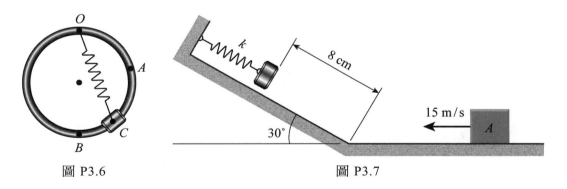

圖 P3.6　　　　　　　　　　　　　　　圖 P3.7

3.8　物體 A 的質量為 10 kg，以初速 5 m/s 從圖示之位置滑下，物體和斜面間的摩擦係數為 0.3，當下滑了 2 m 後，彈簧常數 k =14 kN/m 的彈性鋼索開始受力，求鋼索的最大伸長量。

3.9　質量為 10 kg 的套環可沿鉛直桿 AB 運動，拉力 F 之大小和方向保持不變，將套環從 C 處靜止開始拉動至 D 處。不計摩擦，求套環在 D 處的速率。

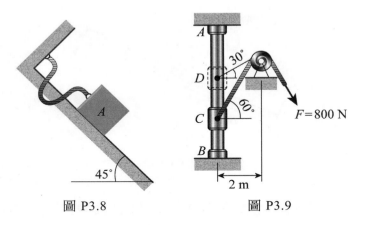

圖 P3.8　　　　　　　　　圖 P3.9

3.10　求圖示的滑塊受水平力 F 作用後，由靜止沿斜面運動 1 m 後的速率。

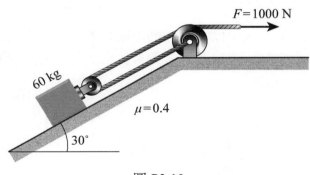

圖 P3.10

3.11　圖示的玩具車從高度 h 處靜止釋放，沿軌道而滾下。不計摩擦，求 h 的最小值使玩具車可以滾過圓環而不致於脫落。

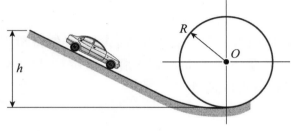

圖 P3.11

3.12　質量為 m 的質點在半徑為 R 的光滑曲面頂點以 v_0 的水平速度從靜止開始運動。設 $v_0 < \sqrt{gR}$ ，求質點脫離曲面時的角度 θ 。

3.13　圖示的物體 A 和 B 在水平面上從靜止開始運動。不計滑輪的摩擦，求物體 A 下降 3 m 後，物體 A 與 B 的速率。

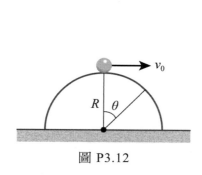

圖 P3.12

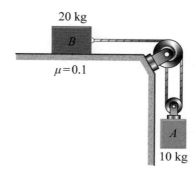

圖 P3.13

3.14　物體 A 在圖示的位置時以 6 m/s 之速率向下運動，此時彈簧的伸長量為 0.05 m，彈簧常數 $k = 4\,\text{kN/m}$。忽略滑輪的摩擦，求彈簧的最大伸長量。

3.15　圖示的汽車質量為 1400 kg，輸出功率為 150 hp，汽車在斜面上等速行駛。假設車輪不滑動，並且不計空氣阻力，求汽車的速率。（提示 1 hp = 746 N · m/s）

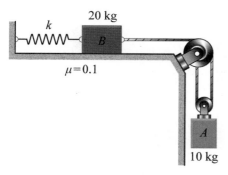

圖 P3.14

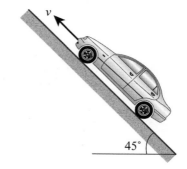

圖 P3.15

3.16　判斷下列之力是否為保守力： (a) $\mathbf{F} = y\mathbf{i} - x\mathbf{j}$ ； (b) $\mathbf{F} = xy\mathbf{i} - \frac{1}{2}x^2\mathbf{j}$ ；(c) $\mathbf{F} = yz\mathbf{i} + zx\mathbf{j} + xy\mathbf{k}$ 。

3.17 在圖示之位置物體 A 從靜止釋放，此時彈簧未變形。不計滑輪的質量與摩擦，求：(a)彈簧的最大伸長量；(b)物體 A 的最大速率。

3.18 在圖示位置時彈簧未伸長，質量為 5 kg 的物體 A 以初速度 10 m/s 向右沿光滑水平面滑動 1 m 後，其速率為多少？

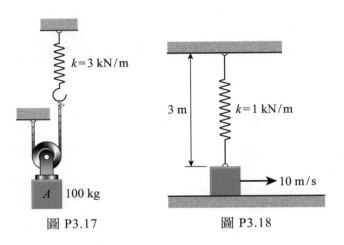

圖 P3.17   圖 P3.18

3.19 圖示的鏈條從靜止釋放。不計摩擦，求最後一個鏈節離開半圓形支撐物右端時的速率。設 $\ell = 8\,\text{m}$ ，$R = 6\,\text{m}$ 。

3.20 圖示的 A、B 及 C 三物體的質量相等。物體 A 和 B 可在光滑的水平桿上滑動。物體 C 用繩與 A 及 B 相連。若三物體從成等邊三角形的位置靜釋放，求物體 A 和 B 將以多大的速率相碰。

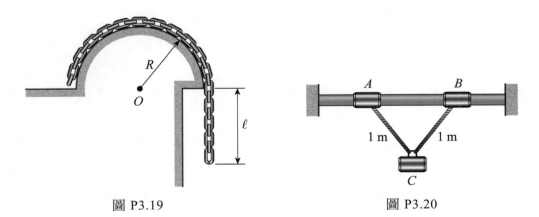

圖 P3.19   圖 P3.20

質點運動力學：
衝量與動量

牛頓運動定律計算了力在任意時刻的瞬時作用效果，也就是在某一瞬間，力與質點之加速度的關係。在很多實際問題中，我們需要考慮力按時間累積的效果，而不涉及加速度與位移，這時我們可用衝量與動量原理求解，這是本章的重點。本章也將應用上述原理於碰撞運動及變質量系統（例如火箭，噴射機等的運動）。另外我們也要介紹角動量，它是研究旋轉運動的一個重要特徵量。

4.1 線衝量與線動量

一力 $\mathbf{F}$ 在時間 $t_1 \le t \le t_2$ 之間作用於質點，其**線衝量**(linear impulse) $\mathbf{I}$（見圖 4-1.1）定義為

$$\mathbf{I} = \int_{t_1}^{t_2} \mathbf{F} dt \tag{4-1.1}$$

它是一個向量，代表力 $\mathbf{F}$ 在 t_1 與 t_2 時間間隔內的累積效果。如果 $\mathbf{F}$ 是固定不變的，則 $\mathbf{I}$ 的方向與 $\mathbf{F}$ 相同，此時(4-1.1)式可表示成

$$\mathbf{I} = \mathbf{F}(t_2 - t_1) = \mathbf{F}\Delta t \tag{4-1.2}$$

如果 $\mathbf{F}$ 的方向不固定，則 $\mathbf{I}$ 的方向由(4-1.1)式最後之值決定。線衝量通常簡稱為**衝量**(impulse)，其單位在公制為 N・s（牛頓・秒）；在英制為 ℓb・s（磅・秒）。

一質點的**線動量**(linear momentum) $\mathbf{L}$，簡稱**動量**，定義為質點的質量與速度的乘積，即

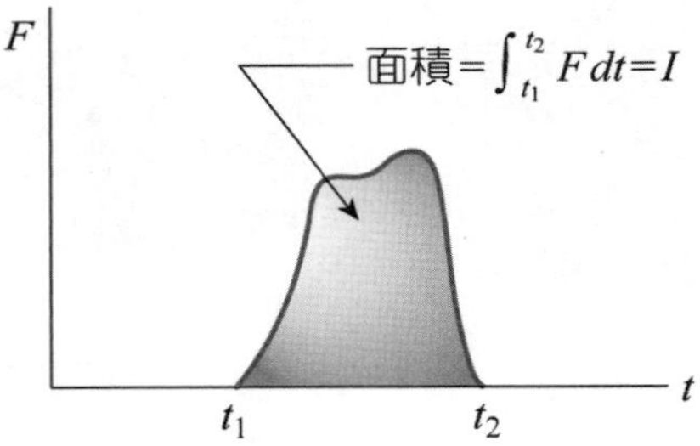

$$\mathbf{L} = m\mathbf{v} \tag{4-1.3}$$

圖中：面積 $= \int_{t_1}^{t_2} F dt = I$

圖 4-1.1 衝 量

它是向量，代表質點在速度方向的運動強度。動量的單位在公制為 kg・m/s；在英制為 slug・ft/s。

4.2　衝量與動量原理

設一質點受合力 $\sum\mathbf{F}$ 作用並產生加速度 $\mathbf{a}$，根據牛頓第二定律可得

$$\sum\mathbf{F} = m\mathbf{a} = m\frac{d\mathbf{v}}{dt} \tag{4-2.1}$$

在牛頓力學中質量 m 為定值，它並不隨速度而變化，所以上式可寫成

$$\sum\mathbf{F} = \frac{d(m\mathbf{v})}{dt} \tag{4-2.2}$$

應用(4-1.3)式，則(4-2.2)式可表達成

$$\sum\mathbf{F} = \frac{d\mathbf{L}}{dt} = \dot{\mathbf{L}} \tag{4-2.3}$$

(4-2.3)式稱為**動量定理**，它說明：**作用於一質點的合力等於該質點的動量對時間的變化率**。將(4-2.2)式在時間 $t_1 \le t \le t_2$ 之間積分，得

$$\sum\int_{t_1}^{t_2}\mathbf{F}dt = \int_{v_1}^{v_2}d(m\mathbf{v}) = m\int_{v_1}^{v_2}d\mathbf{v} = m\mathbf{v}_2 - m\mathbf{v}_1 = m\Delta\mathbf{v} \tag{4-2.4}$$

其中 $\mathbf{v}_1$ 與 $\mathbf{v}_2$ 分別是質點在時刻 t_1 與 t_2 的速度。上式說明了質點在 $[t_1, t_2]$ 時間內所受的合衝量等於質點在該段時間動量的變化。(4-2.4)式可改寫成

$$m\mathbf{v}_1 + \sum\int_{t_1}^{t_2}\mathbf{F}dt = m\mathbf{v}_2 \tag{4-2.5}$$

(4-2.5)式稱為**線衝量與線動量原理**(principle of linear impulse and momentum)，簡稱衝量與動量原理，它是動量定理的積分形式。此原理可敘述為：**質點的初動量加上其在一時間區間內所獲得的衝量之和等於該質點的末動量**（見圖 4-2.1）。此一原理適用於解涉及力、時間與速度之關係的問題。解題時將初動量圖、衝量圖及末動量圖繪出，然後將它們分別投影到適當的軸上，列出純量方程。例如將(4-2.1)式投影至 x、y 和 z 軸可得三個純量方程：

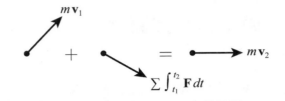

初動量圖　　　　衝量圖　　　　末動量圖

圖 4-2.1　衝量與動量原理

$$m(v_x)_1 + \sum \int_{t_1}^{t_2} F_x dt = m(v_x)_2$$

$$m(v_y)_1 + \sum \int_{t_1}^{t_2} F_y dt = m(v_y)_2 \qquad (4\text{-}2.6)$$

$$m(v_z)_1 + \sum \int_{t_1}^{t_2} F_z dt = m(v_z)_2$$

例 ▶ 4-2.1

設一箱子質量為 100 kg，沿著傾斜角為 30° 的斜面滑下，在時刻 $t = 3$ s 時其速度為 2 m/s，如圖 4-2.2 所示。設箱子與斜面之間的摩擦係數 $\mu = 0.8$，求箱子停止滑動的時刻。

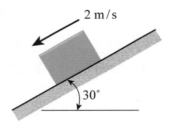

2 m/s

30°

圖 4-2.2　例 4-2.1 之圖

💡**解**　以箱子為研究對象，取 $t_1 = 3$ s，畫其衝量與動量圖，如圖 4-2.3 所示。投影至 x 和 y 軸：

$$+\swarrow \sum L_x : 100(2) - 0.8N(t_2 - 3) + 100(9.81)(t_2 - 3)\sin 30° = 0 \qquad (1)$$

$$+\nwarrow \sum L_y : N(t_2 - 3) - 100(9.81)\cos 30°(t_2 - 3) = 0 \qquad (2)$$

由(1)、(2)式解得

$$N = 850\ \text{N} \ , \quad t_2 = 4.06\ \text{s}$$

即在時刻 $t_2 = 4.06\ \text{s}$ 時箱子停止滑動。

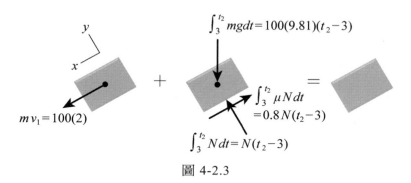

圖 4-2.3

例 ▶ 4-2.2

質量為 2 kg 的質點受到一個有固定作用線的水平力 $F(t)$ 的作用，力與時間的關係，如圖 4-2.4 所示，設質點剛開始靜止於光滑水平面上，求質點在 $t = 5\ \text{s}$ 時的速度。

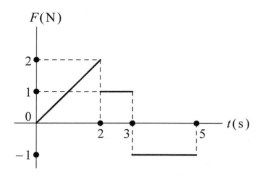

圖 4-2.4　例 4-2.2 之圖

 解　質點在時刻 $t = 0$ 至 $t = 5$ 所受的衝量為

$$F\Delta t = \frac{1}{2}(2)(2) + 1(1) + 2(-1) = 1\ \text{N} \cdot \text{s}$$

畫出質點的衝量與動量圖，如圖 4-2.5 所示

圖 4-2.5

應用衝量與動量原理，可得

$$\xrightarrow{+}\sum L_x:\ 0+1=2v_2$$

$v_2 = 0.5\,\text{m/s}$ （沿著力 $\mathbf{F}$ 剛開始作用的方向）

4.3 質點系的衝量與動量原理

根據(2-5.4)式，一個由 n 個質點 $P_i(i=1,\cdots,n)$ 所組成的質點系的運動方程為

$$\sum_{i=1}^{n}\mathbf{F}_i=\sum_{i=1}^{n}m_i\mathbf{a}_i \tag{4-3.1}$$

其中 $\mathbf{F}_i$ 為作用於質點 P_i 的合外力，$\mathbf{a}_i$ 為 P_i 的加速度。上式可寫成

$$\sum_{i=1}^{n}\mathbf{F}_i=\sum_{i=1}^{n}m_i\frac{d\mathbf{v}_i}{dt}=\sum_{i=1}^{n}\frac{d}{dt}(m_i\mathbf{v}_i)=\frac{d}{dt}\sum_{i=1}^{n}m_i\mathbf{v}_i=\frac{d\mathbf{L}}{dt} \tag{4-3.2}$$

它表示作用於質點系的外力之和等於質點系的動量對時間的變化率，稱為質點系的動量定理。(4-3.2)式可改寫成

$$\sum_{i=1}^{n}\mathbf{F}_i\,dt=\sum_{i=1}^{n}m_i\,d\mathbf{v}_i \tag{4-3.3}$$

將(4-3.3)式在時刻 $t=t_1$ 與 t_2 之間積分，並令 $t=t_1$ 與 t_2 時質點 P_i 的速度分別為 $(\mathbf{v}_i)_1$ 及 $(\mathbf{v}_i)_2$，可得

$$\sum_{i=1}^{n} m_i(\mathbf{v}_i)_1 + \sum_{i=1}^{n}\int_{t_1}^{t_2}\mathbf{F}_i dt = \sum_{i=1}^{n} m_i(\mathbf{v}_i)_2 \tag{4-3.4}$$

上式稱為**質點系的衝量與動量原理**，即：**系統的初動量加上在 t_1 與 t_2 之間系統所受外力的合衝量等於系統的末動量**。通常我們都用質心描述質點系的運動，令 $m = \sum_{i=1}^{m} m_i$ 為系統的總質量，$\mathbf{v}_G$ 為質心速度，根據(2-6.4)式，(4-3.4)式可寫成

$$m(\mathbf{v}_G)_1 + \sum_{i=1}^{n}\int_{t_1}^{t_2}\mathbf{F}_i dt = m(\mathbf{v}_G)_2 \tag{4-3.5}$$

此式說明質心的初動量加上在時刻 t_1 與 t_2 之間系統所受外力的合衝量等於質心的末動量。這個式子在剛體運動力學中非常有用。

例 ▶ 4-3.1

質量為 10 kg 的物體 A 水平撞擊原來靜止，質量為 5 kg 的物體 B，然後兩物體一起向右運動，歷時 3 s 而停止。設物體 A、B 與水平面間的摩擦係數為 $\mu = 0.15$。求撞擊前物體 A 的速度及撞擊時作用於 A、B 之間的衝量。

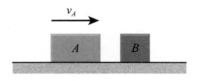

圖 4-3.1　例 4-3.1 之圖

 解 以物體 A 與 B 為研究對象，此時撞擊產生的衝量為內衝量，不予考慮。而作用於系統的衝量是由正向力 N，摩擦力 f 及重力造成的。畫出物體 A、B 從撞擊開始 $t_1 = 0$ 至停止 $t_2 = 3$ 的衝量與動量圖，如圖 4-3.2 所示。

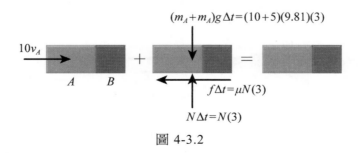

圖 4-3.2

應用衝量與動量原理

$$+\uparrow\sum L_y : N(3) = (10+5)(9.81)(3),\quad N = 147\ \text{N}$$

$$f = \mu N = 0.15(147) = 22.05\ \text{N}$$

$$\xrightarrow{+}\sum L_x : 10v_A - f\Delta t = 0,\quad 10v_A - 22.05(3) = 0,\quad v_A = 6.62\ \text{m/s}$$

欲求作用於 A、B 間的衝量，我們以物體 A 為研究對象畫出其衝量與動量圖，如圖 4-3.3 所示。

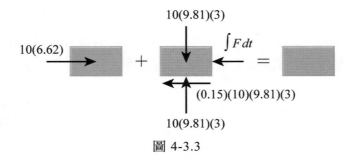

圖 4-3.3

應用衝量與動量原理

$$\xrightarrow{+}\sum L_x : 10(6.62) - \int F dt - 0.15(10)(9.81)(3) = 0$$

解得作用於 A 和 B 之間的衝量為

$$\int F dt = 22.05\ \text{N}\cdot\text{s}$$

例 ▶ 4-3.2

　　物體 A 與 B 靜止於光滑水平面上，一水平力 $F = 500\ \text{N}$ 施於物體 A 上，如圖 4-3.4 所示。不計滑輪質量與摩擦，求 2 秒後物體 A 和 B 的速率。

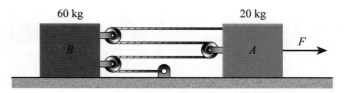

圖 4-3.4　衝量與動量原理的應用

解 從例 3-3.2 得知拘束方程為

$$3v_A - 4v_B = 0 \qquad (1)$$

令繩索的張力為 T，以物體 A 為研究對象畫出其衝量與動量圖，如圖 4-3.5 所示。

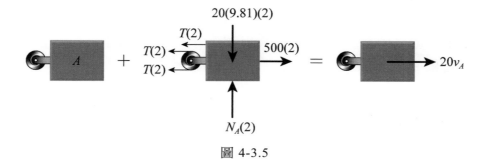

圖 4-3.5

$$\xrightarrow{+} \sum L_x : \ 0 + 500(2) - 3T(2) = 20v_A, \quad 1000 - 6T - 20v_A = 0 \qquad (2)$$

以物體 B 為研究對象，畫出其衝量與動量圖，如圖 4-3.6 所示。

圖 4-3.6

$$\xrightarrow{+} \sum L_x : \ 4T(2) = 60v_B, \quad 8T - 60v_B = 0 \qquad (3)$$

由(1)、(2)、(3)式，解得

$$v_A = 18.61 \, \text{m/s} \rightarrow$$
$$v_B = 13.95 \, \text{m/s} \rightarrow$$

4.4 質點系的動量守恆

如果在時刻 t_1 與 t_2 之間作用於質點的所有外力之和等於零，則(4-3.4)式中外力的合衝量等於零，於是系統的初動量等於其末動量，也就是系統動量的大小與方向保持不變，稱為**線動量守恆定律**(conservation of linear momentum)簡稱動量守恆定律。當然，如果作用在系統的合外力在某軸的投影恆等於零，則系統的動量在該軸的投影也是守恆的。火箭的發射和噴射機的前進是動量守恆在工程中的重要應用之例。

例 ▶ 4-4.1

在光滑的軌道上有一質量為 120 kg 的平板車，車上站立一人，其質量為 60 kg。開始時人與車均靜止，今人在車上走動，在某一時刻人相對於車子的速率為 0.5 m/s，求此時平板車的速度。

圖 4-4.1 動量守恆之例

 以平板車及人為研究對象，系統所受的外力為重力及軌道對車子的反力，這些力均作用在鉛垂方向，它們在水平方向的投影恆等於零，故系統在水平方向的動量守恆。開始時系統靜止不動，其動量為零。當人在車上走動時，車子必須朝相反方向運動，使整個系統的水平動量保持為零。設在某一時刻人的速率為 v_m，車子的速率為 v_c，人相對於車子的速率為 u，並取水平向右為 x 方向，如圖 4-4.1 所示。應用動量守恆定律於 x 方向，得

$$m_m v_m - m_c v_c = 0 \tag{1}$$

但人相對於車的速度 **u**：

$$\mathbf{u} = \mathbf{v}_m - \mathbf{v}_c = v_m \mathbf{i} - (-v_c)\mathbf{i} = (v_m + v_c)\mathbf{i}$$

於是 $u = v_m + v_c$，$v_m = u - v_c$，代入(1)式中，得

$$v_c = \frac{m_m u}{m_m + m_c} \tag{2}$$

以 $m_m = 60\,\mathrm{kg}$，$m_c = 120\,\mathrm{kg}$，$u = 0.5\,\mathrm{m/s}$ 代入(2)式，得

$$v_c = \frac{(60)(0.5)}{60 + 120} = 0.17\,\mathrm{m/s} \leftarrow$$

4.5 角動量

　　平移與轉動是物體運動的兩種基本型態，動量是描述物體平移的一個特徵量；而角動量是描述物體轉動的一個特徵量，配合角動量定理，提供了解決轉動問題的有效方法。本節介紹角動量的定義及角動量定理，此定理建立了角動量與力矩的關係。

　　設一質點的質量為 m，速度為 $\mathbf{v}$，其相對於空間中某一點 A 的位置向量為 $\mathbf{r}'$，如圖 4-5.1 所示。此質點對 A 點的**角動量**(angular momentum)$\mathbf{H}_A$ 定義為質點相對於 A 的位置向量 $\mathbf{r}'$ 與質點的動量 $m\mathbf{v}$ 之叉積，即

$$\mathbf{H}_A = \mathbf{r}' \times m\mathbf{v} \tag{4-5.1}$$

角動量是相對於參考點而定義的，所以同一質點對不同參考點的角動量是不一樣的。例如圖 4-5.1 中 m 對座標原點 O 的角動量 $\mathbf{H}_O = \mathbf{r} \times m\mathbf{v}$。角動量相當於動量 $m\mathbf{v}$ 對參考點取矩，因此，角動量又稱為**動量矩**(moment of momentum)。角動量的單位在公制為 $\mathrm{kg \cdot m^2/s}$；在英制為 $\mathrm{slug \cdot ft^2/s}$。

　　參考圖 4-5.1，質點對固定點 O 的角動量 $\mathbf{H}_O = \mathbf{r} \times m\mathbf{v}$，其對時間的變化率為

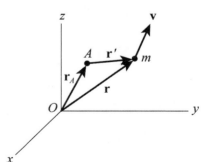

圖 4-5.1　角動量

$$\frac{d\mathbf{H}_O}{dt} = \frac{d}{dt}(\mathbf{r} \times m\mathbf{v}) = \frac{d\mathbf{r}}{dt} \times m\mathbf{v} + \mathbf{r} \times \frac{d}{dt}(m\mathbf{v}) \tag{4-5.2}$$

但是 $\dfrac{d\mathbf{r}}{dt} = \mathbf{v}$，所以

$$\frac{d\mathbf{H}_O}{dt} = \mathbf{v} \times m\mathbf{v} + \mathbf{r} \times \frac{d}{dt}(m\mathbf{v}) = \mathbf{r} \times \frac{d}{dt}(m\mathbf{v}) \tag{4-5.3}$$

應用(4-2.2)式，上式可寫成

$$\frac{d\mathbf{H}_O}{dt} = \mathbf{r} \times \mathbf{F} = \mathbf{M}_O \tag{4-5.4}$$

(4-5.4)式稱為質點的**角動量定理**或動量矩定理，它說明了質點對固定點 O 的角動量 $\mathbf{H}_O$ 對時間 t 的變化率等於作用於質點的合力 $\mathbf{F}$ 對 O 點的力矩 $\mathbf{M}_O$。

設一質點系由 n 個質點所組成，作用於質點 P_i 的合外力為 $\mathbf{F}_i$，合內力為 $\mathbf{f}_i = \displaystyle\sum_{i=1}^{n} \mathbf{f}_{ij}$，其中 $\mathbf{f}_{ij}$ 是質點 P_j 作用於 P_i 的內力，如圖 4-5.2 所示。根據質點的角動量定理，可得下列 n 個方程：

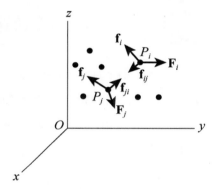

圖 4-5.2　質點系的角動量定理

$$(\dot{\mathbf{H}}_i)_O = \mathbf{r}_i \times \mathbf{F}_i + \mathbf{r}_i \times \mathbf{f}_i \qquad (i = 1, \cdots, n) \tag{4-5.5}$$

其中 $\mathbf{r}_i$ 為質點 P_i 對 O 點的位置向量，$(\dot{\mathbf{H}}_i)_O$ 為質點 P_i 對 O 點之角動量的變化率。將上述 n 個方程相加，可得

$$\sum_{i=1}^{n}(\dot{\mathbf{H}}_i)_O = \sum_{i=1}^{n}(\mathbf{r}_i \times \mathbf{F}_i) + \sum_{i=1}^{n}\sum_{j=1}^{n}(\mathbf{r}_i \times \mathbf{f}_{ij}) \tag{4-5.6}$$

但內力 $\mathbf{f}_{ij}$ 與 $\mathbf{f}_{ji}$ 大小相等，方向相反且共線，故上式等號右邊第二項等於零。於是(4-5.6)式簡化成

$$\sum_{i=1}^{n}(\dot{\mathbf{H}}_i)_O = \sum_{i=1}^{n}(\mathbf{r}_i \times \mathbf{F}_i) = \Sigma(\mathbf{M}_i)_O \tag{4-5.7}$$

上式可簡寫成

$$\dot{\mathbf{H}}_O = \sum \mathbf{M}_O \tag{4-5.8}$$

(4-5.8)式稱為質點系的角動量定理，它表示質點系對某一個定點 O 的角動量對時間的變化率等於作用於質點系的所有外力對 O 點的合力矩。將(4-5.8)式投影至 x、y 及 z 軸，可得三個純量方程：

$$\begin{aligned}
(\dot{H}_x)_O &= \sum (M_x)_O \\
(\dot{H}_y)_O &= \sum (M_y)_O \\
(\dot{H}_z)_O &= \sum (M_z)_O
\end{aligned} \tag{4-5.9}$$

例 ▶ 4-5.1

質量為 m 的球繫於質量可忽略的桿上，而形成一單擺，如圖 4-5.3 所示。求球對 O 點的角動量及單擺的運動方程。

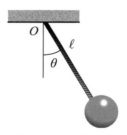

圖 4-5.3　單　擺

解 採用極座標如圖 4-5.4(a)所示，則 m 的位置向量 r 和速度 $\mathbf{v}$ 為

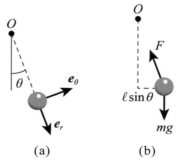

(a) (b)

圖 4-5.4

$$\mathbf{r} = \ell\mathbf{e}_r$$

$$\mathbf{v} = \dot{\mathbf{r}} = \ell\dot{\theta}\mathbf{e}_\theta$$

小球對 O 點的角動量為

$$\mathbf{H}_O = \mathbf{r} \times m\mathbf{v} = \ell\mathbf{e}_r \times m\ell\dot{\theta}\mathbf{e}_\theta = m\ell^2\dot{\theta}\mathbf{e}_z \tag{1}$$

其中 $\mathbf{e}_z$ 為出紙面的單位向量。作用於小球的外力有球本身的重力 mg 及桿作用於球的力 F，如圖 4-5.4(b)所示。此二力中只有重力對 O 點有力矩，其值為 $mg\ell\sin\theta$，方向進入紙面，故

$$\mathbf{M}_O = -mg\ell\sin\theta\mathbf{e}_z \tag{2}$$

將(1)和(2)式代入(4-5.4)式，可得

$$+\circlearrowleft \dot{H}_O = M_O : \frac{d}{dt}(m\ell^2\dot{\theta}) = -mg\ell\sin\theta \tag{3}$$

因 ℓ 及 m 為常數，於是(3)式可寫成

$$m\ell^2\ddot{\theta} = -mg\ell\sin\theta \tag{4}$$

$$\ddot{\theta} + \frac{g}{\ell}\sin\theta = 0 \tag{5}$$

(5)式即為單擺的運動方程

例 ▶ 4-5.2

一質量為 m 的小球繫於繩上並繞 O 點旋轉而形成一個圓錐擺，如圖 4-5.5 所示。不計繩的質量，求擺角 ϕ 為常數時，小球對 O 點的角動量並根據角動量定理導出其運動方程。

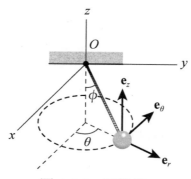

圖 4-5.5　圓錐擺

 以 O 點為原點並用圓柱座標來描述小球的運動。小球的位置向量為

$$\mathbf{r} = \ell \sin\phi \mathbf{e}_r - \ell \cos\phi \mathbf{e}_z \tag{1}$$

將(1)式在固定座標系 $Oxyz$ 中對時間求導即得速度。注意：單位向量 $\mathbf{e}_r$、$\mathbf{e}_\theta$ 和 $\mathbf{e}_z$ 構成一個活動標架，其角速度為 $\boldsymbol{\omega} = \dot{\theta}\mathbf{e}_z$。這些單位向量在 $Oxyz$ 中的導數可按下式〔見(1-7.1)式〕求得

$$\begin{aligned}
\dot{\mathbf{e}}_r &= \boldsymbol{\omega} \times \mathbf{e}_r = \dot{\theta}\mathbf{e}_z \times \mathbf{e}_r = \dot{\theta}\mathbf{e}_\theta \\
\dot{\mathbf{e}}_\theta &= \boldsymbol{\omega} \times \mathbf{e}_\theta = \dot{\theta}\mathbf{e}_z \times \mathbf{e}_\theta = -\dot{\theta}\mathbf{e}_r \\
\dot{\mathbf{e}}_z &= \boldsymbol{\omega} \times \mathbf{e}_z = \dot{\theta}\mathbf{e}_z \times \mathbf{e}_z = 0
\end{aligned} \tag{2}$$

將(1)式求導並利用(2)式，得小球的速度

$$\mathbf{v} = \dot{\mathbf{r}} = \ell \dot{\theta}\sin\phi \mathbf{e}_\theta \tag{3}$$

因此，小球對 O 點的角動量為

$$\begin{aligned}
\mathbf{H}_O &= \mathbf{r} \times m\mathbf{v} \\
&= (\ell \sin\phi \mathbf{e}_r - \ell \cos\phi \mathbf{e}_z) \times m\ell \dot{\theta}\sin\phi \mathbf{e}_\theta \\
&= m\ell^2 \dot{\theta}\sin\phi\cos\phi \mathbf{e}_r + m\ell^2 \sin^2\phi \dot{\theta}\mathbf{e}_z
\end{aligned} \tag{4}$$

為了應用角動量定理，我們需要求 $\mathbf{H}_O$ 在 $Oxyz$ 中對時間的導數。將(4)式對時間微分並利用(2)式，得

$$\dot{\mathbf{H}}_O = m\ell^2 \ddot{\theta}\sin\phi\cos\phi \mathbf{e}_r + m\ell^2 \dot{\theta}^2 \sin\phi\cos\phi \mathbf{e}_\theta + m\ell^2 \ddot{\theta}\sin^2\phi \mathbf{e}_z \tag{5}$$

作用於小球之外力對 O 點的力矩（見圖 4-5.6）為

$$
\begin{aligned}
\mathbf{M}_O &= \mathbf{r} \times (-mg\mathbf{e}_z) \\
&= (\ell \sin\phi \mathbf{e}_r - \ell \cos\phi \mathbf{e}_z) \times (-mg\mathbf{e}_z) \\
&= mg\ell \sin\phi \mathbf{e}_\theta
\end{aligned}
\tag{6}
$$

圖 4-5.6

由 $\mathbf{M}_O = \dot{\mathbf{H}}_O$ 可得沿 $\mathbf{e}_r$ 和 $\mathbf{e}_\theta$ 的分量方程：

$$
m\ell^2 \ddot{\theta} \sin\phi\cos\phi = 0
\tag{7}
$$

$$
m\ell^2 \dot{\theta}^2 \sin\phi\cos\phi = mg\ell \sin\phi
\tag{8}
$$

$$
m\ell^2 \ddot{\theta} \sin^2\phi = 0
\tag{9}
$$

因 $\phi \neq 0$，且 $\phi \neq 90°$，由(7)和(9)式得知 $\ddot{\theta} = 0$，$\dot{\theta} =$ 常數，於是從(8)式得

$$
\cos\phi = \frac{g}{\ell\dot{\theta}^2}, \quad \phi = \cos^{-1}(\frac{g}{\ell\dot{\theta}^2})
$$

4.6　角衝量與角動量原理

（一）質點的角衝量與角動量原理

將(4-5.4)式從時刻 t_1 積分至 t_2，可得

$$
(\mathbf{H}_O)_1 + \int_{t_1}^{t_2} \mathbf{M}_O dt = (\mathbf{H}_O)_2
\tag{4-6.1}
$$

其中 $\int_{t_1}^{t_2} \mathbf{M}_O dt$ 稱為**角衝量**(angular impulse)，定義為作用於質點的外力對 O 點的合力矩對時間的積分。(4-6.1)式稱為**角衝量與角動量原理**(principle of angular impulse and angular momentum)，它是角動量定理的積分形式，表示質點在時刻 t_1 的初角動量 $(\mathbf{H}_O)_1$ 加上其在 t_1 到 t_2 時間內所獲得的角衝量 $\int_{t_1}^{t_2} \mathbf{M}_O dt$，等於質點在時刻 t_2 時的末角動量 $(\mathbf{H}_O)_2$。

（二）質點系的角衝量與角動量原理

將(4-5.8)式在時刻 t_1 與 t_2 之間積分，可得

$$(\mathbf{H}_O)_1 + \sum \int_{t_1}^{t_2} \mathbf{M}_O \, dt = (\mathbf{H}_O)_2 \tag{4-6.2}$$

上式稱為質點系的角衝量與角動量原理，它表示質點系在時刻 t_1 的初角動量 $(\mathbf{H}_O)_1$，加上其在 t_1 到 t_2 時間內系統內各質點所受外力對 O 點的力矩 $\mathbf{M}_O$ 的角衝量之和，等於質點系在時刻 t_2 時的末角動量 $(\mathbf{H}_O)_2$。

（三）角動量守恆

若在時刻 t_1 與 t_2 之間，作用於一質點或質點系的角衝量等於零，則(4-6.1)與 (4-6.2)式可化簡成

$$(\mathbf{H}_O)_1 = (\mathbf{H}_O)_2 \tag{4-6.3}$$

上式稱為質點或質點系的**角動量守恆定律**(conservation of angular momentum)，它說明若無外角衝量作用於質點或質點系，它們的角動量將保持不變。我們也可以用角動量定理來推導角動量守恆定律。當作用於質點或質點系之所有外力對某固定點 O 的合力矩等於零時，則(4-5.4)及(4-5.8)式變成

$$\mathbf{H}_O = 0 \tag{4-6.4}$$

即

$$\mathbf{H}_O = 定向量 \tag{4-6.5}$$

換言之，若作用於質點或質點系之外力對 O 點的合力矩等於零，則其角動量守恆。當然如果外力對某軸的合力矩等於零，則角動量在該軸的方向守恆。例如若 (4-5.9)式中之 $\sum (M_x)_O = 0$，則 $(H_x)_O = $ 常數，也就是角動量在 x 方向守恆。

例 ▶ 4-6.1

質量為 2 kg 的小球靜置於光滑的水平桌面上，小球與連桿相接，而連桿另一端與球窩接頭相接於 O，若有一力偶 $M = (6t)\text{N} \cdot \text{m}$ 作用於連桿，及一力 $F = 10\,\text{N}$ 垂直連桿作用於小球，如圖 4-6.1 所示。不計連桿的質量，求小球由靜止開始運動 3 s 後的速率。

圖 4-6.1　例 4-6.1 之圖

 以連桿及小球為研究對象，畫出其自由體圖，如圖 4-6.2 所示。重力 mg 及正向力 N 與 z 軸平行，它們對 z 軸的力矩等於零。反力 R 經過 O 點，對 z 軸的力矩也等於零。應用角衝量與角動量原理於 z 軸方向，得

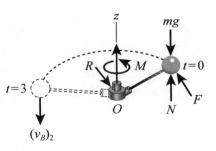

圖 4-6.2

$$(H_z)_1 + \sum \int_{t_1}^{t_2} M_z dt = (H_z)_2$$

$$(H_z)_1 + \int_{t_1}^{t_2} M dt + r_{OB}F(\Delta t) = (H_z)_2$$

$$0 + \int_0^3 6t dt + (0.5)(10)(3) = 0.5(2)(v_B)_2$$

解得 $t = 3\,\text{s}$ 時，小球的速率為

$$(v_B)_2 = 42\,\text{m/s}$$

例 ▶ 4-6.2

　　兩隻質量皆為 m 的猴子分別抓住不可伸長之繩子的兩端，如圖 4-6.3 所示。兩隻候子剛開始為靜止，當左邊的猴子開始往上爬，而右邊的猴子則只是抓住繩子時，試分析兩隻猴子的運動情形。不計摩擦及半徑為 r 的滑輪與繩子的質量。

圖 4-6.3　角動量守恆之例

 解　以猴子、滑輪及繩子為研究系統，畫出猴子運動後的自由體圖，並取 O 點為座標原點，如圖 4-6.4 所示。兩隻猴子的重量相等，它們對 O 點的合力矩等於零。反力 R_x 和 R_y 經過 O 點，對 O 點的力矩也等於零。所以系統的外力對 O 點的合力矩等於零。猴子往上爬之力為內力，不影響系統的角動量，故系統對 O 點的角動量守恆。由於系統開始時靜止不動，故角動量 $(\mathbf{H}_O)_1 = 0$。忽略滑輪轉動時的角動量，在圖 4-6.4 所示的位置時，左邊猴子的速度為 $\dot{y}_L\mathbf{j}$，右邊猴子的速度為 $\dot{y}_R\mathbf{j}$，系統對 O 點的角動量為

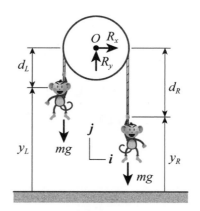

圖 4-6.4

$$0 = (\mathbf{H}_O)_2 = (-r\mathbf{i} - d_L\mathbf{j}) \times (m\dot{y}_L\mathbf{j}) + (r\mathbf{i} - d_R\mathbf{j}) \times (m\dot{y}_R\mathbf{j})$$
$$= (rm\dot{y}_R - rm\dot{y}_L)\mathbf{k}$$

於是

$$\dot{y}_R = \dot{y}_L$$

所以右邊的猴子以相同的速度往上升。如果開始時兩隻猴子的高度相等，右邊的猴子不爬也會保持和左邊猴子一樣的高度。

例 ▶ 4-6.3

質量為 m 的兩小球繫於彈簧的兩端，靜置於光滑水平面上，設彈簧常數為 k，靜止時的長度為 ℓ_0。今以相等的衝量同時作用於兩小球上，使小球各獲得與連線垂直等值反向的初速度，如圖 4-6.5 所示。假設在以後運動過程中彈簧的最大長度 $\ell_{\max} = 3\ell_0$，求兩球的初速率 v_0。

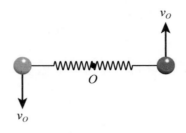

圖 4-6.5

 由於系統是對稱的且初速度大小相等、方向相反，故兩球繞兩球連線中點 O 旋轉。以 O 為固定參考點，開始時系統的角動量為

$$(H_O)_1 = \frac{\ell_0}{2} \cdot mv_0 + \frac{\ell_0}{2} \cdot mv_0 = mv_0\ell_0 \tag{1}$$

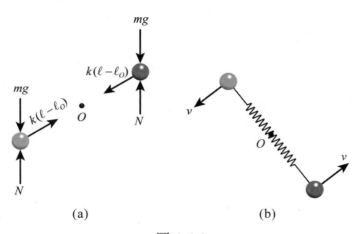

(a)   (b)

圖 4-6.6

兩球運動過程中受到兩球連線的彈簧力 $k(\ell - \ell_0)$ 作用，但它們對 O 點的合力矩等於零。而小球的重力 mg 與平面的反力 N 也互相抵消，如圖 4-6.6(a) 所示，故系統的角動量守恆。當彈簧達到最大伸長量 ℓ_{max} 時小球只有切線速度 v，而無沿彈簧的徑向速度，如圖 4-6.6(b)所示，此時的角動量為

$$(H_O)_2 = \frac{\ell_{max}}{2} \cdot mv + \frac{\ell_{max}}{2} \cdot mv = mv\ell_{max} \tag{2}$$

系統的角動量守恆，即

$$(H_O)_1 = (H_O)_2, \quad mv_0\ell_0 = mv\ell_{max} \tag{3}$$

系統的能量也守恆，即

$$\frac{1}{2}mv_0^2 + \frac{1}{2}mv_0^2 = \frac{1}{2}mv^2 + \frac{1}{2}mv^2 + \frac{1}{2}k(\ell_{max} - \ell_0)^2 \tag{4}$$

從(3)和(4)式，可得

$$v = \ell_0 \sqrt{\frac{k(\ell_{max} - \ell_0)}{2m(\ell_{max} + \ell_0)}} \tag{5}$$

以 $\ell_{max} = 3\ell_0$ 代入(5)式，可得

$$v = \frac{\ell_0}{2}\sqrt{\frac{k}{m}}, \quad v_0 = \frac{v\ell_{max}}{\ell_0} = \frac{3\ell_0}{2}\sqrt{\frac{k}{m}}$$

4.7　衝擊運動

衝擊力(impulsive force)是指這樣的一種力：作用時間極短，力的平均值極大，但其衝量的大小是有限量。衝擊力所造成的運動稱為**衝擊運動**(impulsive motion)。由於衝擊力作用時間極短，因此我們假設在衝擊過程中，系統中各質點或物體的位置保持不變，但它們的速度會有明顯的變化。在衝擊運動中，其他各種非衝擊力（例如重力等）的衝量與衝擊力的衝量比是很小的，它們在衝擊過程中可以忽略不計（見例 4-7.1）。常見的衝擊運動有碰撞及爆炸等。

 例 ▶ 4-7.1

小球質量為 0.1 kg，自 5 m 高度自由落下與地面碰撞後反彈至 2.5 m 高。設小球與地面接觸的時間為 0.002 秒，求地面對小球衝擊力的平均值。

解 設小球碰撞地面前後的速度分別為 $\mathbf{v}_1$ 與 $\mathbf{v}_2$，則

$$v_1 = \sqrt{2gh} = \sqrt{(2)(9.81)(5)} = 9.899 \text{ m/s} \downarrow$$
$$v_2 = \sqrt{2(9.81)(2.5)} = 7 \text{ m/s} \uparrow$$

根據衝量與動量原理，小球所受的衝量等於碰撞前後動量的變化（見圖 4-7.1），即

$$I = (0.1)(7) + (0.1)(9.899) = 1.689 \text{ N} \cdot \text{s}$$

所以平均衝擊力的大小為

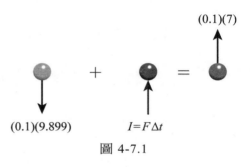

圖 4-7.1

$$F = \frac{I}{\Delta t} = \frac{1.689}{0.002} = 844.5 \text{ N}$$

小球的重量為 0.981 N，可見重力與衝擊力相比是可以忽略的。

例 ▶ 4-7.2

質量為 0.15 kg 的棒球，投手投出後球到達本壘板上空的速率為 40 m/s，被打擊手擊出後的速率為 60 m/s，如圖 4-7.2 所示。設球與球棒之接觸時間為 10 ms，求作用在棒球上的平均衝擊力。

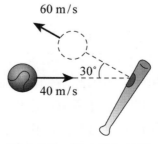

圖 4-7.2　例 4-7.2 之圖

解 以棒球為研究對象，畫出其衝量與動量圖，如圖 4-7.3 所示。

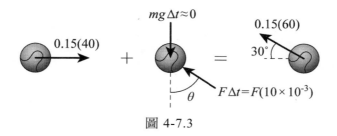

圖 4-7.3

投影到水平與垂直方向，得

$$\xrightarrow{+} \sum L_x : 0.15(40) - F(10 \times 10^{-3})\sin\theta = -0.15(60)\cos 30° \tag{1}$$

$$+\uparrow \sum L_y : 0 + F(10 \times 10^{-3})\cos\theta = 0.15(60)\sin 30° \tag{2}$$

由(1)和(2)式解得平均衝擊力的大小 F 及角度 θ 為

$$F = 1450.9 \text{ N}$$
$$\theta = 71.93°$$

 ## 4.8 碰 撞

　　所謂**碰撞**(impact)是指兩質點或物體在極短的時間內相互接觸而使運動狀態發生迅速變化的現象。碰撞過程涉及兩質點的動量與能量的交換，碰撞由於有聲音、熱等發生，故有能量損失。碰撞過程中的撞擊力（衝擊力）非常大，其他的非衝擊力（如重力等）的衝量可忽略不計，因而系統的動量是守恆的。在碰撞期間垂直於接觸面的公法線稱為**碰撞線**(line of impact)。若兩碰撞體的質心均在碰撞線上，此種碰撞稱為**中心碰撞**(central impact)；若碰撞時兩物體中有一個質心不在碰撞線上，則稱為**偏心碰撞**(eccentric impact)。上述兩種碰撞又可依兩物體碰撞時的速度是否沿碰撞線而再加以區分：若兩物體皆沿碰撞線運動，則稱為**正向碰撞**(direct impact)；反之，若有一物體不沿碰撞線運動，則稱為**斜向碰撞**(oblique impact)。上述的碰撞分類如圖 4-8.1 所示，本節只討論正向與斜向中心碰撞。

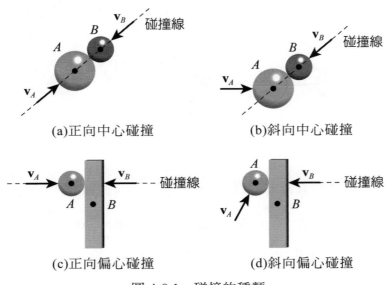

(a)正向中心碰撞　　　　　　　(b)斜向中心碰撞

(c)正向偏心碰撞　　　　　　　(d)斜向偏心碰撞

圖 4-8.1　碰撞的種類

（一）正向中心碰撞

假設質點 A 與 B 的質量分別為 m_A 與 m_B，今質點 A 以速度 $\mathbf{v}_A$ 與質點 B 發生正向中心碰撞，質點 B 的速度為 $\mathbf{v}_B$。設碰撞後的速度分別為 $\mathbf{v}'_A$ 及 $\mathbf{v}'_B$，如圖 4-8.2 所示。因為在碰撞過程中沒有外衝擊力作用於系統，故碰撞前後系統的動量守恆，即

$$m_A\mathbf{v}_A + m_B\mathbf{v}_B = m_A\mathbf{v}'_A + m_B\mathbf{v}'_B \tag{4-8.1}$$

因速度都沿碰撞線且方向相同，所以(4-8.1)式可寫成下面的純量式：

$$m_A v_A + m_B v_B = m_A v'_A + m_B v'_B \tag{4-8.2}$$

碰撞過程可分為變形期與恢復期，如圖 4-8.2 所示。當兩物體從開始接觸至變形最大，這段區間叫**變形期**(period of deformation)；從變形最大到碰撞結束稱為**恢復期**(period of restitution)，在此段時間內物體恢復原狀或產生永久變形。在最大變形時兩質點的速度相等。

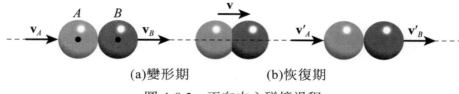

(a)變形期　　　　　(b)恢復期

圖 4-8.2　正向中心碰撞過程

參考圖 4-8.3，假設在變形期及恢復期所產生的衝量大小分別為 $\int_{t_1}^{t'} Ddt$ 及 $\int_{t'}^{t_2} Rdt$，以 A 為研究對象，畫出其衝量與動量圖，如圖 4-8.3 所示。

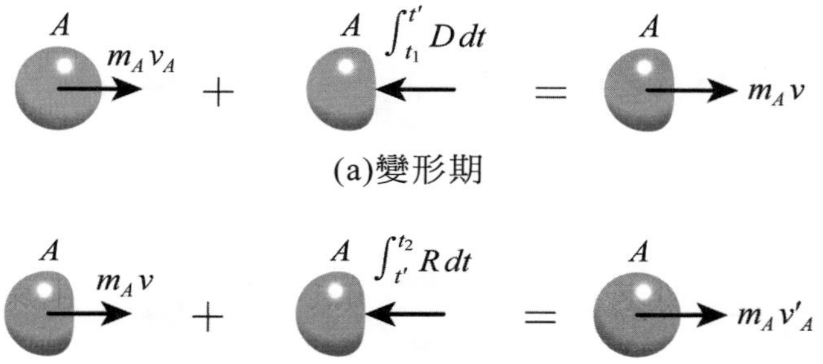

(a)變形期

(b)恢復期

圖 4-8.3

應用衝量與動量原理於變形期，可得

$$m_A v_A - \int_{t_1}^{t'} Ddt = m_A v \tag{4-8.3}$$

在恢復期，可得

$$m_A v - \int_{t'}^{t_2} Rdt = m_A v'_A \tag{4-8.4}$$

通常恢復期的衝量較變形期的衝量小，兩者的比值定義為**恢復係數** (coefficient of restitution) e，即

$$e = \frac{\int_{t'}^{t_2} Rdt}{\int_{t_1}^{t'} Ddt} \tag{4-8.5}$$

從(4-8.3)及(4-8.4)式，可得

$$e = \frac{v - v'_A}{v_A - v} \qquad (4\text{-}8.6)$$

同理，對質點 B（見圖 4-8.4）可得

$$e = \frac{v'_B - v}{v - v_B} \qquad (4\text{-}8.7)$$

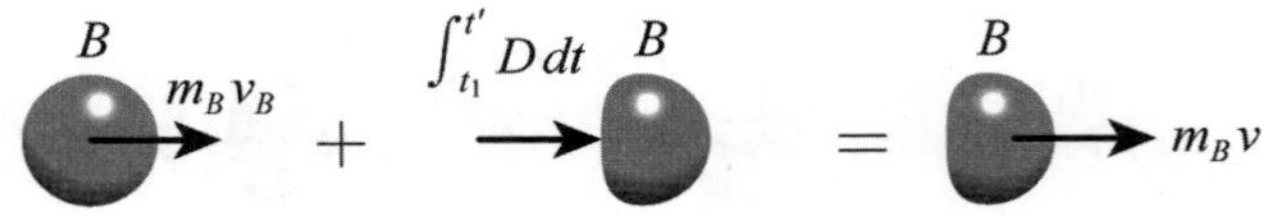

(a)變形期

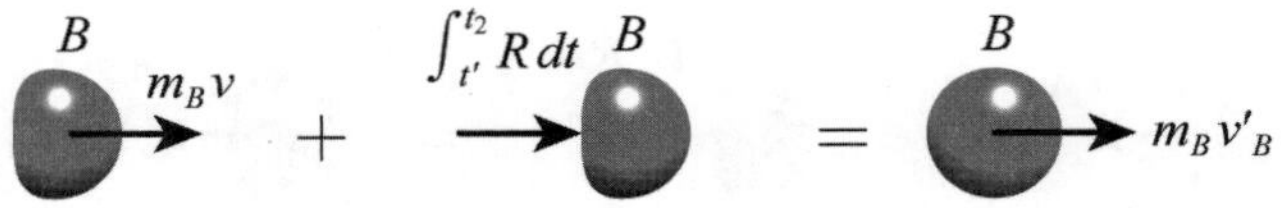

(b)恢復期

圖 4-8.4

消去(4-8.6)及(4-8.7)式之 v，則恢復係數可由質點碰撞前後的速度表示成

$$e = \frac{v'_B - v'_A}{v_A - v_B} \qquad (4\text{-}8.8)$$

所以恢復係數可定義成碰撞後的相對速度和碰撞前的相對速度之比。

若恢復係數 $e = 0$，此類碰撞稱為**完全塑性碰撞**(perfect plastic impact)，此時從(4-8.8)式得 $v'_A = v'_B$，即兩質點以相等的速度連在一起運動。當 $e = 1$ 時，此類碰撞稱為**完全彈性碰撞**(perfect elastic impact)，此時(4-8.8)式簡化成

$$v'_B - v'_A = v_A - v_B \qquad (4\text{-}8.9)$$

$$v_A + v'_A = v_B + v'_B \qquad (4\text{-}8.10)$$

再由動量守恆關係〔(4-8.2)式〕，得

$$m_A(v_A - v'_A) = m_B(v'_B - v_B) \qquad (4\text{-}8.11)$$

將(4-8.10)與(4-8.11)式相乘，得

$$m_A(v_A^2 - v_A'^2) = m_B(v_B'^2 - v_B^2) \tag{4-8.12}$$

展開後並乘以 1/2，得

$$\frac{1}{2}m_A v_A^2 + \frac{1}{2}m_B v_A^2 = \frac{1}{2}m_A v_A'^2 + \frac{1}{2}m_B v_B'^2 \tag{4-8.13}$$

故彈性碰撞時總動能也守恆。當 $0 < e < 1$ 時稱為非彈性碰撞，大部分碰撞皆屬此類，此時會有能量損失，但動量仍守恆。

（二）斜向中心碰撞

參考圖 4-8.5，質量為 m_A 的質點 A 以速度 $\mathbf{v}_A$ 與質量為 m_B 速度為 $\mathbf{v}_B$ 的質點 B 作斜向中心碰撞，兩質點碰撞後的速度分別為 $\mathbf{v}_A'$ 與 $\mathbf{v}_B'$，取 $\mathbf{v}_A$ 及 $\mathbf{v}_B$ 兩速度向量所構成的平面為 xy 平面，並令 x 軸沿著碰撞線，y 軸沿著接觸面的切線方向。此時有四個未知數：碰撞後速度的大小與方向 v_A'、v_B'、θ_1' 及 θ_2'。因此，需要四個純量方程才能求解。

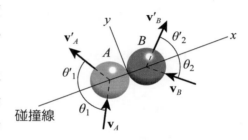

圖 4-8.5　斜向中心碰撞

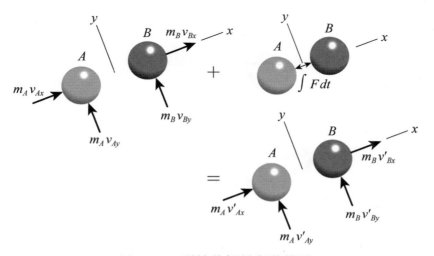

圖 4-8.6　碰撞的衝量與動量圖

　　假設接觸面非常光滑，碰撞時摩擦所產生的衝量可忽略不計，則碰撞過程中只有碰撞線方向有衝量，y 方向並沒有衝量。所以對質點 A 及 B，y 方向的動量守恆（見圖 4-8.6），即

$$m_A v_{Ay} = m_A v'_{Ay}, \quad v'_{Ay} = v_{Ay} \tag{4-8.14}$$

$$m_B v_{By} = m_B v'_{By}, \quad v'_{By} = v_{By} \tag{4-8.15}$$

系統在 x 方向的動量守恆，即

$$m_A v_{Ax} + m_B v_{Bx} = m_A v'_{Ax} + m_B v'_{Bx} \tag{4-8.16}$$

碰撞前後在 x 方向的相對速度與恢復係數之關係為

$$v'_{Bx} - v'_{Ax} = e(v_{Ax} - v_{Bx}) \tag{4-8.17}$$

由(4-8.14)至(4-8.17)式可解出 v'_{Ax}、v'_{Ay}、v'_{Bx} 及 v'_{By} 四個未知量。

例 ▶ 4-8.1

　　質量分別為 m_A 與 m_B 的小球 A 及 B，分別用長度為 ℓ 的繩子掛起來，將 A 球拉偏 α 角，然後由靜止釋放去碰撞 B 球，使它產生最大偏角 β，如圖 4-8.7 所示。設 α 及 β 皆可用實驗測出，求恢復係數 e。

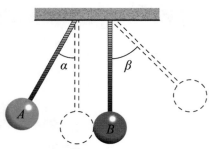

圖 4-8.7　恢復係數測定法

 解　由功能原理可得碰撞開始時 A 球的速率為

$$v_A = \sqrt{2g\ell(1-\cos\alpha)} \tag{1}$$

此時 B 球的速率為 $v_B = 0$。設碰撞結束時 A 及 B 兩球的速率為 v'_A 與 v'_B。由於 B 球的最大偏角為 β，根據功能原理可得

$$v'_B = \sqrt{2g\ell(1-\cos\beta)} \tag{2}$$

碰撞前後動量守恆，故

$$m_A v_A + m_B \cdot 0 = m_A v'_A + m_B v'_B$$

由此得

$$v'_A = v_A - m_B v'_B / m_A \tag{3}$$

將(1)、(2)及(3)式代入(4-8.8)式，可得恢復係數

$$e = (1 + \frac{m_B}{m_A})\sqrt{\frac{1-\cos\beta}{1-\cos\alpha}} - 1$$

例 ▶ 4-8.2

一小球從 $h = 0.7\ \text{m}$ 的高度自由落下而碰撞地面，設球與地面間的恢復係數 $e = 0.9$，求經過多少時間後小球會靜止，並求小球所經之路程。

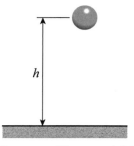

圖 4-8.8　例 4-8.2 之圖

 設小球第 n 次碰撞前的速率為 v_n。因地面的質量較小球大許多，故可假設地面碰撞前後的速度皆為零，於是(4-8.8)式可簡化成

$$v_{n+1} = ev_n \tag{1}$$

其中 v_{n+1} 為小球第 n 次碰撞地面後反彈的速率。設小球從 n 次反彈至第 $n+1$ 次碰撞時所經的時間為 t_n，小球的彈跳高度為 h_n，如圖 4-8.9 所示。則

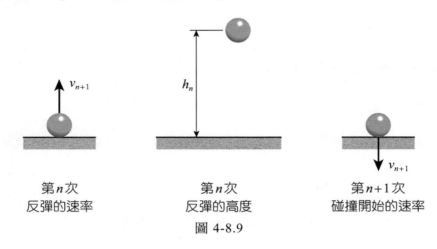

第 n 次
反彈的速率　　　　　第 n 次
反彈的高度　　　　　第 $n+1$ 次
碰撞開始的速率

圖 4-8.9

$$h_n = \frac{v_{n+1}^2}{2g} = \frac{e^2 v_n^2}{2g} \tag{2}$$

$$t_n = \frac{v_{n+1}}{g} + \frac{v_{n+1}}{g} = \frac{2v_{n+1}}{g} = \frac{2ev_n}{g} \tag{3}$$

小球從靜止自由落下到第一次碰撞所需之時間（見圖 4-8.8）為

$$t_0 = \sqrt{\frac{2h}{g}} \tag{4}$$

第一次碰撞前的速率為

$$v_1 = gt_0 = \sqrt{2gh} \tag{5}$$

應用(1)、(3)、(4)和(5)式，可得

$$t_1 = \frac{2ev_1}{g} = \frac{2egt_0}{g} = 2et_0$$

$$t_2 = \frac{2ev_2}{g} = \frac{2eev_1}{g} = 2e^2\frac{gt_0}{g} = 2e^2t_0$$

$$\vdots$$

$$t_n = \frac{2ev_n}{g} = 2e^nt_0$$

$$\vdots$$

所以小球自由落下後至靜止所需之時間為

$$\begin{aligned}
t &= t_0 + t_1 + t_2 + \cdots + t_n + \cdots \\
&= t_0(1 + 2e + 2e^2 + \cdots) \\
&= \sqrt{\frac{2h}{g}}(\frac{1+e}{1-e}) \\
&= \sqrt{\frac{2(0.7)}{9.81}}(\frac{1+0.9}{1-0.9}) \\
&= 7.18 \text{ s}
\end{aligned}$$

小球在 n 次反彈至 $n+1$ 次碰撞時所走的路程為 $2h_n$（見圖 4-8.9）但從自由落下至第一次碰撞所走的路程為 h（見圖 4-8.8），應用(2)及(5)式總路程為

$$\begin{aligned}
S &= h + 2h_1 + 2h_2 + \cdots \\
&= h(1 + 2e^2 + 2e^4 + \cdots) \\
&= h(\frac{1+e^2}{1-e^2}) \\
&= 6.668 \text{ m}
\end{aligned}$$

　　圖 4-8.10 所示為應用商業軟體 ADAMS 模擬一個半徑為 50 mm 的小球，從高度 0.7 m（質心 y 座標 700 mm）自由落下碰撞平面（ y 座標 (−30 mm)）的運動情形，兩者間的恢復係數為 0.9。右上圖為小球高度隨時間的變化圖；左上圖為小球速度隨時間的變化圖，從圖中可知碰撞是瞬間完成的，且碰撞前後速度有大的變化。右下圖為動能隨時間的變化圖。

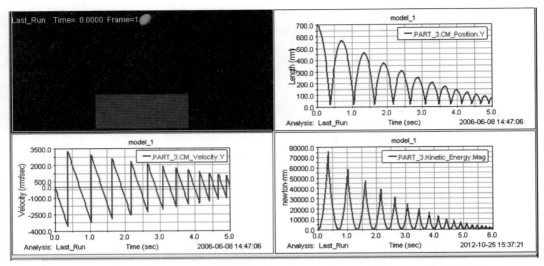

圖 4-8.10　小球自由落下碰撞平面的質心位置、速度及動能變化圖

例 ▶ 4-8.3

　　兩光滑圓盤 A 和 B 的質量分別為 2 kg 與 3 kg，以圖 4-8.11 所示的速度與位置碰撞。設恢復係數 $e = 0.7$，並忽略摩擦，求 A 和 B 盤碰撞後的速度及碰撞過程中碰撞力的衝量之值。

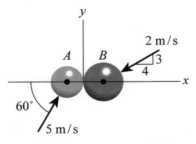

圖 4-8.11　例 4-8.3 之圖

 　將 x 軸定在碰撞線上，y 軸位於接觸面上，如圖 4-8.11 所示。A 和 B 兩盤碰撞前的速度 $\mathbf{v}_A$ 及 $\mathbf{v}_B$ 可用 x 及 y 分量表示成

$$\mathbf{v}_A = v_{Ax}\mathbf{i} + v_{Ay}\mathbf{j} = 5\cos 60°\mathbf{i} + 5\sin 60°\mathbf{j} = 2.5\mathbf{i} + 4.33\mathbf{j} \ \text{m/s}$$

$$\mathbf{v}_B = v_{Bx}\mathbf{i} + v_{By}\mathbf{j} = -2(\frac{4}{5})\mathbf{i} - 2(\frac{3}{5})\mathbf{j} = -1.6\mathbf{i} - 1.2\mathbf{j} \ \text{m/s}$$

碰撞前後 A 和 B 兩盤的速度在 y 方向分量動量守恆，故

$$m_A v'_{Ay} = m_A v_{Ay}, \quad v'_{Ay} = v_{Ay} = 4.33 \text{ m/s}$$

$$m_B v'_{By} = m_B v_{By}, \quad v'_{By} = v_{By} = -1.2 \text{ m/s}$$

系統在 x 方向動量守恆，即

$$m_A v_{Ax} + m_B v_{Bx} = m_A v'_{Ax} + m_B v'_{Bx}$$
$$2(2.5) + 3(-1.6) = 2v'_{Ax} + 3v'_{Bx} \tag{1}$$

應用恢復係數之定義

$$e = \frac{v'_{Bx} - v'_{Ax}}{v_{Ax} - v_{Bx}}, \quad 0.7 = \frac{v'_{Bx} - v'_{Ax}}{(2.5) - (-1.6)} \tag{2}$$

從(1)和(2)式解得

$$v'_{Ax} = -1.682 \text{ m/s}, \quad v'_{Bx} = 1.188 \text{ m/s} \tag{3}$$

於是 A 和 B 碰撞後的速度分別為

$$\mathbf{v}'_A = v'_{Ax}\mathbf{i} + v'_{Ay}\mathbf{j} = -1.682\mathbf{i} + 4.33\mathbf{j} \text{ m/s}$$
$$\mathbf{v}'_B = v'_{Bx}\mathbf{i} + v'_{By}\mathbf{j} = 1.188\mathbf{i} - 1.2\mathbf{j} \text{ m/s}$$

欲求碰撞過程中的衝量，畫出 A 盤的衝量與動量圖，如圖 4-8.12 所示。應用衝量與動量原理於 x 方向，可得

$$m_A v_{Ax} - \int F dt = m_A v'_{Ax}$$

於是碰撞力的衝量為

$$\int F dt = m_A v_{Ax} - m_A v'_{Ax} = 2(2.5) - 2(-1.682)$$
$$= 8.364 \text{ N·s}$$

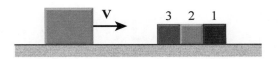

圖 4-8.12

例 ▶ 4-8.4

　　一質量為 M 的大滑塊以速度 $\mathbf{V}$ 水平碰撞三個質量皆為 m 的小滑塊,如圖 4-8.13 所示。假設所有的碰撞都是完全彈性碰撞,並且不計水平面的摩擦。求碰撞後各滑塊的速度。

圖 4-8.13　　例 4-8.4 之圖

 我們先假設各小滑塊之間有很小的間隙,以利於分析。當 M 與滑塊 3 碰撞時,此時對 M 與滑塊 3 組成之系統動量守恆及能量守恆,於是

$$MV = MV_1 + mv_1 , \quad MV = MV_1 + mv_1 \tag{1}$$

$$\frac{1}{2}MV^2 = \frac{1}{2}MV_1^2 + \frac{1}{2}mv_1^2 \tag{2}$$

其中 V_1 及 v_1 分別是碰撞後 M 與滑塊 3 的速度。解(1)和(2)式得

$$V_1 = \frac{M-m}{M+m}V \tag{3}$$

$$v_1 = \frac{2M}{M+m}V \tag{4}$$

也就是碰撞後 M 以 $V_1 < v_1$ 之速度向右繼續前進,滑塊 3 則以 v_1 之速度向右碰撞滑塊 2,此時由滑塊 3 及 2 之動量與能量守恆得知滑塊 3 靜止而滑塊 2 以速度 v_1 向右前進碰撞滑塊 1,再由動量與能量守恆得知滑塊 2 靜止,

而滑塊 1 以速度 v_1 向右前進。當滑塊 3 靜止後，大滑塊又以速度 V_1 向右與滑塊 3 發生第二次碰撞，根據動量與能量守恆：

$$MV_1 = MV_2 + mv_2 \tag{5}$$

$$\frac{1}{2}MV_1^2 = \frac{1}{2}MV_2^2 + \frac{1}{2}mv_2^2 \tag{6}$$

由(5)和(6)式可解得碰撞後大、小滑塊的速度分別為

$$V_2 = \frac{M-m}{M+m}V_1 = (\frac{M-m}{M+m})^2 V \tag{7}$$

$$v_2 = \frac{2M}{M+m}V_1 = \frac{2M}{M+m} \cdot \frac{M-m}{M+m}V \tag{8}$$

接著滑塊 3 又與滑塊 2 碰撞，而由動量與能量守恆得知滑塊 3 靜止，而滑塊 2 以速度 v_2 向右前進。但 $v_2 < v_1$ 所以滑塊 2 不會碰撞滑塊 1。接著大滑塊又第三次碰撞滑塊 3，應用動量與能量守恆，碰撞後的速度分別是

$$V_3 = \frac{M-m}{M+m}V_2 = (\frac{M-m}{M+m})^3 V$$

$$v_3 = \frac{2M}{M+m}V_2 = \frac{2M}{M+m}(\frac{M-m}{M+m})^2 V$$

由於 $v_3 < v_2$ 所以滑塊 3 不會再碰撞滑塊 2，因此最後各滑塊以速度 $V_3 < v_3 < v_2 < v_1$ 皆向右前進。上述之分析可推廣至大滑塊 M 碰撞併列之 n 個滑塊的情形。經過一連串碰撞後各滑塊之最後速度分別為

$$V_n = (\frac{M-m}{M+m})^n V$$

$$v_n = (\frac{2M}{M+m})(\frac{M-m}{M+m})^{n-1}V$$

$$\vdots$$

$$v_1 = \frac{2M}{M+m}V$$

例 ▶ **4-8.5**

質量為 M 和 m 的兩物體以柔軟輕繩連接，繩長為 ℓ，如圖 4-8.14 所示。今將 m 自 M 上而以初速度 v_0 豎直上拋（開始時圖中 $x=0$，M 放在地面上）。求 m 能上升的最大高度 h。

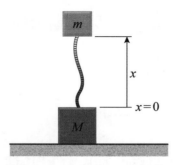

圖 4-8.14　例 4-8.5 之圖

 必須考慮兩種情形。

情形 I：如果 $v_0^2 \leq 2g\ell$，則由能量守恆定律可求得

$$h = \frac{v_0^2}{2g} < \ell \tag{1}$$

情形 II：如果 $v_0^2 > 2g\ell$，則當 m 上升到 ℓ 時，m 將經由軟繩給 M 一個衝擊力。衝擊前 m 的速度 v_2 可按能量守恆定律求得：

$$\frac{1}{2}mv_0^2 = \frac{1}{2}mv_2^2 + mg\ell$$

解得

$$v_2 = (v_0^2 - 2g\ell)^{1/2} \tag{2}$$

由於衝擊時間極短，衝擊力極大，重力的影響可忽略不計。故衝擊前後系統的動量守恆。設衝擊後系統的速度為 v_3，如圖 4-8.15 所示，則

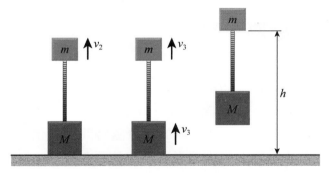

圖 4-8.15　　m 能上升多高

$$mv_2 = (m+M)v_3$$

由此得

$$v_3 = \frac{m}{m+M}v_2$$

將(2)式代入上式，得

$$v_3 = \frac{m}{m+M}(v_0^2 - 2g\ell)^{1/2} \tag{3}$$

衝擊結束後，m 和 M 一起作上拋運動。由能量守恆定律，得

$$\frac{1}{2}(m+M)v_3^2 + mg\ell = mgh + Mg(h-\ell)$$

或

$$\frac{1}{2}(m+M)v_3^2 + (m+M)g\ell = (m+M)h$$

由此得

$$h = \ell + \frac{v_3^2}{2g} \tag{4}$$

將(3)式代入(4)式，最後求得

$$h = \ell[1-(\frac{m}{m+M})^2] + \frac{v_0^2}{2g}(\frac{m}{m+M})^2 \tag{5}$$

 4.9　變質量系統

　　在前面幾節中，我們所分析的問題均為質量不變的系統。本節將討論**變質量系統**(variable mass system)。此系統是指一個運動中的質點系，連續不斷的有質量進入或排出，或者兩者都有，而使系統的質量隨時間而變化。常見的空氣流入噴射引擎使質量增加及火箭噴射推進器燃料噴出使質量減少，便是變質量系統的例子。牛頓定律和衝量與動量原理不能直接應用於變質量系統。但是我們如果以變質量系統加上進入及排出的質量為封閉的研究系統，則上述之動力學原理仍可適用。本節不考慮各質點對其所構成的質點系之質心的轉動，並且假設系統中各質點的運動情況皆相同。我們分下列兩種情況加以討論：

（一）獲得質量的系統

　　假設在時刻 t 時一變質量系統 S 的質量為 m，速度為 $\mathbf{v}$，並且有一小質量 Δm 的速度為 $\mathbf{v}_0$，如圖 4-9.1 所示。經過 Δt 時間後，這一小質量進入變質量系統使整個系統的速度變成 $\mathbf{v}+\Delta\mathbf{v}$，畫出其衝量與動量圖，如圖 4-9.2 所示。根據衝量與動量原理，可得

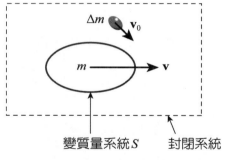

圖 4-9.1　變質量系統

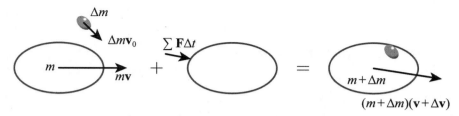

圖 4-9.2　質量流入系統之衝量與動量圖

$$m\mathbf{v} + \Delta m\mathbf{v}_0 + \sum \mathbf{F}\Delta t = (m + \Delta m)(\mathbf{v} + \Delta\mathbf{v}) \qquad (4\text{-}9.1)$$

其中 $\sum \mathbf{F}\Delta t$ 是合外力作用在封閉系統的衝量。將上式展開後，得

$$\sum \mathbf{F}\Delta t = m\Delta \mathbf{v} + \Delta m(\mathbf{v} - \mathbf{v}_0) + \Delta m\Delta \mathbf{v} \tag{4-9.2}$$

令變質量系統相對於流入質量的相對速度 $\mathbf{u} = \mathbf{v} - \mathbf{v}_0$，並且忽略微小的 $\Delta m\Delta \mathbf{v}$ 二階項，則(4-9.2)式可寫成

$$\sum \mathbf{F}\Delta t = m\Delta \mathbf{v} + (\Delta m)\mathbf{u} \tag{4-9.3}$$

將上式除以 Δt，令 $\Delta t \to 0$ 並取極限，可得

$$\sum \mathbf{F} = m\frac{d\mathbf{v}}{dt} + \frac{dm}{dt}\mathbf{u} \tag{4-9.4}$$

或

$$\sum \mathbf{F} - \frac{dm}{dt}\mathbf{u} = m\frac{d\mathbf{v}}{dt} \tag{4-9.5}$$

dm/dt 稱為 S 的質量增加率，其值為正。$\mathbf{u}$ 有分量與 S 的運動方向相同（見圖 4-9.3），故 $-(dm/dt)\mathbf{u}$ 表示被吸收質量對 S 的阻力。(4-9.5)式說明了作用於封閉系統的真實合外力 $\sum \mathbf{F}$ 加上上述之阻力，則變質量系統之運動方程與不變質量系統具有相同形式，如圖 4-9.4 所示。與一般運動方程不同的是(4-9.5)式中的 m 隨時間而變。

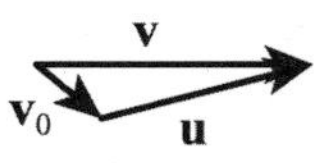

圖 4-9.3 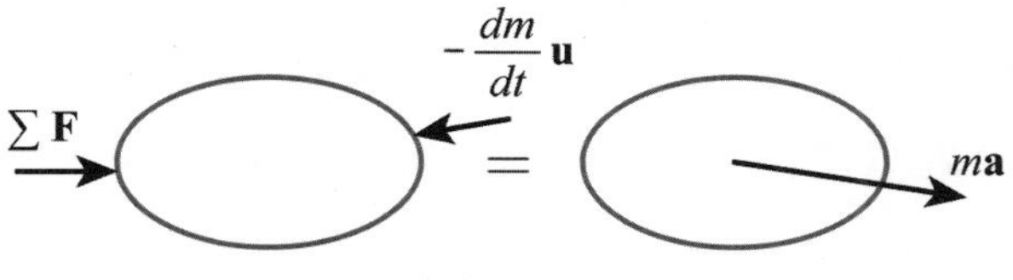　　　　　　　　圖 4-9.4

（二）質量減少的系統

假設在時刻 t 時一變質量系統 S 的質量為 m，速度為 $\mathbf{v}$，經過 Δt 時間後有 Δm_e 的質量流出，其速度為 $\mathbf{v}_0$。畫出其衝量與動量圖，如圖 4-9.5 所示。應用衝量與動量原理，可得

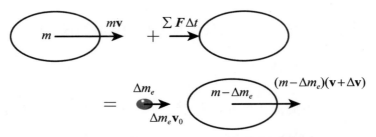

圖 4-9.5　質量流出系統之衝量與動量圖

$$m\mathbf{v} + \sum \mathbf{F}\Delta t = (m - \Delta m_e)(\mathbf{v} + \Delta\mathbf{v}) + \Delta m_e \mathbf{v}_0 \tag{4-9.6}$$

展開後，得

$$\sum \mathbf{F}\Delta t = m\Delta\mathbf{v} + \Delta m_e(\mathbf{v}_0 - \mathbf{v}) + \Delta m\Delta\mathbf{v} \tag{4-9.7}$$

令變質量系統相對於流出質量之相對速度 $\mathbf{u} = \mathbf{v} - \mathbf{v}_0$，並忽略二階項 $\Delta m\Delta\mathbf{v}$，則(4-9.7)式可表達成

$$\sum \mathbf{F}\Delta t = m\Delta\mathbf{v} - (\Delta m_e)\mathbf{u} \tag{4-9.8}$$

將上式除以 Δt，令 $\Delta t \to 0$ 並取極限，可得

$$\sum \mathbf{F} + \frac{dm_e}{dt}\mathbf{u} = m\frac{d\mathbf{v}}{dt} \tag{4-9.9}$$

$(dm_e / dt)\mathbf{u}$ 的方向朝右，它是流出的質量作用於變質量系統的力稱為**推力**(thrust)，此推力可使變質量系統加速前進。

如果令質量流出率 $dm_e / dt = -dm / dt$，則(4-9.9)式變成

$$\sum \mathbf{F} - \frac{dm}{dt}\mathbf{u} = m\frac{d\mathbf{v}}{dt} \tag{4-9.10}$$

於是質量流入的運動方程(4-9.5)與質量流出的運動方程(4-9.10)形式相同。但對(4-9.5)式，$dm / dt > 0$；對(4-9.10)式，$dm / dt < 0$。

（三）同時有質量流入與流出的系統

綜合（一）和（二）的分析，對一變質量系統同時有質量以 dm/dt 流入及 dm_e/dt 流出，則運動方程為

$$m\frac{d\mathbf{v}}{dt} = \sum \mathbf{F} - \frac{dm}{dt}\mathbf{u}_1 + \frac{dm_e}{dt}\mathbf{u}_2 \tag{4-9.11}$$

其中 $\mathbf{u}_1$ 變質量系統相對於流入質量的速度；$\mathbf{u}_2$ 為變質量系統相對於流出質量的速度。

例 ▶ 4-9.1

一火箭總質量 $m_0 = 1.2\,\text{Mg}$，其中燃料重 1000 kg，燃料從時刻 $t=0$ 以 $q=10\,\text{kg/s}$ 的定速率噴出使火箭垂直上升，且燃料相對火箭的速率為 2 km/s。忽略空氣阻力，並設重力加速度為常數，求燃料消耗一半時，火箭的速度。

💡 **解法一**

由題意得知 $m_0 = 1.2\,\text{Mg} = 1200\,\text{kg}$，燃料的噴出率 $dm_e/dt = q = 10\,\text{kg/s}$，火箭相對於燃料的速度 $\mathbf{u} = 2\,\text{km/s}\uparrow = 2000\,\text{m/s}\uparrow$。在時刻 t 時火箭的質量 $m = m_0 - qt$，此時火箭的速度 $\mathbf{v} = v\uparrow$，作用於系統之外力 $\sum \mathbf{F} = mg\downarrow = (m_0 - qt)g\downarrow$，取向上之方向為正，將上述之物理量代入(4-9.9)式，可得

$$-(m_0 - qt)g + qu = (m_0 - qt)\frac{dv}{dt} \tag{1}$$

將變數分離並積分，可得

$$\int_0^t \left(\frac{qu}{m_0 - qt} - g\right)dt = \int_0^v dv$$
$$v = u\ln\left(\frac{m_0}{m_0 - qt}\right) - gt \tag{2}$$

燃料消耗一半時

$$t = (\frac{1000}{2})/10 = 50 \text{ s}$$

將上述數值代入(2)式，得

$$v = 2000\ln(\frac{1200}{1200-10(50)}) - 9.81(50) = 588 \text{ m}/\text{s}$$

解法二

畫出時刻 t 與 $t+\Delta t$ 間，火箭的衝量與動量圖，如圖 4-9.6 所示。應用衝量與動量原理，可得

$$(m_0 - qt)v - (m_0 - qt)g\Delta t = (m_0 - qt - q\Delta t)(v + \Delta v) + q\Delta t(v - u)$$

上式除以 Δt，化簡消去二階項後並取極限，可得與(1)式完全一樣的方程。

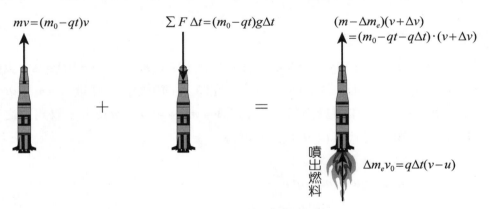

圖 4-9.6　火箭的衝量與動量圖

例 ▶ 4-9.2

鏈條長 ℓ，單位長度的質量為 ρ，靜置於地面上。今以力 P 將鏈條等速率 v_0 往上拉起，求力 P 與高度 y 之間的關係。

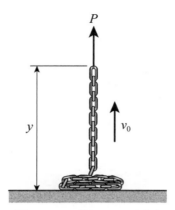

圖 4-9.7　例 4-9.2 之圖

 當鏈條往上升時，每一個剛離開地面的鏈環都會給予所有懸空的鏈環一個往下的衝量，因此可將懸空的鏈環當作獲得質量的系統。設經過時間 t，鏈條被拉起的長度 $y = v_0 t$，此時鏈條之質量 $m = \rho y = \rho v_0 t$，懸空鏈條的質量增加率 $dm/dt = \rho v_0$，懸空鏈條相對於靜止鏈環的速度 $\mathbf{u} = v_0 \uparrow$。因鏈條以等速上升，故 $dv/dt = 0$。此時，作用於懸空鏈條的外力 $\sum \mathbf{F} = P - \rho gy \uparrow$。應用(4-9.5)式並以向上的方向為正，得

$$\sum \mathbf{F} - \frac{dm}{dt}\mathbf{u} = m\frac{d\mathbf{v}}{dt} : P - \rho gy - \rho v_0 v_0 = 0$$

由此得

$$P = \rho(gy + v_0^2)$$

例 ▶ 4-9.3

質量為 M 的小球和鏈條的一端相連在一起，鏈條單位長度的質量為 ρ，靜止於地面上。今以初速度 v_0 豎直向上將小球拋出，如圖 4-9.8 所示。求小球所能到達的最大高度 h。

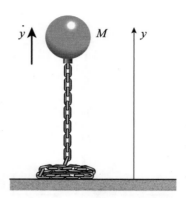

圖 4-9.8　例 4-9.3 之圖

 可將懸空的鏈條和小球看成一個獲得質量的系統。如圖 4-9.8 所示：

$$\sum \mathbf{F} = -(M + \rho y)g\,\mathbf{j}$$

$$\frac{dm}{dt} = \frac{d}{dt}(\rho y) = p\dot{y}\,, \quad m = (M + \rho y)$$

$$\mathbf{u} = (\dot{y} - 0)\mathbf{j}$$

代入方程

$$\sum \mathbf{F} - \frac{dm}{dt}\mathbf{u} = m\frac{d\mathbf{v}}{dt}$$

得

$$-(M + \rho y)g - (\rho \dot{y})\dot{y} = (M + \rho y)\frac{d\dot{y}}{dt}$$

或者寫成

$$-(M + \rho y)g = \frac{d}{dt}[(M + \rho y)\dot{y}]$$

兩邊同乘以 $(M + \rho y)\dot{y}$，得

$$[(M + \rho y)\dot{y}]d[(M + \rho y)\dot{y}] = -(M + \rho y)^2\,g\,dy$$

積分之，得

$$\frac{1}{2}[(M+\rho y)\dot{y}]^2 = -g[M^2 y + M\rho y^2 + \frac{1}{3}\rho^2 y^3] + C \tag{1}$$

由初始條件 $y = 0$, $\dot{y} = v_0$，得

$$C = \frac{1}{2}M^2 v_0^2$$

當小球達到最大高度 h 時，$y = h$, $\dot{y} = 0$，代入(1)式得

$$0 = -g[M^2 h + M\rho h^2 + \frac{1}{3}\rho^2 h^3] + \frac{1}{2}M^2 v_0^2$$

或

$$\frac{1}{3}\rho^2 h^3 + M\rho h^2 + M^2 h - \frac{1}{2}M^2 v_0^2 / g = 0$$

令 $h = x - M/\rho$，則上式變成

$$x^3 - \frac{M^3}{\rho^3}(1 + \frac{3\rho v_0^2}{2Mg}) = 0$$

由此求得

$$x = \frac{M}{\rho}(1 + \frac{3\rho v_0^2}{2Mg})^{\frac{1}{3}}$$

故

$$h = x - \frac{M}{\rho} = \frac{M}{\rho}[(1 + \frac{3\rho v_0^2}{2Mg})^{\frac{1}{3}} - 1]$$

 4.10　結　語

我們在第 2 章講了牛頓定律，而在第 3、4 章講了三個基本定理：(1)功能原理；(2)線動量定理；(3)角動量定理。同時我們也講了三個相應的守恆定律：(1)機械能守恆定律；(2)線動量守恆定律；(3)角動量守恆定律。關於它們還有下面幾點說明：

（一）邏輯結構

從推導過程來說，我們是從牛頓定律出發，推導三個基本定理及其相應的三個守恆定律的，其邏輯結構如圖 4-10.1 所示。

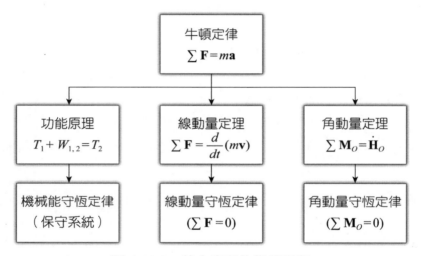

圖 4-10.1　基本定理的推演過程

（二）注意事項

在古典力學範圍內，可以認為三個基本定理和牛頓定律是等價的。但是三個基本定理及其守恆形式比牛頓定律更具普遍意義，或者說它們可以作為獨立的定理而提出來。事實上，並不是在所有的情況下，都能從牛頓定律出發而推導出三個守恆定律。例如，考慮兩個帶電質點「1」和「2」，質點 2 對 1 的作用力是 f_{12}，質點 1 對 2 的作用力是 f_{21}。由於運動電荷電磁場的作用，一般說來這兩個力並不一定大小相等、方向相反，且沿 1 和 2 的連線。由這兩個質點所組成的「質點系」

的線動量與角動量並不守恆。這樣的結論當然無法用牛頓力學加以說明，而需要用物理學中「場」的理論才能解釋清楚。不過這已不屬於本書的範圍了。

（三）解題要領

　　一個動力學問題，從原則上說，可以根據牛頓定律，由自由體圖和有效力圖列出運動方程求解；也可以用三個基本定理及相應的三個守恆定律求解，這需要靈活運用。就一般而言，應遵循「守恆定律優先使用」的原則，即首先觀察題目是否滿足某個守恆定律的條件，如果是，則應優先考慮使用之。例如，如果系統在某個方向的合外力為零，則應優先考慮在該方向上使用線動量守恆定律。如果在運動過程中只有保守力作功，則應優先考慮使用機械能守恆定律。如果所有外力均通過某一點，則應優先考慮對該點使用角動量守恆定律。當然，任何時刻都不要忘記牛頓定律本身，選取合適的研究對象，畫自由體圖和有效力圖，列運動方程，在很多情況下都是必不可少的步驟。

思考題

1. 內力在系統動量變化中起什麼作用？有人說，因內力不改變系統的總動量，因此只要外力相同，系統內各質點的運動就相同。這種說法對嗎？

2. 兩個質量相等的物體 A 和 B 從同一高度自由落下，與水平地面碰撞後物體 A 反彈回去，物體 B 卻黏在地面上。問那個物體給地面的衝量大。

3. 小球自由下落，碰到彈性地面後彈回，如圖 t4.3 所示。設碰撞前後速率大小相等，按下式計算衝量對嗎？

    $$I = mv_2 - mv_1$$

    因 $v_2 = v_1$ 所以衝量 $I = 0$。

4. 將地球與太陽視為質點，則於地球繞太陽的運動（中心力運動）中，哪些量守恆？

    圖 t4.3

5. 如果質心不動，則質點系對任一固定點的角動量皆相等？

6. 如果質點系的線動量守恆，它的角動量是否也一定守恆？反過來說，如果質點系的角動量守恆，它的線動量是否也一定守恆？

7. 設質點受的合外力不等於零，判斷下列的敘述是否正確。
   (a) 質點的動能一定有改變。
   (b) 質點的動量必有改變。
   (c) 質點對任意點的角動量必有變化。

8. 下列敘述是否正確。
   (a) 在某段時間區間內，衝量為零，則力一定等於零。
   (b) 衝量 $I = \int_{t_1}^{t_2} F\,dt$，則衝量大小 $I = |\mathbf{I}| = \int_{t_1}^{t_2} |\mathbf{F}|\,dt$。

9. 下列敘述是否正確。
   (a) 兩質點碰撞時動量守恆。
   (b) 兩質點碰撞時動能守恆。

習 題

4.1 作用力與時間的關係如圖所示，求此作用力在下述時間間隔的衝量：(a)最初 2 秒；(b)最初 3 秒。

4.2 汽車質量為 1320 kg，它從靜止直線加速至 100 km/h 時需要 10 s，不計輪胎的旋轉效應，求地面施於輪胎的合摩擦力。

4.3 一滑塊在斜面上受到大小隨時間增加的力 $F = 10t$ N 的作用，t 的單位為秒，力的方向與斜面平行。已知靜摩擦係數 $\mu_s = 0.7$，動摩擦係數 $\mu_k = 0.6$。在時刻 $t = 0$ 時，滑塊靜止，求滑塊速率達到 10 m/s 時的時刻。

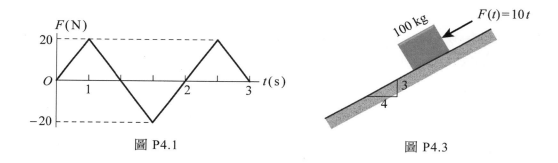

圖 P4.1　　　　　　　　　　　圖 P4.3

4.4 男孩質量為 48 kg 原先站在靜止的滑板上，滑板的質量為 2 kg。今男孩由圖示的方向跳離滑板，其相對於滑板的速度 $v_{B/S}$ 為 3 m/s，所用的時間為 0.7 s。求：(a)男孩跳離滑板的瞬間，滑板的速率 v_s；(b)男孩施於滑板的平均水平力之大小；(c)在跳離滑板的時間中，兩個滑輪施於水平地面的力之大小。

圖 P4.4

4.5 兩火車車箱以圖示之速度相接合，已知接合時間為 0.6 s，不計鐵軌的摩擦，求：(a)兩車接合後的速率；(b)接合期間兩車間的平均作用力。（提示 Mg = 10^3 kg）

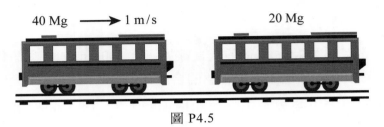

圖 P4.5

4.6 質量為 10 kg 的物體以 50 m/s 的速度水平向右，然後爆炸成 6 kg 的物體 A 及 4 kg 的物體 B，如圖所示。求 v_B 和 θ_B。

4.7 質量為 M，長為 L 的平板車靜止在光滑的軌道上，車兩端各站有質量為 m_1 與 m_2 的人 ($m_1 > m_2$)。他們同時對板車以相對速率 v_r 走向與 m_1 及 m_2 等距離，但固定於地上的桿 AB。問：(a)誰先走到桿 AB 處；(b)先到的人用了多少時間。

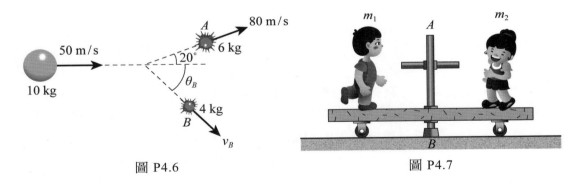

圖 P4.6

圖 P4.7

4.8 假設平板車重 W，上面站有 N 個人，每個人重量為 mg。不計平板車與軌道間的摩擦且平板車原來是靜止的。現 N 個人皆相對於平板車以相對速度 **u** 一起從尾部跳下，(a)問平板車的速率是多少？(b)若他們是一個接一個跳，問平板車的最後速率是多少？(c)上述兩種情況哪一個速率較大。

4.9 一小車質量為 $m_1 = 300$ kg，車上有一個裝著砂子的箱子其質量為 $m_2 = 150$ kg。已知小車與砂箱以速度 $v_o = 10$ m/s 在光滑的直線軌道上前進。今有一質量為 $m_3 = 60$ kg 的物體 A 鉛垂向下落入砂箱中，如圖所示。(a)求小車的速度；(b)若物體 A 落入後，砂箱在小車上滑動 0.3 s 後，才與車面相對靜止，求車面與箱底相互作用的摩擦力之平均值。

4.10 圖示的質點 P 質量為 2 kg，速度 $\mathbf{v} = \mathbf{i} + 2\mathbf{j} + 3\mathbf{k}$ m / s，求其對 O 點和 A 點的角動量。

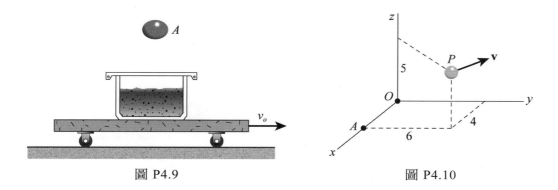

圖 P4.9 圖 P4.10

4.11 圖示的小球質量為 m，繫於繩上並在光滑水平面上以等速率 v_0 作半徑為 R 的圓周運動，此時繩中的張力為 T_0。現將繩往下拉使圓周的半徑變成 $R/4$，求此時圓周運動的速率和繩中的張力。

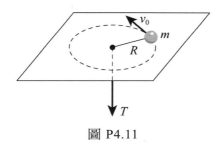

圖 P4.11

4.12 圖示的人造衛星繞地球旋轉，在軌道 A 點時其速率 $v_A = 8$ km / s，距地球表面 1600 km，$\phi_A = 80°$。已知地球半徑 $R = 6370$ km，求人造衛星到達軌道最遠點 B 及最近點 C 時的速率及與地球表面的距離。

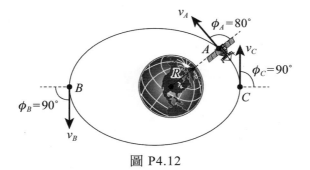

圖 P4.12

4.13 小球質量為 m，從高度 h 靜止自由落下與光滑斜面發生碰撞，恢復係數為 e。欲使彈跳的速度 v_2 的方向為水平，求斜面的傾角 α 及 v_2。

4.14 在撞球檯上球 A 以 2 m/s 的水平速度撞擊球 B 與 C，碰撞後各球運動的方向如圖所示。假設恢復係數 $e=1$，並且不計摩擦，求碰撞後三球的速率。

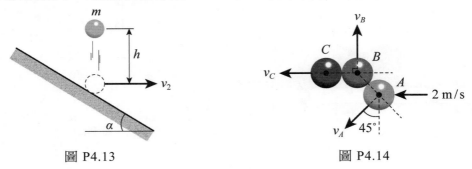

圖 P4.13　　　　　　　　　　　圖 P4.14

4.15 已知小球與地面碰撞的恢復係數為 e，摩擦係數為 μ。求小球入射角 α 與反彈角 β 之間的關係。

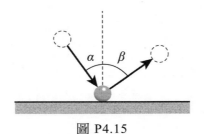

圖 P4.15

4.16 質量為 10 kg 的物體 A，自高度為 2 m 處自由落下，打在靜止於彈簧上的物體 B 上，物體 B 的質量為 5 kg，彈簧常數 $k=1000\,\mathrm{N/m}$。假設 A 與 B 之間發生完全塑性碰撞，求彈簧的總變形量。

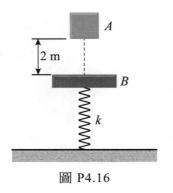

圖 P4.16

4.17 如圖所示的四個完全相同的滑塊排成一直線，靜止於光滑的水平面上，且滑塊 2、3 和 4 之間的距離為 ℓ。今滑塊 1 以水平速度 v 正向中心碰撞滑塊 2，滑塊 2 接著又碰撞滑塊 3。假設所有的碰撞均為完全彈性碰撞，依次碰撞後求各滑塊的最後速度。

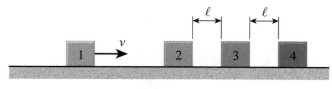

圖 P4.17

4.18 一火箭總質量為 2 Mg，其中有 1.6 Mg 是燃料。火箭在時刻 $t=0$ 時垂直發射升空，燃料的消耗率為 35 kg/s，並以相對火箭 1500 m/s 的速度噴出，求時刻 $t=25\,s$ 時火箭的速度和加速度。

4.19 火箭以等加速度 $a=2g$ 垂直上升，重力加速度 g 可視為常數。已知燃料噴射時相對火箭的速度為 1000 m/s，問經過多少時間火箭的質量減少一半。

4.20 圖示長度為 ℓ 的均質鏈條質量為 m，它與桌面的摩擦係數為 μ，但與桌角及桌邊沒有摩擦。鏈條從 $y=b$ 處靜止釋放，且 $b>\mu\ell/(1+\mu)$，求鏈條離開桌面時的速率。

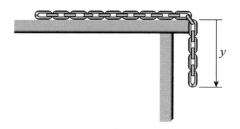

圖 P4.20

4.21 設雨滴的初始質量為 m，並在時刻 $t=0$ 時由靜止落下。在落下過程中單位時間凝結在其上的水蒸氣質量為 β，且 β 為常數。設進入雨滴前水蒸氣的絕對速度為零。不計空氣阻力，求雨滴經過時間 t 後下落的距離。

4.22 　圖示的均質鏈條長 ℓ，質量為 m，在上端以力 P 拉住，下端恰與地面接觸。
　　　 今在時刻 $t = 0$ 時，將鏈條以等速率 v 放下，試將力 P 以時間 t 的函數表示之。

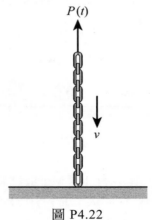

圖 P4.22

4.23 　在上題中如果在時刻 $t = 0$ 時突然將手放開，求地面所受到的最大力。

Chapter 05

剛體平面運動學

5.1 概　說

　　所謂剛體，係指在外力作用下其形狀和大小不發生任何變化的物體。因此，剛體上任意兩點間的距離不會發生變化。在實際應用中，若物體的變形可以忽略不計，此物體便可當作剛體。

　　平面運動是剛體的一種常見運動形式。如果在參考系中可以找到一個固定平面 I，使得剛體在運動過程中，剛體內任一點 M 保持與平面 I 的距離不變，也就是說 M 點始終在一個平行於 I 的平面 II 內運動，如圖 5-1.1 所示，則稱剛體作**平面運動**(plane motion)。

　　根據平面運動的定義不難知道，剛體內任一條垂直於固定平面 I 之直線上的點有相同的位移（可以根據剛體上兩點間的距離不變這一性質用反證法證明）。因此，這條直線上每一點的速度與加速度是相同的。所以，對剛體平面運動的研究，就簡化成對一個平行於固定平面 I 的平面圖形 S 在其自身平面內運動的研究。S 的運動代表了剛體的運動，我們就把它認為是剛體。例如，為了研究往復引擎各部件的運動，我們可以只研究其對稱平面截出的平面圖形的運動，如圖 5-1.2 所示，曲柄 OA，連桿 AB 以及活塞 P 都作平面運動。

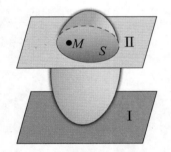
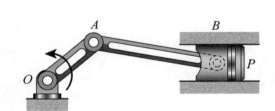

圖 5-1.1　剛體的平面運動　　　圖 5-1.2　往復引擎的平面運動

　　剛體的平面運動可分為下列三種：

1. **平移**(translation)：如果在運動過程中，它上面的任一直線始終保持和自身原位置平行，則這種運動稱為平移。例如圖 5-1.2 中的活塞 P 之運動就是平移運動。值得注意的是，平移的這種定義，並不意味著剛體一定要作直線運動，例如圖 5-1.3 所示的剛體 AB 雖然作曲線運動，但仍屬平移運動，稱為曲線平移運動。此外，以上對平移運動的定義，並不意味著剛體一定要作平面運動，但是在本章中，我們只討論平面運動。

2. **定軸旋轉**(rotation about a fixed axis)：剛體在運動過程中，如果它有一條直線上的點始終保持不動[1]，即剛體有一個固定軸，這種運動叫定軸旋轉。例如圖 5-1.2 中曲柄 OA 的運動便是定軸旋轉，其固定軸為通過 O 點且垂直於紙面的直線。注意：固定軸可以在剛體內，也可以在剛體外。

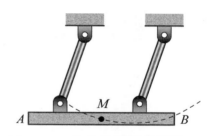

圖 5-1.3　作曲線平移的剛體 AB

3. **一般平面運動**(general plane motion)：如果一種平面運動既不是簡單的平移，也不是定軸旋轉，則這種運動稱為一般平面運動。例如圖 5-1.2 中連桿 AB 的運動便是一般平面運動。今後我們會看到，一般平面運動可以看成是平移和定軸旋轉的合成。

5.2　平　移

平移運動時剛體各點的運動總是相同的，下面我們證明這一結論。

如圖 5-2.1 所示，Oxy 為參考座標系，A、B 是剛體上兩個點，其位置向量間的關係為

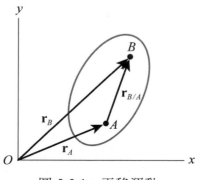

$$\mathbf{r}_B = \mathbf{r}_A + \mathbf{r}_{B/A} \qquad (5\text{-}2.1)$$

將上式在參考系中對時間求導，得

$$\dot{\mathbf{r}}_B = \dot{\mathbf{r}}_A + \dot{\mathbf{r}}_{B/A} \qquad (5\text{-}2.2)$$

圖 5-2.1　平移運動

因剛體作平移運動，固定於剛體上的向量 $\mathbf{r}_{B/A}$ 相對於固定座標系 Oxy 而言，其方向和大小都不隨時間而變，故 $\dot{\mathbf{r}}_{B/A} = 0$ 。這樣，(5-2.2)式就變成

---

[1] 註：實際上只要剛體上有兩個點始終保持不動，那麼通過這兩點的直線上的所有點都不會動，否則將會與剛體上任意兩點間的距離不變這一性質發生矛盾。

$$\dot{\mathbf{r}}_B = \dot{\mathbf{r}}_A \quad \text{或} \quad \mathbf{v}_B = \mathbf{v}_A \tag{5-2.3}$$

將上式兩邊對時間再求一次導數,得

$$\ddot{\mathbf{r}}_B = \ddot{\mathbf{r}}_A \quad \text{或} \quad \mathbf{a}_B = \mathbf{a}_A \tag{5-2.4}$$

以上兩式表明:平移運動剛體上任何兩個點的速度相同,加速度亦相同。

5.3 定軸旋轉

(一)角速度和角加速度

如圖 5-3.1 所示,Oxy 為固定座標系,剛體繞通過 O 點的固定軸在 Oxy 平面內旋轉。剛體上每一點都作圓周運動(圓心在 O 點),每一點轉過的角度都相同。設 A 為剛體上的任一點(見圖 5-3.1),則 OA 與 x 軸的夾角 θ 就是剛體的轉角,剛體的角速度 ω 及角加速度 α 定義如下:

$$\omega = \dot{\theta} \text{ rad / s} \tag{5-3.1}$$

$$\alpha = \dot{\omega} = \ddot{\theta} \text{ rad / s}^2 \tag{5-3.2}$$

角速度描述了剛體轉動的快慢和指向。當 $\dot{\theta} > 0$ 時,說明剛體朝 θ 增大的方向轉動;當 $\dot{\theta} < 0$ 時,則相反。剛體的角速度也可以用一個向量來表示,其大小為 $\dot{\theta}$,其方向由右手定則確定:用右手握住固定轉軸,彎曲的四指與剛體的轉向一致,則大姆指的方向就是角速度的方向。例如,對圖 5-3.1 所示的剛體,其角速度可表示為

$$\boldsymbol{\omega} = \dot{\theta}\mathbf{k} \tag{5-3.3}$$

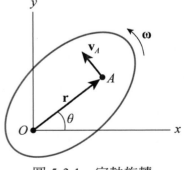

圖 5-3.1　定軸旋轉

其中 **k** 為平行於 z 軸的單位向量。同理,角加速度也可用向量表示

$$\boldsymbol{\alpha} = \dot{\boldsymbol{\omega}} \tag{5-3.4}$$

對於圖 5-3.1 所示的剛體,因 **k** 為單位向量且其方向不變(始終指向 z 軸),故

$$\boldsymbol{\alpha} = \ddot{\theta}\mathbf{k} \tag{5-3.5}$$

可以發現 θ,ω,α 三量之間的關係和質點作直線運動中 x,v,a 三者之間的關係是完全相似的。因此,我們可以仿照質點的等加速直線運動而立即寫出剛體作等角加速度轉動時的公式:

$$\omega = \omega_0 + \alpha t$$
$$\omega^2 = \omega_0^2 + 2\alpha(\theta - \theta_0)$$
$$\theta = \theta_0 + \omega_0 t + \frac{1}{2}\alpha t^2$$

其中 θ_0,ω_0 是初始角位置及角速度,α 為等角加速度。

(二)速度和加速度

現在我們考慮作定軸旋轉剛體上點的速度和加速度。如圖 5-3.1 所示,因 A 點作圓周運動,其速度可用極座標表示如下:

$$v = r\dot{\theta} \tag{5-3.6}$$

其中 r 為 A 點離開轉軸的垂直距離。速度的方向沿著以 O 為圓心,以 r 為半徑的圓的切線方向。剛體上速度分布如圖 5-3.2 所示,即離轉軸越遠的點,其速度越大。

利用角速度向量,可將速度公式表示成

$$\dot{\mathbf{r}} = \boldsymbol{\omega} \times \mathbf{r} \tag{5-3.7}$$

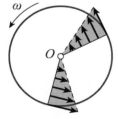

圖 5-3.2　速度分布

公式(5-3.7)代表了一個重要的微分運算法則：**固定在剛體上的向量 r 對時間的導數（相對於某一個參考系），等於剛體的角速度（相對於同一個參考系）與該向量的叉積**。這一公式的重要意義在於，它將微分運算轉化成乘法運算。在用電腦作數值計算時，這一公式在編寫程式時是非常有用的。

現在有一個問題：在以上的討論中，向量 r 的尾端是固定於 O 點的，對其他固定於剛體上的向量，公式(5-3.7)是否成立呢？答案是成立的。下面我們來證明這一點。如圖 5-3.3 所示，剛體繞 O 點在 Oxy 平面內旋轉，A 和 B 為剛體上的任意兩個點。因此，向量

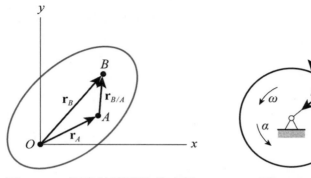

圖 5-3.3　固定於剛體上的向量　　　圖 5-3.4　加速度

$$\mathbf{r}_{B/A} = \mathbf{r}_B - \mathbf{r}_A \tag{5-3.8}$$

為固定於剛體上的向量。將上式兩邊在 Oxy 中對時間求導，並利用(5-3.7)式，得

$$\begin{aligned}
\dot{\mathbf{r}}_{B/A} &= \dot{\mathbf{r}}_B - \dot{\mathbf{r}}_A \\
&= \boldsymbol{\omega} \times \mathbf{r}_B - \boldsymbol{\omega} \times \mathbf{r}_A \\
&= \boldsymbol{\omega} \times (\mathbf{r}_B - \mathbf{r}_A) \\
&= \boldsymbol{\omega} \times \mathbf{r}_{B/A}
\end{aligned} \tag{5-3.9}$$

因 A、B 為剛體上任意兩個點，故 $\mathbf{r}_{B/A}$ 代表固定於剛體上的任意向量。公式(5-3.9)表明，固定於剛體上的任意向量，在某個座標系中對時間的導數，等於剛體相對於那個座標系的角速度與該向量的叉積。

現在請讀者回頭去看第 1 章的(1-5.5)式，在那裡我們曾得出結論：活動座標架上的單位向量對時間的一階導數，等於這個活動標架的角速度與該單位向量的

叉積。其實(1-5.5)式只是(5-3.7)式的一個特例。事實上，活動標架可以看成是一個剛體，其上的單位向量當然也是固定在這個剛體上的向量，當然可用(5-3.7)式計算其導數。即在(5-3.7)式中令 **r** 等於單位向量即得(1-5.5)式。總之，(5-3.7)式是一個更為一般的結果，讀者回頭去複習第 1 章的有關內容時，應當有登高望遠之感。

將(5-3.7)式對時間求導數，得

$$\ddot{\mathbf{r}} = \dot{\boldsymbol{\omega}} \times \mathbf{r} + \boldsymbol{\omega} \times \dot{\mathbf{r}}$$

注意到

$$\dot{\boldsymbol{\omega}} = \boldsymbol{\alpha}, \quad \dot{\mathbf{r}} = \boldsymbol{\omega} \times \mathbf{r}$$

代入上式，最後得出加速度公式

$$\ddot{\mathbf{r}} = \boldsymbol{\alpha} \times \mathbf{r} + \boldsymbol{\omega} \times (\boldsymbol{\omega} \times \mathbf{r}) \tag{5-3.10}$$

因點 A 作圓周運動，$\boldsymbol{\alpha} \times \mathbf{r}$ 是切線加速度，其值為

$$a_t = r\ddot{\theta} = r\alpha$$

其指向由 $\ddot{\theta}$ 的正負號確定。$\boldsymbol{\omega} \times (\boldsymbol{\omega} \times \mathbf{r})$ 是法線加速度，即向心加速度，其大小為

$$a_n = r\dot{\theta}^2 = r\omega^2 = \frac{v^2}{r}$$

所以加速度大小為

$$a = \sqrt{(r\dot{\theta}^2)^2 + (r\ddot{\theta})^2} = r\sqrt{\dot{\theta}^4 + \ddot{\theta}^2} \tag{5-3.11}$$

注意到 $\dot{\theta}^2$ 的因次和 $\ddot{\theta}$ 的因次相同，所以在根號中出現 $\dot{\theta}$ 的四次方與 $\ddot{\theta}$ 的平方相加，這符合因次齊次定律（見靜力學 1-5 節）。

5.4 一般平面運動

（一）平移座標系

考慮自行車車輪沿直線滾動的情形，如圖 5-4.1 所示。其中 OXY 為固定於地面上的座標系，Axy 為固定於車架上的座標系。因此，當車輪滾動時，x 軸和 y 軸並不隨輪子旋轉，而只隨車架平移。換言之，Axy 為平移座標系。對 OXY 而言，車輪作一般平面運動；對 Axy 而言，車輪作定軸轉動。由此可見，剛體的平面運動可分解成兩部分：剛體對平移座標系作定軸轉動，平移座標系對固定座標系作平移運動。簡單地說就是平面運動相當於平移加定軸旋轉，如圖 5-4.2 所示。

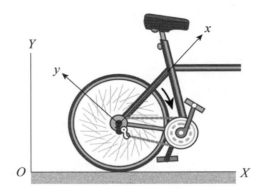

圖 5-4.1　固定座標系和平移座標系

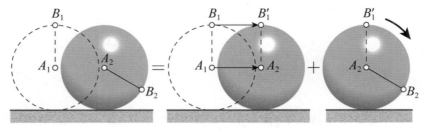

圖 5-4.2　一般平面運動

（二）速度

現在考慮剛體任意點的速度。為了研究剛體上任一點 B 的速度，我們可以在剛體上任選一點 A 作為**基點**(base point)，在 A 點固定一個平移座標系 Axy。這個

平移座標系的 x 軸不一定要和固定座標系的 X 軸相平行；y 軸亦然。剛體上 B 點在固定座標系中的位置向量 $\mathbf{r}_B$ 可表示為

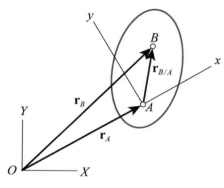

圖 5-4.3　平面運動公式的推導

$$\mathbf{r}_B = \mathbf{r}_A + \mathbf{r}_{B/A} \tag{5-4.1}$$

將上式兩邊在 OXY 中對時間求一次導數即得 B 點的速度，即

$$\mathbf{v}_B = \mathbf{v}_A + \dot{\mathbf{r}}_{B/A} \tag{5-4.2}$$

由於 A 與 B 都是剛體上的固定點，故 $\mathbf{r}_{B/A}$ 是固定在剛體上的向量，利用公式 (5-3.7)，得

$$\dot{\mathbf{r}}_{B/A} = \boldsymbol{\omega} \times \mathbf{r}_{B/A} \tag{5-4.3}$$

代入(5-4.2)式，最後得速度公式

$$\mathbf{v}_B = \mathbf{v}_A + \boldsymbol{\omega} \times \mathbf{r}_{B/A} \tag{5-4.4}$$

式中

$\mathbf{v}_A =$ 基點 A 的速度

$\boldsymbol{\omega} \times \mathbf{r}_{B/A} = B$ 點相對於基點的速度

因此上式可解釋為：**剛體作平面運動時，其上任一點 B 的速度等於基點 A 的速度及 B 點繞基點旋轉的相對速度之和。**

在上面的推導中，ω 實際上是剛體相對於固定座標系 OXY 的角速度〔見 (5-4.3)式〕。試問：剛體相對於平移座標系 Axy 的角速度是否也是 ω 呢？如果不是，則 $\omega \times \mathbf{r}_{B/A}$ 就不能解釋為 B 點相對於基點旋轉的相對速度。下面我們將證明，回答是肯定的。考慮剛體上任意兩點 A 和 B，如圖 5-4.4 所示，在 A 和 B 點分別固定一平移座標系，其軸的方向不一定要彼此平行。以 A 為基點，由(5-4.4)式，B 點的速度為

$$\mathbf{v}_B = \mathbf{v}_A + \omega \times \mathbf{r}_{B/A} \tag{5-4.5}$$

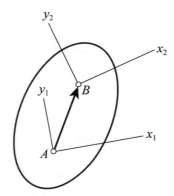

圖 5-4.4　兩個平移座標系

同理，以 B 為基點，則 A 點的速度可表示為

$$\mathbf{v}_A = \mathbf{v}_B + \omega^* \times \mathbf{r}_{A/B} \tag{5-4.6}$$

將以上兩式相加，並注意到 $\mathbf{r}_{A/B} = -\mathbf{r}_{B/A}$，得

$$\begin{aligned}
0 &= \omega \times \mathbf{r}_{B/A} + \omega^* \times \mathbf{r}_{A/B} \\
&= (\omega - \omega^*) \times \mathbf{r}_{B/A}
\end{aligned} \tag{5-4.7}$$

因為 $\mathbf{r}_{B/A}$ 不為零，所以

$$\omega = \omega^* \tag{5-4.8}$$

這就是說，儘管基點選得不同，平移座標架的方向選得不同，但剛體相對於任一個平移座標系的角速度是相同的。由此推知，**剛體相對於定座標系的角速度也就**

是剛體相對於任一平移座標系的角速度。所以今後在談到剛體平面運動的角速度時，可以不管相對於哪一個基點的平移座標系，只要籠統地說剛體的角速度就可以了。

例 ▶ 5-4.1

分析純滾動車輪上點的速度（圖 5-4.5）。

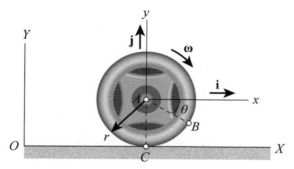

圖 5-4.5　純滾動車輪

 在輪心 A 上固定一個平移座標系 Axy。（注意：此座標架不隨輪面一起轉動。）以 A 為基點，輪上與地面接觸的點 C 的速度可表示為

$$\mathbf{v}_C = \mathbf{v}_A + \boldsymbol{\omega} \times \mathbf{r}_{C/A}$$

因為是純滾動（無滑動），故 $\mathbf{v}_C = 0$。此外，$\mathbf{v}_A = v\mathbf{i}$，$\boldsymbol{\omega} = -\omega\mathbf{k}$，$\mathbf{r}_{C/A} = -r\mathbf{j}$，代入上式得

$$0 = (v - \omega r)\mathbf{i}$$

由此得

$$v = \omega r$$

此式說明：純滾動時，輪心的速度等於角速度和半徑的乘積。（這個關係今後還要多次用到。）

現在考慮輪緣上任一點 B 的速度：

$$\begin{aligned}
\mathbf{v}_B &= \mathbf{v}_A + \boldsymbol{\omega} \times \mathbf{r}_{B/A} \\
&= v\mathbf{i} + (-\omega\mathbf{k}) \times (r\cos\theta\mathbf{i} - r\sin\theta\mathbf{j}) \\
&= \omega r(1 - \sin\theta)\mathbf{i} - \omega r\cos\theta\mathbf{j}
\end{aligned}$$

其中我們已用到關係式 $v = \omega r$。特別，當 B 點運動到和地面接觸時，$\theta = 90°$，代入上式，我們又得到 $v_B = 0$。

將上式對時間求導，並注意到 $\dot{\theta} = \omega$，得 B 點的加速度為

$$\mathbf{a}_B = -\omega^2 r\cos\theta\mathbf{i} + \omega^2 r\sin\theta\mathbf{j}$$

當 B 點運動到和地面接觸時，$\theta = 90°$，代入上式得

$$\mathbf{a}_B = \omega^2 r\mathbf{j}$$

以上分析表明，**純滾動時，輪上與地面接觸點的速度為零，但其加速度不為零。**

例 ▶ 5-4.2

求證：平面運動剛體上任意兩點 A 和 B 的速度在兩點連線上的投影相等。

證：取 A 為基點，B 點的速度為

$$\mathbf{v}_B = \mathbf{v}_A + \boldsymbol{\omega} \times \mathbf{r}_{B/A}$$

在 $\mathbf{r}_{B/A}$ 方向上取一單位向量 $\mathbf{e}_{B/A}$。因為向量 $\boldsymbol{\omega} \times \mathbf{r}_{B/A}$ 與 $\mathbf{r}_{B/A}$ 垂直（叉積的定義），即與 $\mathbf{e}_{B/A}$ 的點積為零。所以上式兩邊點乘單位向量 $\mathbf{e}_{B/A}$，即得本題的結論

$$\mathbf{v}_B \cdot \mathbf{e}_{B/A} = \mathbf{v}_A \cdot \mathbf{e}_{B/A}$$

其物理意義很明顯，否則 A、B 兩點之間的距離不可能保持不變，從而也就不是剛體了。在求解具體問題時，這一結論常被用到，有的書還把它當作一個定理看待。

例 ▶ 5-4.3

如圖 5-4.6 所示，已知曲柄 OA 的角速度 ω，滾輪在連桿的帶動下作純滾動。設 $\ell = 0.2\,\text{m}$，$\omega = 30\,\text{rad/s}$，$\beta = 30°$，$r = 0.1\,\text{m}$。求在圖示位置時，滾輪的角速度 Ω。

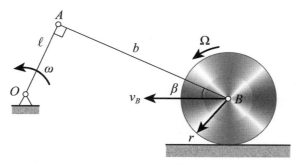

圖 5-4.6　曲柄連桿與滾輪

 解 A 點繞 O 點作定軸旋轉，其速度大小為

$$v_A = \omega\ell$$

剛體 AB 作一般平面運動，由題設條件，A 點的速度沿 BA；B 點的速度沿水平向左。因 A、B 兩點的速度沿 AB 方向的投影應相等，故有

$$\omega\ell = v_B \cos\beta \quad 或 \quad v_B = \frac{\omega\ell}{\cos\beta}$$

因輪子作純滾動，故

$$v_B = \Omega r \quad 或 \quad \frac{\omega\ell}{\cos\beta} = \Omega r$$

所以

$$\Omega = \frac{\omega\ell}{r\cos\beta} = \frac{30(0.2)}{0.1\cos 30°} = 69.3\,\text{rad/s}$$

（三）瞬時零速度中心

　　如果剛體的角速度不為零，那麼作平面運動之剛體所在的平面上一定有一個點，它的瞬時速度等於零。這樣的點稱為**瞬時零速度中心**(instantaneous center of zero velocity)，簡稱**瞬心**。證明如下：

　　令 $\mathbf{v}_A$ 代表剛體上 A 點的速度，通過 A 點將 $\mathbf{v}_A$ 順著 ω 的指向轉動 $90°$，得垂線 AC，如圖 5-4.7 所示，並取

$$\overline{AC} = v_A / \omega$$

則剛體上的 C 點（如果 C 點落在平面剛體以外，可認為 C 點在剛體的延展部分上）的速度是

$$\mathbf{v}_C = \mathbf{v}_A + \boldsymbol{\omega} \times \mathbf{r}_{C/A}$$

但是 $\boldsymbol{\omega} \times \mathbf{r}_{C/A}$ 的方向正好與 $\mathbf{v}_A$ 相反，而

$$|\boldsymbol{\omega} \times \mathbf{r}_{C/A}| = v_A$$

所以 $\mathbf{v}_C = 0$。這就證明了瞬心的存在。

　　如果將瞬心取作基點，那麼剛體上任一點 B 的速度是

$$\mathbf{v}_B = \mathbf{v}_C + \boldsymbol{\omega} \times \mathbf{r}_{B/C} = \boldsymbol{\omega} \times \mathbf{r}_{B/C} \tag{5-4.9}$$

這個結果和繞定軸轉動時的公式(5-3.7)是一樣的。也就是說，在計算速度分布時，可以將平面剛體看成是繞瞬心 C（過此點並垂直於平面之軸）的定軸旋轉。從這個意義上講，**瞬心也就是瞬時轉動中心**。

　　瞬心的位置可用下列方法確定：
(1) 如果剛體上 A 和 B 兩點的速度方向不同，如圖 5-4.8(a)所示，則分別通過 A 和 B 作垂線，此兩垂線的交點 C 就是瞬心。
(2) 如圖 5-4.8(b)所示，如果 $\mathbf{v}_A$ 和 $\mathbf{v}_B$ 都垂直於 AB，並且其大小已知，則連結 $\mathbf{v}_A$ 和 $\mathbf{v}_B$ 端點之直線和 AB 的交點 C 就是瞬心。如果 $\mathbf{v}_A$ 和 $\mathbf{v}_B$ 大小及方向相同，則瞬心在無窮遠處，剛體實際上作平移運動。

圖 5-4.7　瞬心的存在

(3) 對純滾動的輪子，輪上和地面相接觸的那一點 C 就是瞬心，如圖 5-4.8(c) 所示。

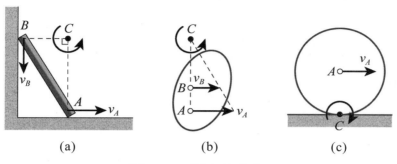

(a)　　　　　(b)　　　　　(c)

圖 5-4.8　瞬心的確定

例 ▶ 5-4.4

如圖 5-4.9 所示，曲柄 OA 以等角速度 $\omega = 21\,\text{rad/s}$ 轉動。已知 $\overline{OA} = 0.2\,\text{m}$，$\overline{AB} = 0.7\,\text{m}$，求在圖示位置時滑塊 B 的速度。

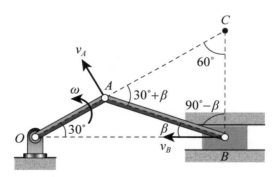

圖 5-4.9　曲柄滑塊機構

 如圖 5-4.9 所示，C 為瞬心。由

$$\overline{OA} \cdot \sin 30° = \overline{AB} \cdot \sin \beta$$

得

$$\sin \beta = \frac{\overline{OA}}{\overline{AB}} \sin 30° = \frac{0.2}{0.7} \sin 30° = 0.143，\quad \beta = 8.2°$$

由正弦定理，得

$$\frac{\overline{BC}}{\sin(30° + \beta)} = \frac{\overline{AB}}{\sin 60°} = \frac{\overline{AC}}{\sin(90° - \beta)}$$

$$\overline{BC} = \frac{\overline{AB}}{\sin 60°}\sin(30° + \beta) = \frac{0.7}{\sin 60°}\sin 38.2° = 0.50 \text{ m}$$

$$\overline{AC} = \frac{\overline{AB}}{\sin 60°}\sin(90° - \beta) = \frac{0.7}{\sin 60°}\cos 8.2° = 0.8 \text{ m}$$

因為

$$v_A = \omega \cdot \overline{OA} = \omega_{AB} \cdot \overline{AC}$$

所以

$$\omega_{AB} = \frac{\overline{OA}}{\overline{AC}}\omega = \frac{0.2}{0.8}(21) = 5.25 \text{ rad / s}$$

$$v_B = \omega_{AB} \cdot \overline{BC} = 5.25(0.5) = 2.63 \text{ m / s}$$

（四）加速度

將速度公式(5-4.4)對時間求導即得加速度：

$$\mathbf{a}_B = \mathbf{a}_A + \frac{d}{dt}(\boldsymbol{\omega} \times \mathbf{r}_{B/A}) \tag{5-4.10}$$

式中右邊第一項是基點 A 的加速度 $\mathbf{a}_A$，即平移加速度；第二項為轉動加速度，根據向量求導法則，有

$$\frac{d}{dt}(\boldsymbol{\omega} \times \mathbf{r}_{B/A}) = \boldsymbol{\alpha} \times \mathbf{r}_{B/A} + \boldsymbol{\omega} \times (\boldsymbol{\omega} \times \mathbf{r}_{B/A}) \tag{5-4.11}$$

上面兩式說明，平面運動剛體上任意點 B 的加速度由兩部分合成：一部分是固定在基點 A 的平移座標架的加速度（簡稱平移加速度）；另一部分是 B 點在平移座標系中繞基點作定軸轉動時的**相對加速度**。而相對加速度又可分解為**切線加速度** $\boldsymbol{\alpha} \times \mathbf{r}_{B/A}$ 和**法線加速度** $\boldsymbol{\omega} \times (\boldsymbol{\omega} \times \mathbf{r}_{B/A})$。於是 B 點的加速度可寫成

$$\mathbf{a}_B = \mathbf{a}_A + \boldsymbol{\alpha} \times \mathbf{r}_{B/A} + \boldsymbol{\omega} \times (\boldsymbol{\omega} \times \mathbf{r}_{B/A})$$
$$= \mathbf{a}_A + \mathbf{a}_t + \mathbf{a}_n$$

(5-4.12)

其中 $\mathbf{a}_t$ 為切線加速度，$\mathbf{a}_n$ 為法線加速度。

例 ▶ 5-4.5

梯子 AB 長 ℓ，一端靠在牆上，如圖 5-4.10(a)所示。如將梯子下端 A 以等速 u 向右水平拖動。求當梯子與牆的夾 $\theta = 30°$ 時，B 點的加速度 a_B 和梯子的角加速度 α，並用 u 及 ℓ 表示。

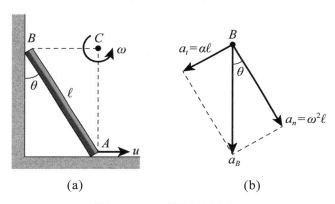

(a)   (b)

圖 5-4.10 梯子的滑動

 解 如圖 5-4.10(a)所示，C 為瞬心，梯子的角速度為

$$\omega = \frac{u}{AC} = \frac{u}{\ell \cos 30°} = \frac{2u}{\sqrt{3}\ell}$$

以 A 為基點，B 點的加速度為

$$\mathbf{a}_B = \mathbf{a}_A + \mathbf{a}_t + \mathbf{a}_n$$

注意 A 點的加速度為零。B 點繞基點 A 轉動的切線加速度 $\mathbf{a}_t$ 的大小為 $\ell\alpha$ 且垂直於 AB（大小未定，因角加速度 α 還未知）。法線加速度 $\mathbf{a}_n$，其大小為

$$a_n = \omega^2 \ell = 4u^2/3\ell$$

方向由 B 指向 A。$\mathbf{a}_B$ 總是垂直於地面的，但大小還不知。將 $\mathbf{a}_t$、$\mathbf{a}_n$ 和 $\mathbf{a}_B$ 之間的關係畫成向量圖，如圖 5-4.10(b)所示，就可計算出

$$a_B = \frac{a_n}{\cos\theta} = \frac{8u^2}{3\sqrt{3}\ell}$$

$$a_t = a_B \sin\theta = \frac{4u^2}{3\sqrt{3}\ell}$$

$$\alpha = \frac{a_t}{\ell} = \frac{4u^2}{3\sqrt{3}\ell^2}$$

例 ▶ 5-4.6

正方形板 $ABCD$，邊長 ℓ 為 2 cm，在其本身平面內運動。在某瞬時，A 點的加速度大小為 $4\sqrt{2}$ cm/s^2，方向沿對角線 AC；B 點的加速度大小為 8 cm/s^2，方向沿 BC，如圖 5-4.11(a)所示。求板在此時刻的角速度 ω，角加速度 α 及 C 點和 D 點的加速度。

 解 以 A 為基點，B 點的加速度可表示為

$$\mathbf{a}_B = \mathbf{a}_A + \mathbf{a}_t + \mathbf{a}_n$$

其中 $\mathbf{a}_A$ 的大小為 $4\sqrt{2}$，方向沿 AC，$\mathbf{a}_t$ 的大小為 $\alpha\ell$ 方向垂直於 AB；$\mathbf{a}_n$ 的大小為 $\omega^2\ell$，方向沿 BA。將以上各向量關係畫於 5-4.11(b)中，可求得

$$\omega^2\ell = a_A \sin 45°, \quad \omega = \sqrt{\frac{a_A \sin 45°}{\ell}} = \sqrt{2} \text{ rad/s}$$

$$\alpha\ell = a_B - a_A \sin 45°, \quad \alpha = 2 \text{ rad/s}^2$$

同理，以 A 為基點，C 點的加速度可表示為

$$\mathbf{a}_C = \mathbf{a}_A + \mathbf{a}_t + \mathbf{a}_n$$

以上各向量之間的關係畫於圖 5-4.11(c)中，由此可求得

$$a_C = 4\sqrt{2} \text{ cm/s}^2，方向沿 BD$$

類似地，D 點的加速度可表示為

$$\mathbf{a}_D = \mathbf{a}_A + \mathbf{a}_t + \mathbf{a}_n$$

以上各向量之間的關係畫於圖 5-4.11(d)中，由此可見，D 點的加速度為零。

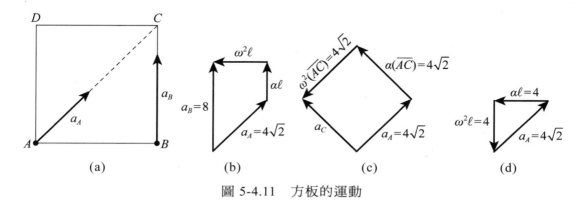

圖 5-4.11　方板的運動

另解： 用向量運算。已知

$$\mathbf{a}_A = 4\mathbf{i} + 4\mathbf{j}, \quad \mathbf{a}_B = 8\mathbf{j}, \quad \boldsymbol{\alpha} = \alpha\mathbf{k}, \quad \boldsymbol{\omega} = \omega\mathbf{k}, \quad \overrightarrow{AB} = 2\mathbf{i}$$

代入公式

$$\mathbf{a}_B = \mathbf{a}_A + \boldsymbol{\alpha} \times \overrightarrow{AB} + \boldsymbol{\omega} \times (\boldsymbol{\omega} \times \overrightarrow{AB})$$

得

$$8\mathbf{j} = (4\mathbf{i} + 4\mathbf{j}) + 2\alpha\mathbf{j} - 2\omega^2\mathbf{i}$$

上式中等號左右兩邊的向量相等，其對應的分量亦應相等，由此得

$$8 = 4 + 2\alpha, \quad \alpha = 2\,\text{rad/s}^2$$

$$0 = 4 - 2\omega^2, \quad \omega = \sqrt{2}\,\text{rad/s}$$

用類似的方法可求得 C 點和 D 點的加速度，請讀者自行完成。

例 ▶ 5-4.7

如圖 5-4.12 所示之行星齒輪系中，半徑為 r_1 的太陽齒輪 A 繞固定點 O 旋轉，環齒輪 D 固定不動，半徑為 r_2 的行星齒輪 B 經由臂 OE 繞齒輪 A 旋轉。當臂 OE 以角速度 ω 順時針繞 O 點旋轉時，求齒輪 A 和 B 的角速度。

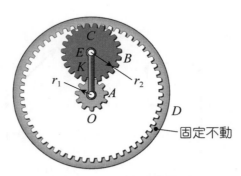

圖 5-4.12　行星齒輪系

 齒輪 B 在齒輪 D 上作純滾動，接觸點 C 為瞬心，所以

$$v_E = (\overline{CE})\omega_B = r_2\omega_B \tag{1}$$

但 E 點又繞 O 點旋轉，其速度

$$v_E = (\overline{OE})\omega = (r_1 + r_2)\omega \rightarrow \tag{2}$$

從(1)和(2)式得

$$r_2\omega_B = (r_1 + r_2)\omega, \quad \omega_B = \frac{r_1 + r_2}{r_2}\omega \circlearrowleft$$

齒輪 A 和 B 的接觸點 K，當 K 視為齒輪 B 上的一點時，它繞 C 點旋轉，其速度

$$v_K = (\overline{CK})\omega_B = 2r_2\frac{r_1 + r_2}{r_2}\omega = 2(r_1 + r_2)\omega \rightarrow \tag{3}$$

當 k 點視為齒輪 A 上的一點時，它的速度大小為

$$v_K = (\overline{OK})\omega_A = r_1\omega_A \tag{4}$$

從(3)和(4)式，得

$$r_1\omega_A = 2(r_1 + r_2)\omega, \quad \omega_A = \frac{2(r_1 + r_2)}{r_1}\omega \,\circlearrowright$$

5.5 剛體上動點的速度和加速度

前面幾節中的速度和加速度公式，均是對剛體上的固定點而言的。現在我們考慮另一種情況：剛體作一般平面運動，另一質點相對於此剛體有相對運動，例如水泵內液體質點相對於旋轉葉片上的流動便是一例。在這種情況下，如何求質點的速度和加速度呢？這就是本節要討論的內容。

（一）轉動座標系及求導法則

考慮兩個座標系：第一個為固定在地面上的座標系，稱為「固定座標系」或「絕對座標系」，以 OXY 表示之，如圖 5-5.1 所示。第二個座標系為轉動座標系，以 Axy 表示之（見圖 5-5.1）。設一質點 P 相對於轉動座標系有相對運動，質點 P 相對於轉動座標系的位置向量為 $\mathbf{r}$。現在我們要研究向量 $\mathbf{r}$ 在固定座標系中的時間導數。為了書寫方便，我們將固定座標系稱為座標系「1」，而將轉動座標系稱為座標系「2」，相對於它們的導數分別用 $\dfrac{d_1}{dt}$ 和 $\dfrac{d_2}{dt}$ 表示。

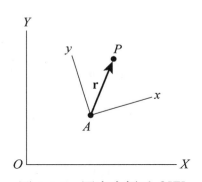

圖 5-5.1　固定座標系 OXY 和轉動座標系 Axy

我們的目的是要求出 $\dfrac{d_1}{dt}(\mathbf{r})$，為此先將 $\mathbf{r}$ 在轉動座標系「2」中表示出來：

$$\mathbf{r} = x\mathbf{i} + y\mathbf{j} \tag{5-5.1}$$

其中 x，y 為 P 點在座標系「2」中的座標，$\mathbf{i}$、$\mathbf{j}$ 分別為固定在 x 軸和 y 軸上的單位向量。將(5-5.1)式在「1」中求導數，得

$$\frac{d_1}{dt}(\mathbf{r}) = \dot{x}\mathbf{i} + \dot{y}\mathbf{j} + x\frac{d_1}{dt}(\mathbf{i}) + y\frac{d_1}{dt}(\mathbf{j}) \tag{5-5.2}$$

所以問題的關鍵在於求出 $\frac{d_1}{dt}(\mathbf{i})$ 和 $\frac{d_1}{dt}(\mathbf{j})$。因為 $\mathbf{i}$、$\mathbf{j}$ 是固定在「2」中的單位向量，根據(5-3.7)式，我們有

$$\frac{d_1}{dt}(\mathbf{i}) = \boldsymbol{\omega}_{21} \times (\mathbf{i}), \quad \frac{d_1}{dt}(\mathbf{j}) = \boldsymbol{\omega}_{21} \times (\mathbf{j}) \tag{5-5.3}$$

其中 $\boldsymbol{\omega}_{21}$ 表示轉動座標系「2」相對於固定座標系「1」的角速度。因此(5-5.2)式中右邊第三、四兩項可表示成：

$$\begin{aligned} x\frac{d_1}{dt}(\mathbf{i}) + y\frac{d_1}{dt}(\mathbf{j}) &= x\boldsymbol{\omega}_{21} \times \mathbf{i} + y\boldsymbol{\omega}_{21} \times \mathbf{j} \\ &= \boldsymbol{\omega}_{21} \times (x\mathbf{i} + y\mathbf{j}) \\ &= \boldsymbol{\omega}_{21} \times (\mathbf{r}) \end{aligned} \tag{5-5.4}$$

此外，(5-5.2)式中右邊第一、二兩項可以解釋為 $\mathbf{r}$ 在座標系「2」中的導數，即

$$\dot{x}\mathbf{i} + \dot{y}\mathbf{j} = \frac{d_2}{dt}(\mathbf{r}) \tag{5-5.5}$$

利用(5-5.4)式和(5-5.5)式，可以將(5-5.2)式寫成

$$\frac{d_1}{dt}(\mathbf{r}) = \frac{d_2}{dt}(\mathbf{r}) + \boldsymbol{\omega}_{21} \times (\mathbf{r}) \tag{5-5.6}$$

如果我們把向量相對於固定座標系的導數稱為「絕對導數」，而將其相對於轉動座標系的導數稱為「相對導數」，則(5-5.6)式可敘述成：**向量的絕對導數等於它的相對導數加上轉動座標系的角速度叉積這個向量。**

(5-5.6)式還可以寫成更一般的形式，即

$$\frac{d_1}{dt}(\ ) = \frac{d_2}{dt}(\ ) + \boldsymbol{\omega}_{21} \times (\ ) \tag{5-5.7}$$

其中( )代表任意的向量。這是一個非常重要的求導法則，今後我們將多次用到它。在特殊情況下，如果座標系「2」是平移座標系，則 $\omega_{21} = 0$，此時絕對導數與相對導數相等。

（二）動點的速度

　　如圖 5-5.2 所示，剛體作一般平面運動。座標系 OXY 為固定座標系「1」；A 為剛體上任一點，稱為基點；座標系 Axy 為固定在剛體上的座標系，以下簡稱座標系「2」。由於剛體有轉動運動，座標系「2」又是固定在剛體上的，故座標系「2」不是平移座標系而是轉動座標系。質點 P 對於剛體有相對運動，因而是「動點」，不是剛體上的固定點。我們的目的在於求出 P 點的速度公式。

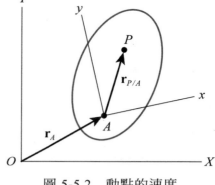

圖 5-5.2　動點的速度

　　首先我們寫出 P 點在座標系「1」中的位置向量：

$$\mathbf{r}_P = \mathbf{r}_A + \mathbf{r}_{P/A} \tag{5-5.8}$$

將上式兩邊在「1」中對時間求導即得 P 點的速度

$$\frac{d_1}{dt}(\mathbf{r}_P) = \frac{d_1}{dt}(\mathbf{r}_A) + \frac{d_1}{dt}(\mathbf{r}_{P/A}) \tag{5-5.9}$$

　　問題是如何計算上式中右邊的第二項？值得注意的是，向量 $\mathbf{r}_{P/A}$ 不是固定在剛體上的向量。因為 P 對剛體有相對運動，所以(5-5.9)式中右邊第二項不能簡單地用角速度乘該向量來計算，而應該用(5-5.6)式來計算：

$$\frac{d_1}{dt}(\mathbf{r}_{P/A}) = \frac{d_2}{dt}(\mathbf{r}_{P/A}) + \omega_{21} \times (\mathbf{r}_{P/A}) \tag{5-5.10}$$

代入(5-5.9)式，得

$$\mathbf{v}_P = \frac{d_1}{dt}(\mathbf{r}_A) + \frac{d_2}{dt}(\mathbf{r}_{P/A}) + \omega_{21} \times (\mathbf{r}_{P/A}) \tag{5-5.11}$$

這就是 P 點的速度的一般計算公式。

為了說明(5-5.11)式的物理意義，我們引進如下符號：

$$\mathbf{v}_r = \frac{d_2}{dt}(\mathbf{r}_{P/A}) \tag{5-5.12}$$

$$\mathbf{v}_{P*} = \frac{d_1}{dt}(\mathbf{r}_A) + \boldsymbol{\omega}_{21} \times (\mathbf{r}_{P/A}) \tag{5-5.13}$$

則(5-5.11)式可寫成如下形式：

$$\mathbf{v}_P = \mathbf{v}_r + \mathbf{v}_{P*} \tag{5-5.14}$$

其中第一項 $\mathbf{v}_r$ 代表質點 P 在座標系「2」中的相對速度，或說質點對於剛體的相對速度；第二項 $\mathbf{v}_{P*}$ 代表什麼？對照(5-4.4)式就不難明白。$\mathbf{v}_{P*}$ 代表剛體上與 P 點重合的那一點的速度。所以(5-5.14)式可以敘述成：

　　如果質點 P 對於剛體有相對運動，則 P 點的速度由兩部分合成：一部分為 P 點對於剛體的相對速度；另一部分是剛體上與 P 點重合的那一點的速度。以上兩部分速度之合向量便是 P 點的速度。

例 ▶ 5-5.1

　　一管子繞 O 點在 OXY 平面內轉動，其轉角為 $\theta = \theta(t)$，如圖 5-5.3 所示。一小球 P 在管內沿著管壁運動，其運動方程為 $\mathbf{r} = \mathbf{r}(t)$。求 P 點的速度。

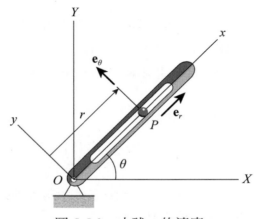

圖 5-5.3　小球 P 的速度

在管子上固定一轉動座標系 Oxy。P 點的相對運動為直線運動，相對速度為

$$\mathbf{v}_r = \dot{r}\mathbf{e}_r$$

其中 $\mathbf{e}_r$ 為沿著管子軸線方向的單位向量。管子上正好與 P 點重合的那一點作圓周運動，其速度為

$$\mathbf{v}_{P*} = r\dot{\theta}\mathbf{e}_\theta$$

其中 e_θ 為垂直於管子軸線方向的單位向量。因此 P 點的速度為

$$\mathbf{v}_P = \mathbf{v}_r + \mathbf{v}_{P*} = \dot{r}\mathbf{e}_r + r\dot{\theta}\mathbf{e}_\theta$$

顯然，這和用極座標導出的公式是一樣的（見表 1-9.1）。

例 ▶ 5-5.2

（重解例 1-4.2）一小船只能沿湖面作水平運動，今用一不可伸長的繩子跨過滑輪 A 拉動小船。設人拉繩子的速度大小為 v_A，求小船的速度 v_B。

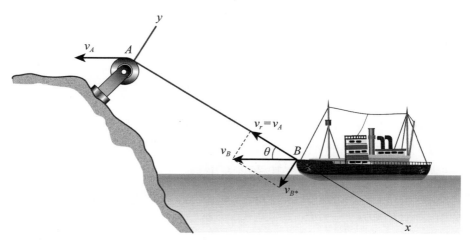

圖 5-5.4　小船的速度

 以 A 為原點固定一座標系，並使 x 軸始終沿著繩子，於是 Axy 便是轉動座標系。B 點相對於 x 軸作直線運動，其相對速度等於 v_A。轉動座標系（看

成剛體）上與 B 點重合的那一點的速度為 v_{B*}，方向垂直於 x 軸（因為座標架 Axy 繞 A 點作定軸轉動）。B 點的絕對速度水平向左，故可畫出速度關係的向量圖如圖 5-5.4 所示。由此求得

$$v_B = \frac{v_A}{\cos\theta}$$

例 ▶ 5-5.3

如圖 5-5.5 所示，直角剛桿 OAB 繞 O 點轉動，其角速度為 ω。剛桿 OC 處於水平位置。套環 P 只能沿 OC 桿移動。求 P 的速度，設 $\overline{OA} = a$，$\angle AOP = \theta$。

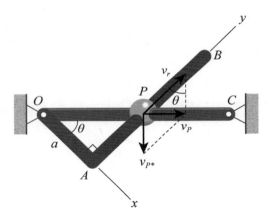

圖 5-5.5　套環 P 的速度

 在剛桿 OAB 上固定一個座標系 Axy。P 點相對於座標系 Axy 的相對速度沿著 AB 方向；P 點的絕對速度沿水平方向；轉動剛桿上與 P 點相重合的那一點繞 O 點作圓周運動，其速度大小為

$$v_{P*} = (\overline{OP})\omega = \frac{a}{\cos\theta}\omega$$

畫出速度關係的向量圖如圖 5-5.5 所示，

$$\frac{v_P}{v_{P*}} = \tan\theta$$

由此，得

$$v_P = v_{P*}\tan\theta = \frac{a\omega\sin\theta}{\cos^2\theta}$$

（三）動點的加速度

將(5-5.14)式對時間求導即得加速度

$$\mathbf{a}_P = \frac{d_1}{dt}(\mathbf{v}_r) + \frac{d_1}{dt}(\mathbf{v}_{P*}) \tag{5-5.15}$$

我們不能輕易地由(5-5.15)式就斷言絕對加速度等於相對加速度和 $P*$ 點的加速度之和。下面我們來分析各項的意義。

$$\begin{aligned}\frac{d_1}{dt}(\mathbf{v}_r) &= \frac{d_2}{dt}(\mathbf{v}_r) + \boldsymbol{\omega}_{21}\times(\mathbf{v}_r) \\ &= \boldsymbol{a}_r + \boldsymbol{\omega}_{21}\times\mathbf{v}_r\end{aligned} \tag{5-5.16}$$

$$\begin{aligned}\frac{d_1}{dt}(\mathbf{v}_{P*}) &= \frac{d_1}{dt}(\mathbf{v}_A) + \frac{d_1}{dt}(\boldsymbol{\omega}_{21}\times\mathbf{r}_{P/A}) \\ &= \frac{d_1}{dt}(\mathbf{v}_A) + \boldsymbol{\alpha}_{21}\times\mathbf{v}_{P/A} + \boldsymbol{\omega}_{21}\times\frac{d_1}{dt}(\mathbf{r}_{P/A}) \\ &= \mathbf{a}_A + \boldsymbol{\alpha}_{21}\times\mathbf{r}_{P/A} + \boldsymbol{\omega}_{21}\times[\frac{d_2}{dt}(\mathbf{r}_{P/A}) + \boldsymbol{\omega}_{21}\times\mathbf{r}_{P/A}] \\ &= \mathbf{a}_A + \boldsymbol{\alpha}_{21}\times\mathbf{r}_{P/A} + \boldsymbol{\omega}_{21}\times\mathbf{v}_r + \boldsymbol{\omega}_{21}\times(\boldsymbol{\omega}_{21}\times\mathbf{r}_{P/A})\end{aligned}$$

將(5-5.16)和(5-5.17)式代入(5-5.15)式，得

$$\begin{aligned}\mathbf{a}_P &= \mathbf{a}_r + (2\boldsymbol{\omega}_{21}\times\mathbf{v}_r) + [\mathbf{a}_A + \boldsymbol{\alpha}_{21}\times\mathbf{r}_{P/A} + \boldsymbol{\omega}_{21}\times(\boldsymbol{\omega}_{21}\times\mathbf{r}_{P/A})] \\ &= \mathbf{a}_r + \mathbf{a}_C + \mathbf{a}_{P*}\end{aligned} \tag{5-5.17}$$

可見 P 點的絕對加速度由三部分合成：

$\mathbf{a}_r = $ 相對加速度

$\mathbf{a}_C = 2\boldsymbol{\omega}_{21} \times \mathbf{v}_r = $ 科氏加速度(Coriolis acceleration)

$\mathbf{a}_{P*} = \mathbf{a}_A + \boldsymbol{\alpha}_{21} \times \mathbf{r}_{P/A} + \boldsymbol{\omega}_{21} \times (\boldsymbol{\omega}_{21} \times \mathbf{r}_{P/A})$

　　　$= $ 剛體上與 P 點重合的那一點的加速度

　　科氏加速度是法國人科氏(Coriolis)於 1835 年提出的。如相對速度不為零，且轉動座標系的角速度 $\boldsymbol{\omega}_{21}$ 與相對速度 $\mathbf{v}_r$ 不平行，則科氏加速度不為零。

例 ▶ 5-5.4

　　如圖 5-5.6 所示，半徑為 R 的圓環以等角速度 ω 繞圍環上的固定點 O 在其自身平面內旋轉，直線 AOB 在圓環平面之內，M 為可在圓環槽內運動之質點。當 M 保持在水平線 AB 時，求：(a) M 的絕對速度和加速度；(b) M 相對於圓環的速度和加速度。

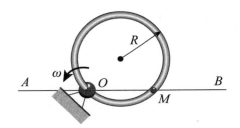

圖 5-5.6　轉動的圓環

解 (a) 在圓環上固定一個座標系（圖中未畫出），則此座標系為轉動座標系，M 為動點。如圖 5-5.7(a)所示，

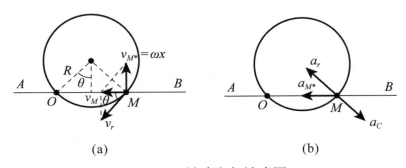

(a)　　　　　　　　　　(b)

圖 5-5.7　速度和加速度圖

$v_M = M$ 的絕對速度，指向沿 BA（因 M 保持在水平線 AB 線上）；

$v_r = M$ 相對於圓環的速度，與圓環相切；

$v_{M^*} =$ 圓環上與 M 重合點的速度，垂直於 AB。

令 $\overline{OM} = x$，則

$$\sin\theta = \frac{x}{2R}, \quad \tan\theta = \frac{x/2}{\sqrt{R^2 - (x/2)^2}} = \frac{x}{\sqrt{4R^2 - x^2}}$$

$$v_{M^*} = \omega x$$

$$v_M = \frac{v_{M^*}}{\tan\theta} = \omega\sqrt{4R^2 - x^2}$$

將上式對時間求導，即得 M 點的加速度

$$a_M = \omega\frac{-x\dot{x}}{\sqrt{4R^2 - x^2}}$$

注意到

$$\dot{x} = v_M = \omega\sqrt{4R^2 - x^2}$$

得

$$a_M = -\omega^2 x \quad \text{（負號表示指向 } O \text{ 點）}$$

(b) 由圖 5-5.7(a)，得相對速度

$$v_r = \frac{v_{M^*}}{\sin\theta} = \frac{wx}{\dfrac{x}{2R}} = 2\omega R$$

由此可知，M 相對於圓環作等速圓周運動，因此相對加速度為

$$a_r = \frac{v_r^2}{R} = 4\omega^2 R$$

由科氏加速度之定義可知其方向正好和 a_r 相反，大小為

$$a_C = 4\omega^2 R$$

例 ▶ 5-5.5

如圖 5-5.8 所示，同一平面內的兩個圓盤以不同的等角速度 Ω 和 ω 繞它們的中心 O_1 和 O_2 轉動。兩盤中心相距 ℓ，半徑分別為 R 和 r。當小盤邊緣上一點 A 位於最右端時，求 A 點相對於固定在大盤上之座標系的速度和加速度。

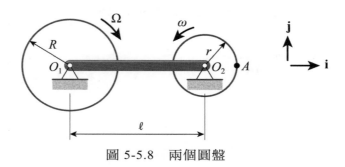

圖 5-5.8　兩個圓盤

 設想在大圓盤上固定一轉動座標系（圖中未畫出）。速度合成關係為

$$\mathbf{v}_A = \mathbf{v}_r + \mathbf{v}_{A^*}$$

由題設條件知

$$\mathbf{v}_A = \omega r \mathbf{j}, \quad \mathbf{v}_{A^*} = -\Omega(\ell + r)\mathbf{j}$$

由此求得相對速度為

$$\begin{aligned}
\mathbf{v}_r &= \mathbf{v}_A - \mathbf{v}_{A^*} \\
&= \omega r \mathbf{j} + \Omega(\ell + r)\mathbf{j} \\
&= [(\Omega + \omega)r + \Omega\ell]\mathbf{j}
\end{aligned}$$

加速度合成關係為

$$\mathbf{a}_A = \mathbf{a}_r + \mathbf{a}_C + \mathbf{a}_{A*}$$

由題設條件求得

$$\mathbf{a}_A = -\omega^2 r \mathbf{i}$$
$$\mathbf{a}_C = (-2\Omega\mathbf{k}) \times \mathbf{v}_r = 2\Omega[(\Omega + \omega)r + \Omega\ell]\mathbf{i}$$
$$\mathbf{a}_{A*} = -\Omega^2(\ell + r)\mathbf{i}$$

所以，相對加速度為

$$\begin{aligned} \mathbf{a}_r &= \mathbf{a}_A - \mathbf{a}_C - \mathbf{a}_{A*} \\ &= -\omega^2 r \mathbf{i} - 2\Omega[(\Omega + \omega)r + \Omega\ell]\mathbf{i} + \Omega^2(\ell + r)\mathbf{i} \\ &= -[(\Omega + \omega)^2 r + \Omega^2 \ell]\mathbf{i} \end{aligned}$$

例 ▶ 5-5.6

如圖 5-5.9 所示，半徑為 R 的主動齒輪「1」以角速度 ω、角加速 α 作逆時針方向轉動。長為 $3R$ 的曲柄 OA 以同樣大小的角速度和角加速度繞 O 點作順時針方向轉動。 M 是半徑為 R 的從動齒輪「3」邊緣上的一點，當 AM 垂直於 OA 時，求 M 點的速度和加速度。

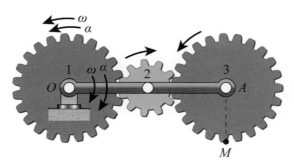

圖 5-5.9　齒輪傳動裝置

 (a) 速度：

將曲柄 OA 標號為「4」，並取它作為轉動座標系。在此座標系中，根據三個齒輪嚙合無滑動的條件可得關係式

$$R\omega_{14} = \frac{R}{2}\omega_{24} = R\omega_{34}$$

其中 ω_{14} 表示齒輪「1」對曲柄的相對角速度，其他符號類推。

將 $\omega_{14} = 2\omega$ 代入上式得

$$\omega_{14} = 2\omega , \quad \omega_{24} = 4\omega , \quad \omega_{34} = 2\omega$$

類似地可求得相對角加速度：

$$\alpha_{14} = 2\alpha , \quad \alpha_{24} = 4\alpha , \quad \alpha_{34} = 2\alpha$$

如圖 5-5.10 所示，M 對轉動座標系（曲柄）的相對速度為

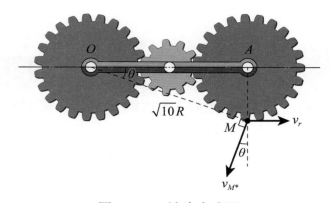

圖 5-5.10 速度合成圖

$$v_r = 2\omega R \quad (\text{水平向右})$$

轉動座標系上與 M 重合點的速度為

$$v_{M*} = \sqrt{40}R\omega \quad (\text{垂直於 } OM \text{，向左下方})$$

M 點的速度可表示為

$$\mathbf{v}_M = \mathbf{v}_r + \mathbf{v}_{M*}$$

注意到

$$\mathbf{v}_r = 2\omega R \mathbf{i}$$

$$\mathbf{v}_{M^*} = -\sqrt{10}R\omega\sin\theta\mathbf{i} - \sqrt{10}R\omega\cos\theta\mathbf{j}$$

$$\sin\theta = \frac{1}{\sqrt{10}}, \quad \cos\theta = \frac{3}{\sqrt{10}}$$

求得

$$\mathbf{v}_M = R\omega\mathbf{i} - 3R\omega\mathbf{j}$$

其大小為

$$v_M = \sqrt{10}R\omega$$

(b) 加速度：

如圖 5-5.11 所示，M 點對曲柄的相對加速度為

$$(a_r)_t = 2\alpha R \rightarrow$$
$$(a_r)_n = (2\omega)^2 R = 4\omega^2 R \uparrow$$

科氏加速度為

$$a_C = 2\omega(2\omega R) = 4\omega^2 R \downarrow$$

轉動座標系中與 M 重合點的加速度 $\mathbf{a}_{M^*} = (\mathbf{a}_{M^*})_t + (\mathbf{a}_{M^*})_n$，即

$$(a_{M^*})_t = \sqrt{10}R\alpha \quad （垂直於 OM，\swarrow）$$

$$(a_{M^*})_n = \sqrt{10}R\omega^2 \quad （指向 O 點，\nwarrow）$$

M 點的加速度合成關係為

$$\mathbf{a}_M = \mathbf{a}_r + \mathbf{a}_C + \mathbf{a}_{M^*}$$

由圖 5-5.11，M 點加速度的水平分量和垂直分量為

$$(a_M)_x = 2\alpha R - \sqrt{10}R\alpha\sin\theta - \sqrt{10}R\omega^2\cos\theta = R\alpha - 3R\alpha^2$$

$$(a_M)_y = (2\omega)^2 R - \sqrt{10}R\alpha\cos\theta + \sqrt{10}R\omega^2\sin\theta - 4\omega^2 R = R\omega^2 R - 3R\alpha$$

由此求得 M 點的加速度大小為

$$a_M = \sqrt{(a_M)_x^2 + (a_M)_y^2} = R\sqrt{10(\alpha^2 + \omega^4) - 12\omega^2\alpha}$$

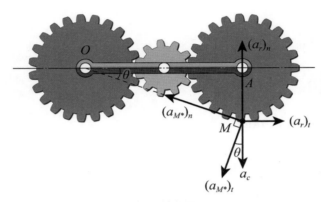

圖 5-5.11　加速度合成圖

5.6　結　語

　　本章討論剛體平面運動的運動學，重點是求剛體上的點（包括固定點和動點）的速度和加速度，這是學習剛體動力學的基礎。

　　剛體的平面運動可分三種形式：(1)平移；(2)定軸旋轉；(3)一般平面運動。一般平面運動可看成是隨基點的平移和繞基點的定軸旋轉之合成。

　　剛體的角速度是向量，用以描述剛體轉動的快慢和轉動的方向。此外，剛體的角速度在求剛體上的點的速度及加速度的運算中起著十分重要的作用。應記住兩個重要的微分運算法則：

(1) 固定在剛體上的向量對時間的導數（相對於某一參考系），等於剛體相對於同一參考系的角速度與該向量的叉積（見(5-3.7)式）。

(2) 一向量的絕對導數等於它相對於動座標系的相對導數加上動座標系的角速度叉乘這個向量（見(5-5.7)式）。

　　剛體上點的速度與加速度公式看似十分複雜，難以記憶。但只要記住，某點的速度和加速度分別是該點的位置向量對時間的一階及二階導數，寫出位置向量後，運用以上求導法則，速度和加速度的公式便可隨手寫出。建議讀者作為練習，自己重新推導有關公式。

　　剛體的瞬時速度中心（瞬心）的速度為零，但加速度一般不為零。靈活應用瞬心的概念，在有些情形下會使解題過程得到簡化（見例 5-4.4 至例 5-4.7）。

思考題

1. 剛體作平面運動，圖 t5.1 所示之速度是否正確。

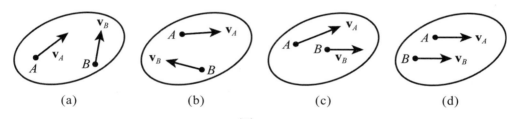

(a)　　　　　　(b)　　　　　　(c)　　　　　　(d)

圖 t5.1

2. 判斷下列敘述是否正確。
   (a) 速度瞬心的加速度等於零。
   (b) 速度瞬心是平面上的一個點，其位置不隨時間而變化。
   (c) 如果速度瞬心的加速度始終為零，則該瞬心一定是個固定點，於是平面運動也就簡化成繞固定軸的旋轉運動了。
   (d) 剛體平移運動時，剛體上各點的位移、速度及加速度均相等，剛體的角速度與角加速度恆等於零。
   (e) 剛體在某瞬時作平移運動，其上各點只是速度相等，而加速度不一定相等。又剛體只有該瞬時角速度為零而角加速度一般不等於零。
   (f) 一個質點可以有角速度。
   (g) 剛體平移運動時，其上各點的運動軌跡可以是空間曲線。
   (h) 剛體作曲線平移運動，剛體上各點的速度與加速度皆相等。
   (i) 加速度瞬心，加速度等於零而速度不等於零。
   (j) 位置、位移、速度、加速度與座標系的選取有關。

3. 剛體的角速度與平移座標架的方向有無關係？

4. 剛體的角速度與平移座標系的基點位置有無關係？

5. 半徑為 R 的圓環以等角速度 Ω 繞 O 轉動，小蟲 P 在邊緣上以等相對速率 u 爬行，如圖 t5.5 所示，則 P 的總加速度為 $R(\Omega + u/R)^2$。展開此式後得 $R(\Omega + u/R)^2 = R\Omega^2 + 2u\Omega + u^2/R$，此展開式等號右邊每一項代表什麼物理意義？

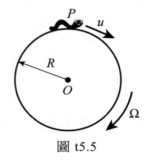

圖 t5.5

習 題

5.1 長度為 ℓ 的桿件 AB 在水平面與斜面上滑行：(a)以 v_A、ℓ、θ 和 ϕ 導出 AB 的角速度大小；(b)若 $a_A = 0$，求 AB 的角加速度。

5.2 半徑為 0.5 m 的圓盤沿斜面作純滾動，輪心在圖示位置的速度 $v_O = 1\,\text{m/s}$，加速度 $a_O = 3\,\text{m/s}^2$，求此時直徑兩端點 A 與 B 的加速度大小。

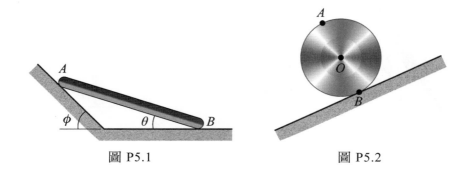

圖 P5.1   圖 P5.2

5.3 已知等邊三角形 OAB 邊長為 10 cm。它以角速度 $\omega = 5\,\text{rad/s}$，角加速度 $\alpha = 1\,\text{rad/s}^2$，繞經過 O 點的 z 軸旋轉，如圖所示。求 A 與 B 兩頂點的速度和加速度。

5.4 直角三角形板 ABC 在 xy 平面上運動，其頂點 A 和 B 的加速度為 $\mathbf{a}_A = 3\mathbf{i} - 2\mathbf{j}\,\text{m/s}^2$，$\mathbf{a}_B = \mathbf{i} + 5\mathbf{j}\,\text{m/s}^2$，求：(a)三角形板的角速度和角加速度；(b) C 點的加速度。

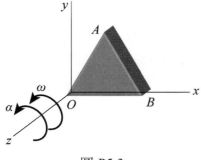

圖 P5.3

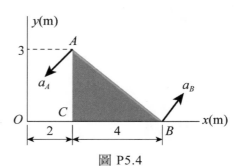

圖 P5.4

5.5 長 2 m 的 AB 桿作平面運動,在圖示之瞬間 A 點的速度 $v_A = 2\,\text{m/s}$,方向如圖所示。求 B 點可能有的最小速度,並求此時 AB 桿的角速度。

5.6 圖示的四連桿機構位於 xy 平面內,已知桿 OA 長為 $60\sqrt{2}\,\text{mm}$,在圖示的位置時角速度 $\omega = 10\,\text{rad/s}$,求此時:(a)桿 AB 和桿 BC 的角速度;(b) AB 桿中點 D 的速度。

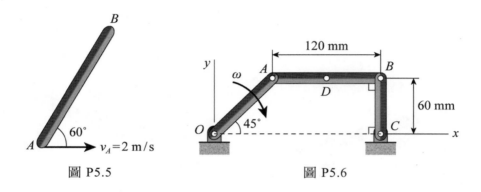

圖 P5.5　　　　　　　　　　　圖 P5.6

5.7 圖示的滾壓機構中,半徑為 R 的滾輪 B 沿水平面滾動而不滑動。曲柄 OA 長為 ℓ_2,連桿 AB 長為 ℓ_3。若曲柄以等角速度 ω 繞 O 點旋轉,求滾輪的角速度及角加速度。

5.8 在圖示的瞬間,滑塊的速度為 $0.6\,\text{m/s}\downarrow$。設圓柱 C 只滾不滑,求圓柱的角速度。

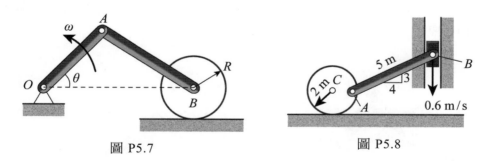

圖 P5.7　　　　　　　　　　　圖 P5.8

5.9 圖示的圓柱 C 與平板 A、B 之間不產生滑動,求圓柱角速度及 O 點與 B 點的速度。

5.10 半徑為 r 的圓柱 C,在半徑為 R 的圓弧上作純滾動,求其角速率 ω 與 $\dot{\theta}$ 的比值。

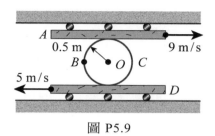

圖 P5.9

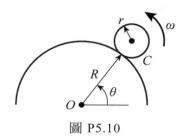

圖 P5.10

5.11 圖示的平板以 3 m/s 的速度水平向右運動，圓柱又以 0.6 rad/s 的角速度逆時針旋轉。求 B 和 C 點的速度。

5.12 腳踏車之驅動齒輪 A 的直徑為後齒輪 B 的直徑的兩倍。後齒輪與後輪具有相同的角速度，前後輪的直徑均為 0.8 m。設兩輪前進時均作純滾動。如欲使腳踏車以 3 m/s 前進，求齒輪 A 及 B 的角速度的大小。

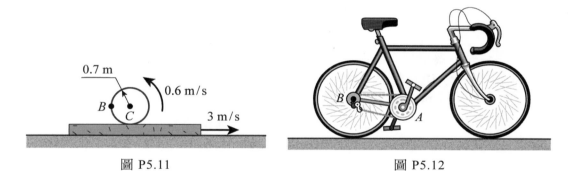

圖 P5.11

圖 P5.12

5.13 圓盤 D 在地面作純滾動，其角速度為 ω，角加速度為 α。 AB 桿長 ℓ，一端 A 點繫於盤緣上，另一端 B 點沿著地面運動，求當 A 位於頂點時，B 點的速度和加速度。

5.14 圖示的 AB 桿 A 端沿水平面以等速率 v_0 向左運動，在運動時桿恆與半徑為 R 的半圓相切。若 AB 桿與水平面的夾角為 θ，試以 θ 角表示桿的角速度。

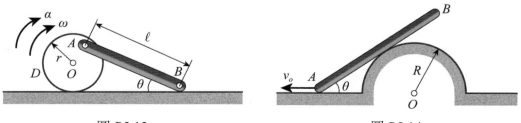

圖 P5.13

圖 P5.14

5.15 滑塊 B 根據方程 $x = 0.5 + 0.02t^2$ m 向右滑動，t 的單位為秒。求當 $x = 0.8$ m 時，桿 OA 的角速度。（提示： $\tan\theta = 0.1/x$ ，微分之）

5.16 履帶輪車以速度 v_0 及加速度 a_0 沿直線道路行駛，求其履帶上點 A、B、C 及 D 的速度和加速度大小。車輪的半徑為 R，不計輪緣與履帶間的滑動。

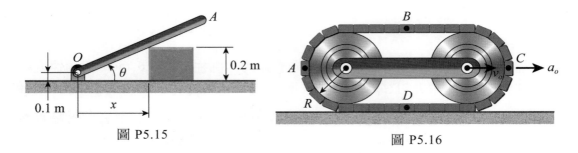

圖 P5.15   圖 P5.16

5.17 圖示的行星齒輪系，齒輪 B 為行星齒輪，環齒輪 C 固定不動，太陽齒輪 A 繞經 O 點之軸旋轉。今假設臂 OD 以角速度 ω 逆時針旋轉，A、B 及 C 齒輪的半徑為 r_A、r_B 及 r_C，求 A、B 齒輪的角速度。

5.18 如圖所示，AB 桿長 0.4 m，其端點 B 沿斜面運動，端點 A 繞經 O 點的軸轉動，$\overline{OA} = 0.6$ m。求當 AB 桿成水平時，B 點的速度和加速度。假設此時 $OA \perp AB$，OA 桿的角速度為 π rad / s，角加速度為零。

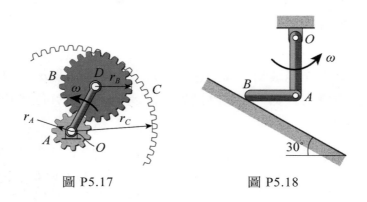

圖 P5.17   圖 P5.18

5.19 圖示的圓柱 A 與 B 的直徑均為 0.9 m，B 在水平面、A 在斜面上作純滾動，AB 桿長 4 m。在圖示之位置時圓柱 B 的質心速度為 8 km/h 向右。求圓柱 A、B 及桿 AB 的角速度。

5.20 均質圓柱 A 和 B 在水平面上作純滾動，其半徑均為 0.1 m，桿 AD 長 0.26 m，已知 B 點以等速度 5 m/s 向右運動。求圖示位置時 A 點的加速度。

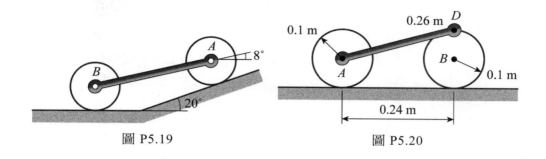

圖 P5.19   圖 P5.20

5.21　圖示的行星齒輪系中臂 OAB 以 $\omega = 15$ rpm 的轉速繞固定齒輪 1 的中心 O 旋轉，齒輪 2 和 3 的中心皆為 A 點，各齒輪的齒數，如圖所示。求小齒輪 4 每分鐘的轉速。

5.22　圖示的機構中，曲柄 $\overline{OA} = 0.1\,\mathrm{m}$ 並繞 O 點旋轉。在圖示的位置時角速度 $\omega_{OA} = 1\,\mathrm{rad/s}$ 及角加速度 $\alpha_{OA} = 1\,\mathrm{rad/s^2}$ 均為逆時針方向。求滑塊 A 相對於滑道的相對加速度及導桿 B 的加速度。

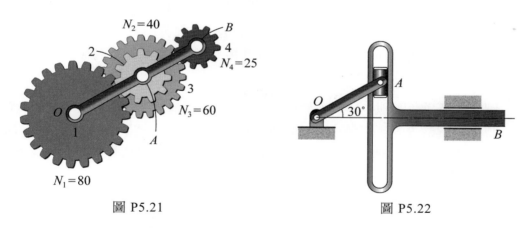

圖 P5.21   圖 P5.22

5.23　圖示的曲柄搖桿機構中，曲柄 OA 長為 100 mm，OB 長為 200 mm。OA 以等角速度 $\omega = 10\,\mathrm{rad/s}$ 順時針旋轉。求當 OA 位於水平位置時，搖桿 BC 的角速度大小。

5.24　半徑為 R 的圓環內裝滿液體，液體相對於圓環以等速率 u 在環內運動，圓環以等角速度 ω 繞 O 點旋轉。求圓環內 A 及 B 點處液體的加速度之大小。

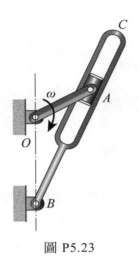

圖 P5.23

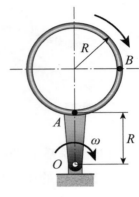

圖 P5.24

5.25 半徑為 r 的圓環以等角速度繞 O 點在 xy 平面內旋轉。以圓環的圓心 O' 為原點建立動座標系 $O'x'y'$，軸 $O'x'$ 沿直徑 OB 方向。在初始時刻 $t=0$ 時，點 B 位於 x 軸上。設圓環上一動點 M 在初始時刻與 B 點重合，並以相同的角速度 ω 沿圓環運動，在某一時刻的位置如圖所示。求任意時刻：(a) M 點的相對速度及相對加速度；(b) M 點的科氏加速度；(c) M 點的絕對速度及絕對加速度。

5.26 圖示的間歇性運動「日內瓦機構」中，固定於圓盤 A 上之帶動栓 E 於 $\theta=45°$ 時嵌入圓盤 B 的半徑槽中，旋轉 90° 後由槽中脫離。若圓盤 A 以 100 rpm 逆時針等角速度旋轉，$\overline{O_1E}=\overline{O_2E}=80\ mm$，求 $\theta=75°$ 時圓盤 B 的角速度和角加速度之值。

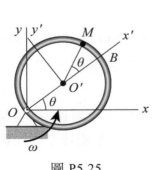

圖 P5.25

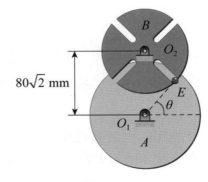

圖 P5.26

232

Chapter 06

剛體平面運動力學：
力與加速度

解決剛體平面運動力學問題有三種方法：(1)質心運動定理和相對於質心的角動量定理；(2)功能原理；(3)衝量與動量原理。本章討論第一種方法。第二、三種方法留待第 7 章和第 8 章討論。

剛體可看成質點系，因此質心運動定理和相對於質心的角動量定理均適用於剛體。同時，剛體又是一種特殊的質點系，即質點間的距離是固定不變的。因此，其運動方程式可以進一步簡化，下面就來討論這些問題。

6.1 質心運動定理

設有一平面剛體，其質量為 m，受到 $\mathbf{F}_1$、$\mathbf{F}_2$、…等外力之作用，質心的加速度為 $\mathbf{a}_G$，根據質心運動定理〔(2-6.7)式〕，我們有

$$\sum \mathbf{F}_i = m\mathbf{a}_G \tag{6-1.1}$$

注意： 方程(6-1.1)左邊 $\sum \mathbf{F}_i$ 代表所有外力的合力。（不必考慮剛體內各質點間的相互作用力，為什麼？）

方程(6-1.1)和一個質點的運動方程完全一樣，它描述了剛體隨質心的平移運動。至於剛體繞質心的轉動運動，則要用下面將要討論的對質心的角動量定理來描述。

將方程(6-1.1)往 x、 y 軸方向投影，可得兩個純量方程：

$$\sum F_x = ma_{Gx} \tag{6-1.2}$$
$$\sum F_y = ma_{Gy} \tag{6-1.3}$$

6.2 對質心的角動量定理

質點系的角動量定理只適用於慣性座標系，對於非慣性座標系一般不成立。但是，如果以質心為原點，建立一個跟隨質心作平移運動的座標系，雖然此座標

系為非慣性，但在質點系相對於此座標系的運動中，其對質心的角動量變化率與外力系對質心的力矩之間的關係與慣性系中的關係完全相同。

下面分三步來推導剛體相對於質心的角動量定理：

1. 先研究剛體的絕對運動對兩個不同點角動量的關係

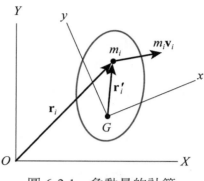

圖 6-2.1　角動量的計算

如圖 6-2.1 所示，設剛體上任一小質量 m_i 對於固定座標系原點 O 的位置向量為 $\mathbf{r}_i$，它對質心 G 的位置向量為 $\mathbf{r}'_i$。剛體作為一個質點系對 O 點的角動量為

$$\mathbf{H}_O = \sum \mathbf{r}_i \times (m_i \mathbf{v}_i) \tag{6-2.1}$$

對質心的角動量為

$$\begin{aligned}
\mathbf{H}^*_G &= \sum \mathbf{r}'_i \times (m_i \mathbf{v}_i) \\
&= \sum (\mathbf{r}_i - \overrightarrow{OG}) \times (m_i \mathbf{v}_i) \\
&= \sum \mathbf{r}_i \times (m_i \mathbf{v}_i) - \overrightarrow{OG} \times \sum m_i \mathbf{v}_i \\
&= \mathbf{H}_O - \overrightarrow{OG} \times m\mathbf{v}_G
\end{aligned}$$

或寫成

$$\mathbf{H}_O = \mathbf{H}^*_G + \overrightarrow{OG} \times m\mathbf{v}_G \tag{6-2.2}$$

其中 $\mathbf{v}_G$ 為質心的速度，m 為剛體的質量，$m\mathbf{v}_G$ 為剛體的動量，$\mathbf{H}^*_G$ 是剛體的絕對運動對質心的角動量。方程(6-2.2)表示了剛體的絕對運動對固定點 O 和對質心 G 的角動量之間的關係。

2. 再研究剛體對質心平移座標系的運動對質心的角動量

以質心為原點建立一個隨質心作平移運動的座標系 Gxy，則 $\dot{\mathbf{r}}'_i$ 為質點 m_i 相對於此座標系的速度，如圖 6-2.1 所示。由速度合成定理

$$\mathbf{v}_i = \mathbf{v}_G + \dot{\mathbf{r}}'_i$$

故有

$$\begin{aligned}
\mathbf{H}^*_G &= \sum \mathbf{r}'_i \times (m_i \mathbf{v}_i) \\
&= \sum \mathbf{r}'_i \times m_i (\mathbf{v}_G + \dot{\mathbf{r}}'_i) \\
&= (\sum m_i \mathbf{r}'_i) \times \mathbf{v}_G + \sum \mathbf{r}'_i \times (m_i \dot{\mathbf{r}}'_i)
\end{aligned}$$

因為質心為平移座標系 Gxy 的原點，故

$$\sum m_i \mathbf{r}'_i = 0$$

由此得

$$\mathbf{H}^*_G = \mathbf{H}_G \qquad\qquad (6\text{-}2.3)$$

其中 $\mathbf{H}_G = \sum \mathbf{r}'_i \times (m_i \dot{\mathbf{r}}'_i)$ 為剛體的相對運動對質心的角動量。

結論： 剛體的絕對運動對質心的角動量，等於相對於質心平移座標系的相對運動對質心的角動量。

3. 對質心的角動量定理

在第 4 章，我們推導了質點系的角動量定理〔見(4-5.8)式〕：

$$\sum \mathbf{M}_O = \dot{\mathbf{H}}_O \qquad\qquad (6\text{-}2.4)$$

其中 $\sum \mathbf{M}_O$ 表示外力對慣性座標系中固定點 O 的合力矩，$\dot{\mathbf{H}}_O$ 表示質點系對 O 點的角動量之變化率。這裡特別強調 O 點為固定點。在實際應用中這一要求很不方便，比如一個滾動輪子對地面上一固定點求角動量，比對輪子的質心求角動量要麻煩得多。現在我們來推導對質心的角動量定理。

將(6-2.2)式代入(6-2.4)式就導出相對於質心的角動量定理。由(6-2.2)式得

$$\begin{aligned}
\frac{d\mathbf{H}_O}{dt} &= \frac{d\mathbf{H}^*_G}{dt} + [\frac{d}{dt}(\overrightarrow{OG}) \times m\mathbf{v}_G + \overrightarrow{OG} \times \frac{d}{dt}(m\mathbf{v}_G)] \\
&= \frac{d\mathbf{H}^*_G}{dt} + \overrightarrow{OG} \times m\mathbf{a}_G
\end{aligned} \qquad\qquad (6\text{-}2.5)$$

又因

$$
\begin{aligned}
\sum \mathbf{M}_O &= \sum \mathbf{r}_i \times \mathbf{F}_i \\
&= \sum (\overrightarrow{OG} + \mathbf{r}'_i) \times \mathbf{F}_i \\
&= \overrightarrow{OG} \times \sum \mathbf{F}_i + \sum \mathbf{r}'_i \times \mathbf{F}_i \\
&= \overrightarrow{OG} \times m\mathbf{a}_G + \sum \mathbf{r}'_i \times \mathbf{F}_i
\end{aligned}
\tag{6-2.6}
$$

根據角動量定理，(6-2.5)式和(6-2.6)式左右兩邊相等。由此得

$$
\sum \mathbf{r}'_i \times \mathbf{F}_i = \frac{d\mathbf{H}^*_G}{dt}
\tag{6-2.7}
$$

上式左邊代表外力對質心的合力矩，右邊為剛體的絕對運動對質心的角動量對時間的變化率。應用(6-2.3)式，$\mathbf{H}^*_G = \mathbf{H}_G$，因此(6-2.7)式可寫成

$$
\sum \mathbf{M}_G = \dot{\mathbf{H}}_G
\tag{6-2.8}
$$

結論： 剛體對於質心平移座標系的相對運動對質心的角動量之變化率，等於所有外力對質心的力矩之和。這就是相對於質心的角動量定理。

因為剛體的絕對運動對質心的角動量，等於剛體對質心平移座標系的相對運動對質心的角動量，因此，在應用對質心的角動量定理時，不必區分是絕對運動，還是相對運動。但通常是用相對運動來計算角動量更方便。

根據定義，剛體相對於質心的角動量為

$$
\mathbf{H}_G = \sum \mathbf{r}'_i \times (m_i \dot{\mathbf{r}}'_i)
\tag{6-2.9}
$$

因為 $\mathbf{r}'_i$ 是固定在剛體上的向量，其導數等於剛體的角速度和 $\mathbf{r}'_i$ 之叉積，即

$$
\dot{\mathbf{r}}'_i = \boldsymbol{\omega} \times \mathbf{r}'_i
\tag{6-2.10}
$$

代入(6-2.9)式，得

$$
\mathbf{H}_G = \sum \mathbf{r}'_i \times (\boldsymbol{\omega} \times m_i \mathbf{r}'_i)
\tag{6-2.11}
$$

利用公式

$$\mathbf{A} \times (\mathbf{B} \times \mathbf{C}) = (\mathbf{A} \cdot \mathbf{C})\mathbf{B} - (\mathbf{A} \cdot \mathbf{B})\mathbf{C}$$

並注意到 $\boldsymbol{\omega} \perp \mathbf{r}'_i$，則(6-2.11)式變成

$$\mathbf{H}_G = (\sum m_i r_i'^2)\boldsymbol{\omega}$$

令

$$I_G = \sum m_i r_i'^2$$

代表剛體對質心的質量慣性矩，則剛體對質心的角動量最後可寫成

$$\mathbf{H}_G = I_G \boldsymbol{\omega} \tag{6-2.12}$$

由此，剛體對質心的角動量定理〔(6-2.8)式〕變成

$$\sum \mathbf{M}_G = I_G \boldsymbol{\alpha} \tag{6-2.13}$$

其中 $\boldsymbol{\alpha}$ 為剛體的角加速度。

最後我們要指出，對於剛體的平面運動，由於其角速度 $\boldsymbol{\omega}$ 垂直於運動平面，我們可以不用向量符號而只用正負號來表示剛體的角動量。

例 ▶ 6-2.1

一均質輪沿水平面無滑動滾動，如圖 6-2.2 所示。設輪子的質量為 m，質心的速度為 v，輪子的半徑為 r。求輪子的角動量：(a)相對於質心 G；(b)相對於地面上的固定點 O。

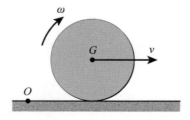

圖 6-2.2　輪子的角動量

解 (a) 因輪子作無滑動滾動，

$$v = \omega r \quad 或 \quad \omega = \frac{v}{r}$$

輪子對質心的質量慣性矩為

$$I_G = \frac{1}{2} m r^2$$

輪子對質心的角動量為（方向如圖所示）

$$H_G = I_G \omega = \frac{1}{2} m r^2 \omega = \frac{1}{2} m r v$$

(b) 由(6-2.2)式可知，輪子對 O 點的角動量等於兩項之和：第一項為輪子對質心的角動量，第二項為輪子的動量對 O 點之矩。第一項我們已求出為 $\frac{1}{2} m r v$，第二項為 $r(mv)$。因此，輪子對 O 點角動量之大小為

$$H_O = \frac{1}{2} m r v + m r v = \frac{3}{2} m r v$$

例 ▶ 6-2.2

　　如圖 6-2.3 所示，均質圓盤半徑為 R，質量為 m。細桿（質量不計）長為 L，繞 O 點轉動，角速度為 ω。求下列三種情況下圓盤對 O 點的角動量：

(a) 圓盤和桿之間無相對轉動；

(b) 圓盤繞 A 點轉動，相對於桿 OA 的角速度為 $-\omega$；

(c) 圓盤繞 A 點轉動，相對於桿 OA 的角速度為 ω。

圖 6-2.3　圓盤的角動量

 (a) 圓盤的角速度等於桿 OA 的角速度。根據(6-2.2)式，

$$\mathbf{H}_O = \mathbf{H}_G + \overrightarrow{OG} \times m\mathbf{v}_G$$

$\mathbf{H}_G$ 的大小為

$$H_G = I_G \omega = \frac{1}{2}mR^2\omega$$

因質心的速度為 $L\omega$，水平向右，故 $\overrightarrow{OG} \times m\mathbf{v}_G$ 的大小為 $mL^2\omega$。由此求得 $\mathbf{H}_O$ 的大小為

$$H_O = m(\frac{R^2}{2} + L^2)\omega$$

(b) 圓盤的角速度為 0，故 $H_G = 0$。但 $\overrightarrow{OG} \times m\mathbf{v}_G$ 的大小仍為 $mL^2\omega$。因此

$$H_O = mL^2\omega$$

(c) 圓盤的角速度為 2ω，故 $H_G = \frac{1}{2}mR^2(2\omega) = mR^2\omega$。$\overrightarrow{OG} \times m\mathbf{v}_G$ 的大小仍為 $mL^2\omega$。故

$$H_O = m(R^2 + L^2)\omega$$

6.3 自由體圖和有效力圖

方程(6-1.1)和(6-2.13)表明一個重要的事實：作用在剛體上的外力系等效於一個有效力系，此有效力系由合力 ma_G 和力偶 $I_G\alpha$ 構成，如圖 6-3.1 所示。

因為圖(6-3.1)左右兩邊彼此是等效的，因此左右兩邊沿著任意方向的投影應彼此相等，該圖左右兩邊對任一點取矩也應相等。這便是求解剛體動力學問題的一般方法，總結如下：

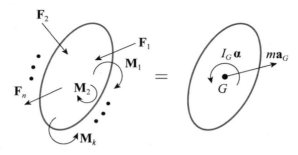

圖 6-3.1 剛體的自由體圖和有效力圖

(1) **選取研究對象。**

(2) **畫自由體圖和有效力圖。**（見圖 6-3.1）

(3) **列方程。** 自由體圖和有效力圖左右兩邊沿任意方向取投影，彼此應相等。但最好是沿著與未知力垂直的方向取投影，這樣未知力就不出現在方程中，使方程得到簡化。此外，自由體圖和有效力圖左右兩邊對任一點取力矩應彼此相對，由此得力矩方程。當然，為了使方程簡化，矩心的選擇很有技巧。通常選取多數未知力的相交點作為力矩中心，如此，這些未知力就不出現在方程中。

在第 6.2 節我們已指出，在應用角動量定理時，矩心的選取十分重要，如果選擇固定點為矩心，則質點系的角動量定理具有(6-2.4)式的簡單形式。如果選取質心為矩心，則無論對固定座標系或對隨質心運動的平移座標系，質點系的角動量定理仍具有簡單的形式〔(6-2.8)式〕。如果選取其他任意點為矩心，則角動量定理一般不成立，必須加修正項。那麼對任意點而言，角動量定理具有什麼形式？需不需要記住它？回答是：大可不必。只要遵循前面所列之解題步驟，畫出自由體圖和有效力圖（見圖 6-3.1），將該圖的左右兩邊對同一點（可以是任意點）取矩，並令其相等便得到對那一點的角動量定理，其中自然包含了修正項。

作為一個例子，下面我們從自由體圖和有效力圖出發，來推導對固定點的角動量定理。

 6-3.1

利用自由體圖和有效力圖推導剛體對固定點的角動量定理。

解 如圖 6-3.2 所示，設 O 點為固定點。將該圖左右兩邊對 O 點取矩，並令其相等，得

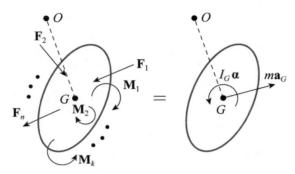

圖 6-3.2　對固定點的角動量定理

$$\sum \mathbf{M}_O = I_G \boldsymbol{\alpha} + \overrightarrow{OG} \times m \mathbf{a}_G$$
$$= \frac{d}{dt}(I_G \boldsymbol{\omega}) + \frac{d}{dt}(\overrightarrow{OG} \times m \mathbf{v}_G)$$
$$= \frac{d}{dt}(I_G \boldsymbol{\omega} + \overrightarrow{OG} \times m \mathbf{v}_G)$$

根據(6-2.2)式，上式右邊括號中的量就是剛體對 O 點的角動量 $\mathbf{H}_O$，由此得

$$\sum \mathbf{M}_O = \frac{d}{dt}(\mathbf{H}_O)$$

這就是對固定點的角動量定理。

6.4　應用舉例

例 ▶ 6-4.1

（平移運動）：一方板由三根繩子懸掛如圖 6-4.1 所示。當繩 *AF* 突然被切斷後，方板的加速度為何？

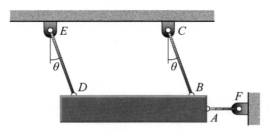

圖 6-4.1　繩 *AF* 切斷後方板的加速度

　(1) 研究對象：方板。

(2) 自由體圖和有效力圖。當繩 *AF* 剛被切斷時，方板的初速度為零，故 *B* 點繞 *C* 作圓周運動，沒有向心加速度，只有切線加速度。又因為方板作曲線平移運動，其質心的加速度和 *B* 點的加速度相同。由此可畫自由體圖和有效力圖如圖 6-4.2 所示。

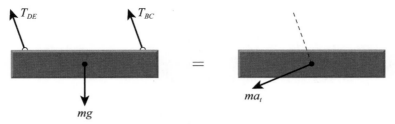

圖 6-4.2　方板的自由體圖和有效力圖

(3) 列方程：沿著垂直於 *BC* 的方向取投影得

$$+\swarrow \sum F_t : mg\sin\theta = ma_t$$

由此得

$$a_t = g\sin\theta$$

其方向垂直 BC。

（定軸轉動）：一複擺支點為 O，質心為 G，$\overline{OG} = \ell$，總質量為 m，相對質心的迴轉半徑為 k_G，如圖 6-4.3 所示。今將其由初始角為 θ_0 處靜止釋放，求任意位置時支點的反力。

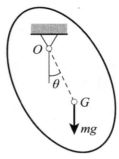

圖 6-4.3　複擺

 (1) 研究對象：複擺。

(2) 自由體圖和有效力圖：如圖 6-4.4 所示。

(3) 列方程：

$$+\nearrow \sum F_t : R_t - mg\sin\theta = m\ell\ddot\theta \tag{1}$$

$$+\nwarrow \sum F_n : R_n - mg\cos\theta = m\ell\dot\theta^2 \tag{2}$$

$$+\curvearrowleft \sum M_O : -mg\ell\sin\theta = mk_G^2\ddot\theta + (m\ell\ddot\theta)\ell \tag{3}$$

由(3)式得

$$m(k_G^2 + \ell^2)\ddot\theta = -mg\ell\sin\theta$$

或

$$\ddot{\theta} = -\frac{g\ell}{k_G^2 + \ell^2}\sin\theta \tag{4}$$

利用公式

$$\ddot{\theta} = \dot{\theta}\frac{d\dot{\theta}}{d\theta}$$

可將(4)式寫成

$$\dot{\theta}d\dot{\theta} = -\frac{g\ell}{k_G^2 + \ell^2}\sin\theta d\theta$$

積分之，得

$$\dot{\theta}^2 = \frac{2g\ell}{k_G^2 + \ell^2}(\cos\theta - \cos\theta_0) \tag{5}$$

將方程(4)代入(1)式，得

$$R_t = \frac{k_G^2}{k_G^2 + \ell^2}mg\sin\theta$$

將(5)式代入(2)式，得

$$R_n = mg(\frac{3\ell^2 + k_G^2}{k_G^2 + \ell^2}\cos\theta - \frac{2\ell^2}{k_G^2 + \ell^2}\cos\theta_0)$$

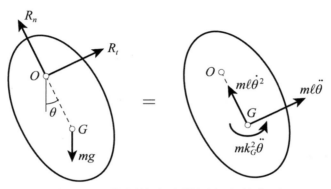

圖 6-4.4　複擺的自由體圖和有效力圖

例 ▶ 6-4.3

（打擊中心－center of percussion）：一複擺如圖 6-4.5 所示。O 為支點，質心為 G，$\overline{OG} = \ell$，總質量為 m，相對於 O 點的迴轉半徑為 k_o。水平力 F 的作用點為 Q，$\overline{OQ} = y$。問 y 為何值時，支點 O 處的水平反力 R_x 為零，此時 Q 點稱為打擊中心。

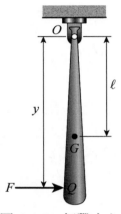

圖 6-4.5　打擊中心

 以複擺為研究對象，自由體圖和有效力圖如圖 6-4.6 所示。沿著水平方向取投影得

$$R_x + F = m\ell\alpha \tag{1}$$

對 O 點取矩得

$$Fy = I_G\alpha + (m\ell\alpha)\ell = (I_G + m\ell^2)\alpha$$

注意到

$$I_G + m\ell^2 = I_O = mk_o^2$$

故有

$$Fy = mk_o^2\alpha$$

或

$$F = \frac{mk_o^2}{y}\alpha \qquad\qquad (2)$$

代入(1)式得

$$R_x = m\alpha(\ell - \frac{k_o^2}{y})$$

如果 $\ell - \dfrac{k_o^2}{y} = 0$ 或 $y = k_o^2/\ell$，則 $R_x = 0$

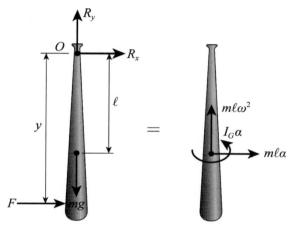

圖 6-4.6　複擺的自由體圖和有效力圖

例 ▶ 6-4.4

（一般平面運動）：均質細長桿 AB，質量為 m，長度為 L，在鉛直位置由靜止釋放，借 A 端的小滑輪沿傾角為 θ 的軌道滑下，如圖 6-4.7 所示。不計摩擦和小滑輪的質量，求剛釋放時 A 點的加速度。

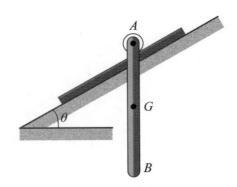

圖 6-4.7　下滑的均質桿

解 以均質桿為研究對象：自由體圖和有效力圖如圖 6-4.8 所示。注意：質心的加速度等於 A 點的加速度和相對於 A 點的相對加速度之和。由於剛釋放時，無初角速度，故相對加速度只有切線分量而無法線分量。

沿著斜面方向取投影，得

$$mg\sin\theta = ma_A - (m\frac{L}{2}\alpha)\cos\theta \tag{1}$$

對 A 點取矩，得

$$0 = -ma_A\frac{L}{2}\cos\theta + (m\frac{L}{2}\alpha)\frac{L}{2} + \frac{1}{12}mL^2\alpha \tag{2}$$

由(2)式，解得

$$\alpha = \frac{3a_A}{2L}\cos\theta$$

代入(1)式求得

$$a_A = \frac{4g\sin\theta}{1 + 3\sin^2\theta}$$

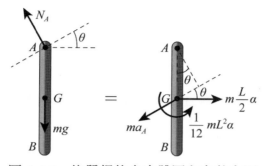

圖 6-4.8　均質桿的自由體圖和有效力圖

例 ▶ 6-4.5

（一般平面運動）：如圖 6-4.9 所示之均質桿 ACB，質量 $m = 4\,\mathrm{kg}$，桿長 $2\ell = 1.2$ 米，由兩個質量可忽略的滑塊帶動可沿導槽運動。今將桿由靜止釋放，此時 $\theta = 30°$。求：(1)剛釋放時桿的角加速度；(2)支點 A 處的反力。

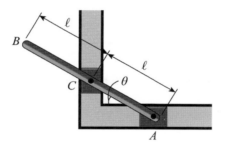

圖 6-4.9　均質桿的運動

 解　研究對象：均質桿。

自由體圖和有效力圖：如圖 6-4.10(a)所示。

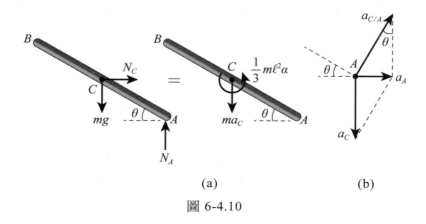

(a)　　　　　　　　　　(b)

圖 6-4.10

列方程：先計算質心的加速度表達式。由加速度合成定理

$$\mathbf{a}_A = \mathbf{a}_C + \mathbf{a}_{C/A}$$

因剛釋放時，桿無初角速度，故 $\mathbf{a}_{C/A}$ 無法線分量，只有切線分量 $\ell\alpha$，如圖 6-4.10(b)所示。

$$a_C = \ell\alpha\cos\theta \tag{1}$$

沿水平方向取投影，得

$$\xrightarrow{+}\sum F_x : N_C = 0 \tag{2}$$

對 A 點取矩，得

$$+\!\!\curvearrowleft\sum M_A : mg\ell\cos\theta = \frac{1}{3}m\ell^2\alpha + ma_C\ell\cos\theta \tag{3}$$

將(1)式代入(3)式，解得角加速度為

$$\alpha = \frac{3g\cos\theta}{\ell(1+3\cos^2\theta)} = 13.05 \ \text{rad/s}^2$$

沿垂直方向取投影，得

$$mg - N_A = ma_C = m\ell\alpha\cos\theta$$

由此求得 A 點的反力為

$$
\begin{aligned}
N_A &= mg - m\ell\alpha\cos\theta \\
&= 4\times9.81 - 4\times0.6\times13.05\times\cos30° \\
&= 12.07 \ \text{N}
\end{aligned}
$$

例 ▶ 6-4.6

如圖 6-4.11 所示，悠悠的質量為 m，對其質心 G 的迴轉半徑為 k_G，設悠悠從靜止開始運動，其在繩上作純滾動的下降，求其中心的加速度和繩子的張力。

圖 6-4.11　悠悠

解 (1) 研究對象：悠悠。

(2) 自由體圖和有效力圖：如圖 6-4.12 所示。

(3) 列方程：

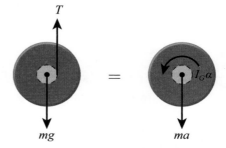

$$+\downarrow\sum F_y : mg - T = ma \quad (1)$$

$$+\circlearrowleft\sum M_G : Tr = I_G\alpha \quad (2)$$

圖 6-4.12　悠悠之自由體圖和有效力圖

由(1)和(2)式，得

$$a = g - \frac{I_G}{mr}\alpha \tag{3}$$

但悠悠在繩上作純滾動 $\alpha = a/r$，代入(3)式並由 $I_G = mk_G^2$，得

$$a = \frac{1}{1 + \frac{k_G^2}{r^2}}g \tag{4}$$

由上式可知，如果 k_G 很大，則悠悠的加速度 a 和重力加速度 g 比是很小的。例如 $k_G = 5r$ 時，則加速度 a 只有重力加速度 g 的二十六分之一。因此，悠悠可以悠然下落，好像重力加速度很小的自由落體。

將(4)式代入(1)式，解得繩子的張力

$$T = (\frac{k_G^2}{r^2 + k_G^2})mg$$

例 ▶ **6-4.7**

質量為 $10\ kg$，半徑為 $0.2\ m$ 的圓柱受到一力偶 $M = 18\ N \cdot m$ 的作用，如圖 6-4.13 所示。已知圓柱與水平地面間的靜摩擦係數 $\mu_s = 0.3$，動摩擦係數 $\mu_k = 0.26$，求圓柱的質心加速度和角加速度。

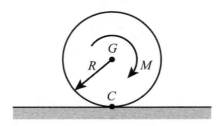

圖 6-4.13

解 以圓柱為研究對象，畫出其自由體圖和有效力圖，如圖 6-4.14 所示。注意到圓柱與地面的接觸點 C 有向左滑動的趨勢，故摩擦力 f 向右。對於滾動的問題，由於我們不知道圓柱是作純滾動或既滾且滑，所以一般我們都先假設圓柱作純滾動，此時質心加速度 a_G 與角加速度 α，滿足關係式 $a_G = R\alpha$。從圖 6-4.14 中，列方程得

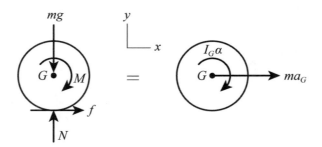

圖 6-4.14　圓柱的自由體圖和有效力圖

$$\xrightarrow{+} \Sigma F_x : f = ma_G = mR\alpha = 10(0.2)\alpha \tag{1}$$

$$+\uparrow \Sigma F_y : N - mg = 0 , \quad N = mg = 10(9.81) = 98.1\ N \tag{2}$$

$$+\circlearrowright \Sigma M_G : M - fR = I_G\alpha , \quad 18 - 0.2f = \frac{1}{2}(10)(0.2)^2\alpha \tag{3}$$

由(1)和(3)式，解得

$$\alpha = 30 \text{ rad/s}^2, \quad f = 60 \text{ N}, \quad a_G = 6 \text{ m/s}^2$$

此時我們必須檢驗摩擦力是否滿足純滾動的假設 $f \le \mu_s N$。最大靜摩擦力 $f_s = \mu_s N = 0.3(98.1) = 29.43 \text{ N}$，$f > \mu_s N$。摩擦力 f 大於最大靜摩擦力 f_s，顯然不合理。因此，我們先前假設圓柱作純滾動是錯的，圓柱應該既滾動且滑動。此時，摩擦力 $f = \mu_k N = 0.26(98.1) = 25.51 \text{ N}$。從圖 6-4.14 中，得

$$\xrightarrow{+} \sum F_x : \ f = ma_G, \quad 25.51 - 10a_G = 0$$

$$a_G = 2.55 \text{ m/s}^2 \rightarrow$$

$$+\circlearrowright \sum M_G : \ M - fR = \frac{1}{2}mR^2\alpha, \quad 18 - (25.51)(0.2) = \frac{1}{2}(10)(0.2)^2\alpha$$

$$\alpha = 64.5 \text{ rad/s}^2$$

例 ▶ 6-4.8

質量為 m 的均質圓盤，質心慣性矩為 I_G，平放於光滑水平面上，其受水平力情況如圖 6-4.15(a)、(b)、(c)所示。已知圓盤由靜止開始時運動，且 $R = 2r$，試說明圓盤將如何運動。

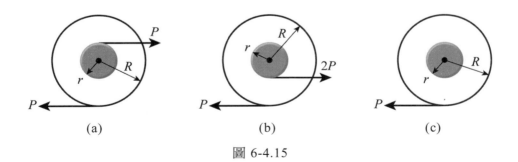

(a)　　　　　　　　(b)　　　　　　　　(c)

圖 6-4.15

解　由於接觸面光滑，故沒有摩擦力。以圓盤為研究對象，畫出其自由體圖和有效力圖，如圖 6-4.16 至圖 6-4.18 所示。

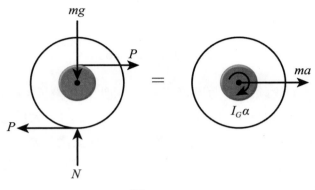

圖 6-4.16

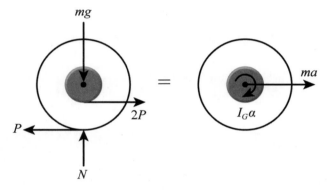

圖 6-4.17

對圖(a)：（見圖 6-4.16）

$$\xrightarrow{+} \sum F_x : P - P = ma, \quad a = 0$$

$$+\circlearrowright \sum M_G : PR + Pr = I_G\alpha, \quad \alpha = \frac{P(R+r)}{I_G}$$

質心速度和角速度為

$$v_G = at = 0$$

$$\omega = \alpha t = \frac{P(R+r)}{I_G} t \circlearrowright$$

所以圓盤以等角加速度順時針在原地旋轉。

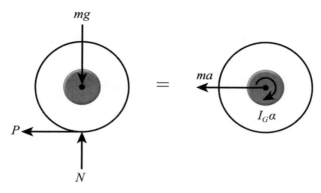

圖 6-4.18

對圖(b)：（見圖 6-4.17）

$$\xrightarrow{+}\Sigma F_x : 2P - P = ma , \quad a = \frac{P}{m}$$

$$+\circlearrowright\Sigma M_G : PR - 2Pr = I_G\alpha , \quad P(2r) - 2Pr = I_G\alpha , \quad \alpha = 0$$

質心速度和角速度為

$$v_G = \frac{P}{m}t \rightarrow$$
$$\omega = 0$$

所以圓盤以等加速度向右滑動而不滾動。

對圖(c)：（見圖 6-4.18）

$$\xrightarrow{+}\Sigma F_x : P = ma , \quad a = \frac{P}{m}$$

$$+\circlearrowright\Sigma M_G : PR = I_G\alpha , \quad \alpha = \frac{PR}{I_G}$$

質心速度和角速度為

$$v_G = \frac{P}{m}t \leftarrow$$
$$\omega = \frac{PR}{I_G}t \circlearrowright$$

圓盤與地面接觸點 C 的速度 $v_C = \dfrac{P}{m}t + \dfrac{PR^2}{I_G}t \leftarrow$ ，所以圓盤既滑動且順時針旋轉的向左運動。

6.5　結　語

　　本章討論剛體所受的力（包括力矩）和加速度（包括質心加速度和角加速度）的關係。這些關係可用三個定理描述：(1)質心運動定理；(2)對固定點的角動量定理；(3)對質心的角動量定理。根據這些定理可以建立運動方程。

　　角動量定理的形式和矩心位置有關，讀者應理解其物理意義，不必死背這些公式。這是因為，只要熟練掌握了建立運動方程的三個步驟，這些看似複雜的公式便會自然得到。這三個步驟是：(1)確定研究對象；(2)畫自由體圖和有效力圖；(3)列方程。

　　自由體圖就是在研究物體上標出所有外力和力矩。有效力圖就是在研究物體的質心上標出有效力以及有效力矩。有效力等於剛體質量和質心加速度的乘積，指向質心加速度方向。有效力矩的物理意義是角動量對時間的變化率，對作平面運動的剛體，有效力矩等於剛體對質心的慣性矩和角加速度的乘積，指向角加速度方向。

　　將自由體圖和有效力圖沿任何方向取投影並令其相等，這就是質心運動定理（見 6-1.1 式）。將自由體圖和有效力圖對任一點取矩並令其相等，由此得對該點的角動量定理（見 6-2.4 式）。特別，如果選剛體的質心為矩心，則得對質心的角動量定理（見 6-2.8 式）。

思考題

1. 如果作用在剛體上的合外力始終等於零，則剛體的運動狀態是否一直保持不變？

2. 質量均為 m，半徑皆為 R 的球 S、圓柱 C 及圓環 H，將它們置於相同粗糙的斜面上，由同一高度靜止開始一起滾下來，問誰先到達地面？

3. 物體作純滾動時的摩擦力等於零，這句話對嗎？

4. 如圖 t6.4 所示，兩個完全一樣的圓柱，一個中心固定，旋轉角速度為 ω，另一個沿地面作純滾動，角速度亦為 ω，此兩圓柱對各自中心 O 點的角動量是否相等。

 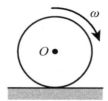

圖 t6.4

5. 為什麼北半球河流右岸的沖刷較大？又為什麼颱風在北半球為逆時針方向旋轉，而在南半球為順時針方向旋轉？

6. 如圖 t6.6 所示，質量為 m，半徑為 r 的均質圓盤與圓環鉸接在鉛直平面上，G 為質心。當 $\overline{OG}$ 均位於水平位置時同時以零初速度釋放，請問：
   (a) 在釋放瞬間，那個物體有較大的角加速度？
   (b) 在釋放瞬間，那個物體在鉸接 O 處的拘束反力較大？
   (c) 當 $\overline{OG}$ 擺至鉛直位置時，那個物體的動能較大？
   (d) 當 $\overline{OG}$ 擺至鉛直位置時，那個物體的動量較大？
   (e) 當 $\overline{OG}$ 擺至鉛直位置時，那個物體的角動量較大？

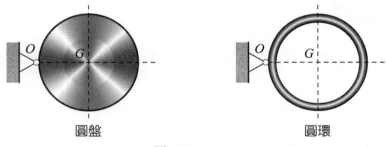

圓盤   圓環

圖 t6.6

7. 一水平力 F 離水平面高度 h，施於圓心為 C 的均質圓盤上。設圓盤作純滾動，圓盤與水平面間的摩擦力為 f，判斷下列敘述是否正確？

(a) h 越小，輪心加速度也越大。

(b) h 越大，輪心加速度也越大。

(c) 輪心加速度與 h 無關。

(d) h 越小，摩擦力越小。

(e) h 越大，摩擦力越小。

(f) 摩擦力大小與 h 無關。

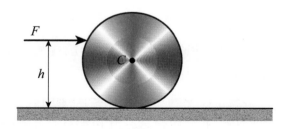

圖 t6.7

8. 當剛體繞定軸轉動時如果質心正好在轉軸上，是否存在打擊中心？

習　題

6.1　均質桿 AB 的質量為 m，長度為 ℓ，置於鉛垂面上，B 點與光滑水平面接觸。求力 F 需多大，方可使桿只作水平平移運動？

6.2　均質圓柱質量為 m，半徑為 R，受到一固定力偶 M 的作用從靜止開始在水平面上作純滾動。求質心 G 的加速度。

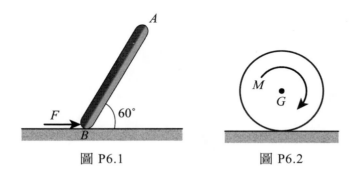

圖 P6.1　　　　　　　　　圖 P6.2

6.3　質量為 m，長度為 ℓ 的均質桿 AB 從圖示之位置靜止釋放，求此瞬間光滑水平面作用在桿上的力。

6.4　圖示的均質方形板和圓形板質量皆為 m，從靜止釋放，求角加速度及支承反力。

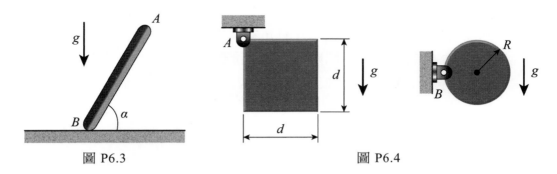

圖 P6.3　　　　　　　　　圖 P6.4

6.5　質量為 8 kg 的均質桿 AB，在圖示之位置時的角速度為 2 rad/s 逆時針方向，角加速度為 7 rad/s² 逆時針方向。已知垂直牆面為光滑，水平面與桿的摩擦係數 $\mu = 0.25$，求力 P 之值及 A、B 處的支承反力。

6.6 均質桿 AB 長 2ℓ，質量為 m 置於光滑的鉛垂面與水平面上，並和水平面成 $\theta = \theta_0$ 角度。今桿從靜止釋放，求：(a)桿的角速度及角加速度；(b)當桿脫離牆面時，θ 角之值。

6.7 圖示的均質圓輪質量為 m，對其質心的迴轉半徑為 k_G，圓輪受水平力 F 作用後只滾不滑，求靜摩擦力 f_s 的大小與方向。

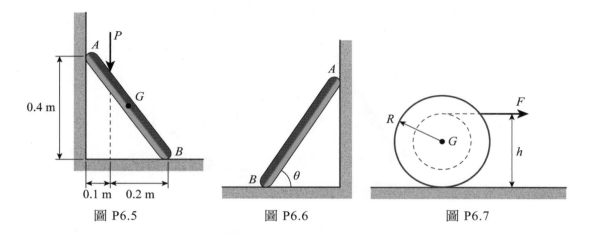

圖 P6.5 　　　 圖 P6.6 　　　 圖 P6.7

6.8 一均質圓輪質量為 10 kg，半徑 $R = 0.4\,\text{m}$，輪的中心有一半徑 $r = 0.2\,\text{m}$ 之軸，軸上繞兩條細繩，繩端各作用一不變的水平力，如圖所示。已知輪對其質心的迴轉半徑 $k_G = 0.3\,\text{m}$，且輪只滾動而不滑動，求輪的質心加速度。

6.9 一人用手向下壓硬幣使它具有向右的初速度 v_0，初角速度 ω_0 逆時針旋轉。已知硬幣的質量為 m，半徑為 r 且可視為均質圓盤，它與地面的摩擦係數為 μ。求：(a)經過多少時間硬幣開始不滑動；(b)求 v_0 和 ω_0 的關係使得硬幣在不滑動後：(1)繼續向右滾，(2)向左滾回，(3)停止不動。

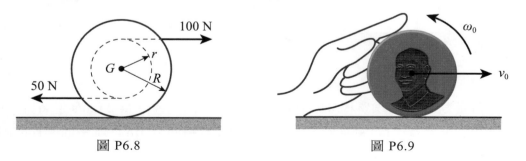

圖 P6.8 　　　　　　　　 圖 P6.9

6.10 圖示的均質方形板質量均為 m，邊長均為 b，且位於鉛垂面上。求繩索 B 被剪斷之瞬間，板的質心加速度和角加速度（提示：彈簧力和彈簧力偶不會突然改變）。

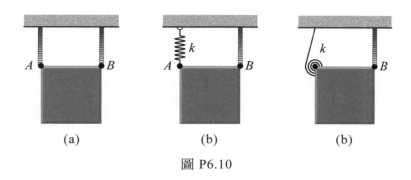

(a)　　　　　(b)　　　　　(b)

圖 P6.10

6.11 均質桿 AB 長 1 m，重 100 N，一端用軟繩繫住，設桿與水平地面的摩擦係數為 0.3。求將軟繩剪斷的瞬間，桿的角加速度和地面對桿的作用力。

6.12 均質滑輪 A、B 的質量分別為 10 kg、5 kg，半徑分別為 200 mm、100 mm，物體 C 的質量為 100 kg。求物體 C 上升的加速度。

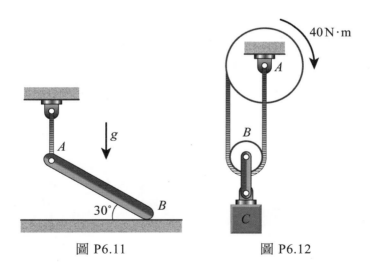

圖 P6.11　　　　　圖 P6.12

6.13 均質圓盤 B 質量為 10 kg，以角速率 $\omega = 100$ rpm 繞 AB 桿的 B 端旋轉，此時將圓盤 B 放在另一質量為 15 kg，原來為靜止的均質圓盤 C 上。設兩圓盤間的摩擦係數為 0.25。不計 AB 桿的質量，問自 B 盤放在 C 盤上後，經過多少時間兩輪間沒有滑動。

6.14 圓柱與圓管的半徑均為 r，由靜止沿圖示之斜面作純滾動，求 1 秒後兩者之間的距離。

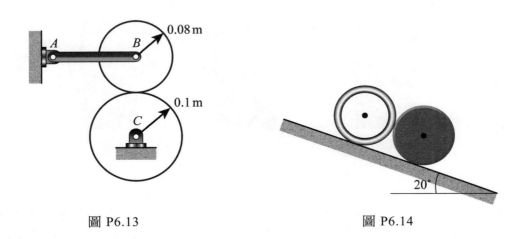

圖 P6.13   圖 P6.14

6.15 齒輪 A 和 B 的質量分別為 6 kg 及 15 kg，對其質心的迴轉半徑分別為 40 mm 及 80 mm，節圓半徑分別是 50 mm 及 100 mm。求當 B 齒輪的角加速度為 2 rad/s^2 時，力偶矩 M 之值。

6.16 一部前輪驅動的汽車質量為 1600 kg，輪胎半徑為 0.35 m，置於汽車動力測試器上，如圖所示。已知汽車的輪胎與測試器上的圓鼓間的摩擦係數為 $\mu_s = 0.8$，且圓鼓的質量慣性矩 $I_o = 2500$ kg·m^2。求測試中圓鼓所能達到的最大角加速度。

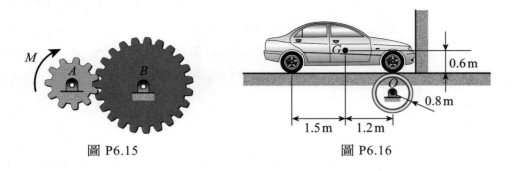

圖 P6.15   圖 P6.16

6.17 平板重 100 N 置於摩擦係數為 0.2 的水平面上。板上放置一個重 60 N 的圓柱，今在平板上施一水平力 $P = 250$ N。假設圓柱對板只滾不滑，求板的加速度。

6.18 圖示的均質圓輪 A 和圓柱 B 的質量均為 m，半徑皆為 R，兩輪的質心用直桿鉸接。假設圓輪 A 可視為質量集中於圓輪外緣的圓環，不計桿的質量，且系統沿斜面無滑動的滾下。求 AB 桿的加速度及桿中的內力。

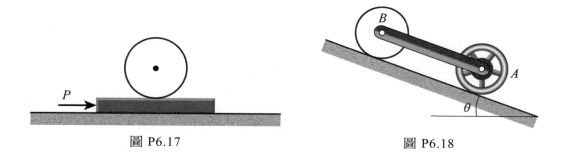

圖 P6.17　　　　　　　　　　圖 P6.18

6.19 質量為 6 kg，長為 1 m 的均質桿 AB 和 BC 在 B 處鉸接，今在 C 端施予一水平力。求此力作用開始的瞬間，兩桿的角加速度。

6.20 將上題中之力換成 10N·m 的力偶矩作用於 BC 桿上，求力偶作用開始的瞬間，兩桿的角加速度。

6.21 圖示的均質桿 AB 和 BC 質量均為 m，長度皆為 ℓ。今從靜止釋放，求釋放的瞬間，AB 桿的角加速度。

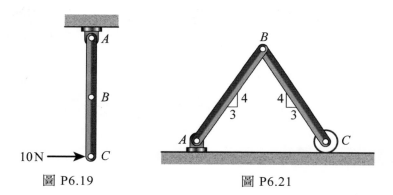

圖 P6.19　　　　　　　　　　圖 P6.21

6.22 均質圓輪重 1000 N，以 120 rpm 的轉速繞 O 點旋轉。今在 AB 桿上施一垂直於桿之力 F，經 10 秒後圓輪停止轉動，已知桿和圓輪間的摩擦係數 $\mu = 0.1$，求力 F 的大小。

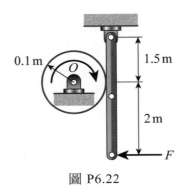

圖 P6.22

6.23～6.24　圖示的車架 A 的質量為 60 kg，圓柱 B 的質量為 40 kg，圓柱 C 的質量為 50 kg。兩圓柱的半徑均為 0.1 m。已知圓柱作純滾動，求水平力 $F = 30$ N 作用時車架的加速度。

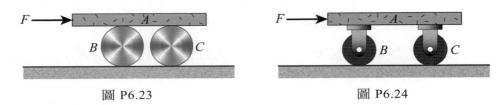

圖 P6.23　　　　　　　　　圖 P6.24

6.25　圖示的汽車的輪胎與路面的靜摩擦係數為 0.7，不計輪胎的旋轉，求汽車的最大可能加速度：(a)前輪驅動；(b)後輪驅動；(c)四輪驅動。

6.26　圓柱的質量為 m_1，從質量為 m_2 的三角柱上滾下，三角柱與地面間無摩擦，求三角柱的加速度。

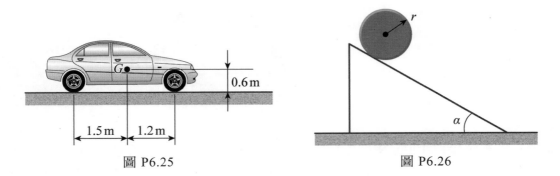

圖 P6.25　　　　　　　　　圖 P6.26

Chapter 07

剛體平面運動力學：
功與能

在第 3 章中我們介紹了質點與質點系的功能原理，它提供了解決力對質點運動之累積效果的有效方法。本章將此原理及有關的功能計算應用到作平面運動的剛體上。

7.1 力對剛體所作的功

剛體可視為一特殊的質點系，在第 3 章中我們曾經證明了只有外力才對剛體作功，而內力是不作功的。計算外力對剛體所作的功與計算外力對一質點所作的功很類似。如圖 7-1.1 所示，力 $\mathbf{F}$ 作用於剛體上的一點 A，當 A 點沿路徑 C 從位置「1」運動至位置「2」時，力 $\mathbf{F}$ 對剛體所作的功定義為

$$W_{1,2} = \int_C \mathbf{F} \cdot d\mathbf{r} \tag{7-1.1}$$

其中 $d\mathbf{r}$ 為力 $\mathbf{F}$ 之受力點 A 的微小位移。

若力 $\mathbf{F}$ 為保守力，則其對剛體所作的功只與「1」與「2」的位置有關而與路徑無關。例如圖 7-1.2 所示，重力對剛體所作的功 $W_{1,2} = -mg\Delta z$，只與質心 G 的高度座標差有關，而與路徑 C 無關。

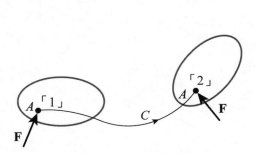

圖 7-1.1 力 $\mathbf{F}$ 對剛體所作的功

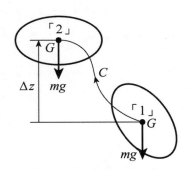

圖 7-1.2 重力對剛體所作的功

7.2 力偶所作的功

考慮圖 7-2.1 所示的力偶 $\mathbf{F}$ 與 $-\mathbf{F}$，其力偶矩的大小為 $M = Fr$，其中 r 為力偶臂。$\mathbf{F}$ 及 $-\mathbf{F}$ 所作功之和就是此力偶對剛體所作的功。設剛體有一微小位移，將使受力點 A 和 B 分別移動到 A' 和 B''。我們可將此位移分為兩部分，即剛體隨 A 平行移動的位移 $d\mathbf{S}_1$ 和剛體繞 A 點轉動的角位移 $d\theta$。這樣，$-\mathbf{F}$ 的受力點 A 的位移為 $d\mathbf{S}_1$，而 $\mathbf{F}$ 的受力點 B 的位移包括 $d\mathbf{S}_1$ 與 $d\mathbf{S}_2$，而 $dS_2 = r d\theta$。因為 $\mathbf{F}$ 與 $-\mathbf{F}$ 對平行移動的位移 $d\mathbf{S}_1$ 所作功之和為零，而 $\mathbf{F}$ 對 $d\mathbf{S}_2$ 所作的功為 $dW = F dS_2 = F r d\theta = M d\theta$。故力偶所作的功為

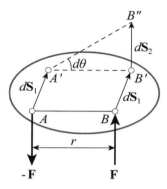

圖 7-2.1　力偶所作的功

$$dW = M d\theta \tag{7-2.1}$$

$$W = \int M d\theta \tag{7-2.2}$$

7.3 剛體作平面運動的動能

如圖 7-3.1 所示，質量為 m 的剛體的質心速度為 $\mathbf{v}_G$，角速度為 $\boldsymbol{\omega}$，則剛體上一任意點 P_i 的速度 $\mathbf{v}_i$ 為

$$\mathbf{v}_i = \mathbf{v}_G + \mathbf{v}_{i/G} \tag{7-3.1}$$

其中 $\mathbf{v}_{i/G}$ 為 P_i 相對於質心 G 之速度。此時質點 P_i 具有的動能 T_i 為

$$T_i = \frac{1}{2} m_i v_i^2 = \frac{1}{2} m_i (\mathbf{v}_i \cdot \mathbf{v}_i) \tag{7-3.2}$$

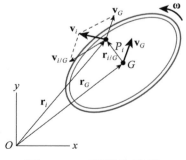

圖 7-3.1　剛體的動能

整個剛體的動能為各質點動能之和，因此剛體的動能 T 可寫成

$$T = \sum T_i = \frac{1}{2}\sum m_i(\mathbf{v}_i \cdot \mathbf{v}_i)$$ (7-3.3)

將(7-3.1)式代入(7-3.3)式，得

$$T = \frac{1}{2}\sum m_i(\mathbf{v}_G + \mathbf{v}_{i/G}) \cdot (\mathbf{v}_G + \mathbf{v}_{i/G})$$

$$= \frac{1}{2}\sum m_i(v_G^2 + v_{i/G}^2 + 2\mathbf{v}_G \cdot \mathbf{v}_{i/G})$$

$$= \frac{1}{2}(\sum m_i)v_G^2 + \frac{1}{2}\sum m_i v_{i/G}^2 + \mathbf{v}_G \cdot (\sum m_i \mathbf{v}_{i/G})$$ (7-3.4)

根據質心的定義可推知 $\sum m_i \mathbf{v}_{i/G} = 0$。此外各質點的質量和等於剛體的質量，即 $\sum m_i = m$，於是(7-3.4)式可改寫成

$$T = \frac{1}{2}mv_G^2 + \frac{1}{2}\sum m_i v_{i/G}^2$$ (7-3.5)

公式(7-3.5)表示**剛體的動能等於剛體的質量全部集中在質心時的質心動能，加上每一質點相對於質心的動能之和**。對於作平面運動的剛體 $v_{i/G} = \omega r_{i/G}$，代入(7-3.5)式，得

$$T = \frac{1}{2}mv_G^2 + \frac{1}{2}(\sum m_i r_{i/G}^2)\omega^2$$ (7-3.6)

上式右端第二項中的 $\sum m_i r_{i/G}^2$ 為剛體對其質心 G 的質量慣性矩 I_G，於是

$$T = \frac{1}{2}mv_G^2 + \frac{1}{2}I_G\omega^2$$ (7-3.7)

公式(7-3.7)說明了剛體作一般平面運動的動能等於剛體以質心速度運動的平移動能，加上剛體對質心的轉動動能。

下面討論兩種常見平面運動的動能表達式：

（一）平移

當剛體作平移運動時，角速度 $\omega = 0$，所以轉動動能等於零，於是剛體的動能簡化成

$$T = \frac{1}{2}mv_G^2 \qquad\qquad (7\text{-}3.8)$$

（二）繞定軸旋轉

如圖 7-3.2 所示，質量為 m 的剛體繞經過 O 點的固定軸旋轉，此時質心速率 $v_G = r_{G/O}\omega$，代入 (7-3.7)式後得

$$T = \frac{1}{2}(I_G + mr_{G/O}^2)\omega^2 \qquad (7\text{-}3.9)$$

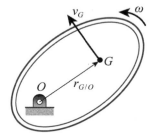

根據平行軸定理 $I_O = I_G + mr_{G/O}^2$，於是

圖 7-3.2　剛體繞定軸旋轉的動能

$$T = \frac{1}{2}I_O\omega^2 \qquad\qquad (7\text{-}3.10)$$

其中 I_O 為剛體對通過 O 點且與運動平面垂直之軸的質量慣性矩。

例 ▶ 7-3.1

一個不平衡的圓盤半徑為 $0.3\,\mathrm{m}$，質量為 $10\,\mathrm{kg}$，在地面上作純滾動，其質心 G 和圓心 O 的距離為 $0.1\,\mathrm{m}$，如圖 7-3.3 所示。若圓盤對 O 的迴轉半徑 $k_O = 0.2\,\mathrm{m}$，在圖示位置時 $\omega = 2\,\mathrm{rad/s}$，求圓盤的動能。

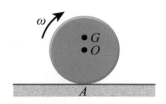

圖 7-3.3　圓盤的動能

 解法一

圓盤的動能

$$T = \frac{1}{2}mv_G^2 + \frac{1}{2}I_G\omega^2 \qquad\qquad (1)$$

但圓盤作純滾動，其與地面接觸點 A 的速度為零，因此質心速率

$$v_G = (\overline{AG})\omega = (\overline{AO} + \overline{OG})\omega = (0.3 + 0.1)(2) = 0.8 \text{ m/s} \tag{2}$$

應用平行軸定理

$$I_G = I_O - m(\overline{OG})^2 = mk_O^2 - m(\overline{OG})^2$$
$$= 10(0.2)^2 - 10(0.1)^2 = 0.3 \text{ kg·m}^2 \tag{3}$$

將(2)和(3)式代入(1)式，得

$$T = \frac{1}{2}(10)(0.8)^2 + \frac{1}{2}(0.3)(2)^2 = 3.8 \text{ kg·m}^2/\text{s}^2 = 3.8 \text{ J}$$

💡 解法二

因接觸點 A 為瞬心，圓盤的動能為

$$T = \frac{1}{2}I_A\omega^2 = \frac{1}{2}[I_G + m(\overline{AG})^2]\omega^2$$
$$= \frac{1}{2}[0.3 + 10(0.4)^2](2)^2 = 3.8 \text{ J}$$

例 ▶ 7-3.2

滑塊 B 以速度 v 水平向右運動，其上繫有一長為 2ℓ，質量為 m 的直桿 AE，如圖 7-3.4 所示。求桿 AE 的動能。

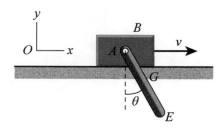

圖 7-3.4　桿的動能

採用直角座標系，並令 x 軸水平向右，則 AE 桿的質心速度為

$$\mathbf{v}_G = \mathbf{v}_A + \boldsymbol{\omega}_{AE} \times \overrightarrow{AG}$$
$$= v\mathbf{i} + \dot{\theta}\mathbf{k} \times (\ell \sin\theta\mathbf{i} - \ell\cos\theta\mathbf{j})$$
$$= (v + \ell\dot{\theta}\cos\theta)\mathbf{i} + \ell\dot{\theta}\sin\theta\mathbf{j}$$

故桿 AE 的動能為

$$T = \frac{1}{2}mv_G^2 + \frac{1}{2}I_G\omega_{AE}^2$$
$$= \frac{1}{2}m(v^2 + \ell^2\dot{\theta}^2 + 2v\ell\dot{\theta}\cos\theta) + \frac{1}{2}\cdot\frac{1}{12}m(2\ell)^2\dot{\theta}^2$$
$$= \frac{1}{2}mv^2 + \frac{2}{3}m\ell^2\dot{\theta}^2 + mv\ell\dot{\theta}\cos\theta$$

注意： A 點的速度並不等於零，故直桿的動能

$$T \neq \frac{1}{2}I_A\omega_{AE}^2 = \frac{1}{2}[\frac{1}{3}m(2\ell)^2]\dot{\theta}^2 = \frac{2}{3}m\ell^2\dot{\theta}^2$$

7.4 功能原理

在 3.3 節中，我們導出了質點系的功能原理為

$$T_1 + W_{1,2} = T_2 \tag{7-4.1}$$

或

$$W = \Delta T \tag{7-4.2}$$

而剛體是由許多質點組成的特殊質點系，因此對一個剛體而言，功能原理仍為(7-4.1)或(7-4.2)式。只是剛體中各質點的內力所作的功之和為零，所以使用功能原理時只需計算外力對剛體所作的功。

對於多個剛體連接在一起所構成的剛體系統，(7-4.1)式可應用於系統中的各個剛體。當然(7-4.1)式也可使用於整個剛體系統，此時我們必須計算整個系統在位置「1」和「2」的動能 T_1 和 T_2，以及計算外力與內力對各剛體所作的功之和 $W_{1,2}$。計算剛體系統的功時需注意：如果各剛體間為理想的光滑接觸或由不可伸長之繩子連接，則內力所作的功等於零，此時只需計算外力對剛體系統所作的功；如果各剛體間的接觸不是理想拘束，則必須考慮內力所作的功。

例 ▶ 7-4.1

一力和一力偶作用在質量為 2 kg，長度為 1 m 的均質桿 OA 上，在圖 7-4.1 所示之瞬間，桿在水平位置，其角速度 $\omega_1 = 5\ \text{rad}/\text{s}$，設作用力 10 N 在運動過程中始終與桿垂直，且桿在鉛垂面上運動。求桿向上旋轉 90° 後的角速度。

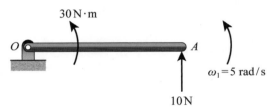

圖 7-4.1　例 7-4.1 之圖

 OA 桿在位置「1」和位置「2」的動能，可由圖 7-4.2 求得，即

$$T_1 = \frac{1}{2} I_O \omega_1^2 = \frac{1}{2}[\frac{1}{3}(2)(1)^2](5)^2 = 8.33\ \text{J}$$

$$T_2 = \frac{1}{2} I_O \omega_2^2 = \frac{1}{2}[\frac{1}{3}(2)(1)^2]\omega_2^2 = 0.33\ \omega_2^2$$

參考圖 7-4.2，OA 桿從位置「1」運動至位置「2」的過程中，支承反力 O_x 和 O_y 不作功（O 點沒有位移）。力偶所作的功為

$$(W_{1,2})_{力偶} = 30(\frac{\pi}{2}) = 47.12\ \text{J} \tag{1}$$

OA 桿的質心上升了 0.5 m，因此重力所作的功為

$$(W_{1,2})_{重力} = 2(9.81)(-0.5) = -9.81\,\text{J} \tag{2}$$

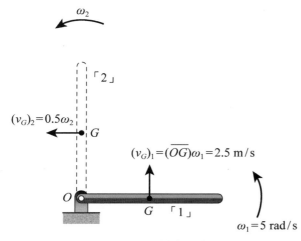

圖 7-4.2　運動過程

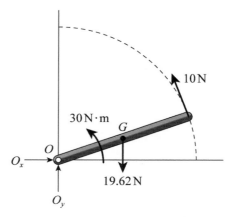

圖 7-4.3　桿運動過程的自由體圖

10 N 的力沿著與軌跡相切的方向移動了 $\frac{1}{2}\pi(1)$ 米之長度，故此力所作的功為

$$(W_{1,2})_{10\,\text{N}} = 10(\frac{1}{2})(\pi)(1) = 15.7\,\text{J} \tag{3}$$

由(1)、(2)、(3)式，得作用在 OA 桿的總功為

$$W_{1,2} = 47.12 - 9.81 + 15.7 = 53.01\,\text{J}$$

應用功能原理 $T_1 + W_{1,2} = T_2$，得

$$8.33 + 53.01 = 0.33\omega_2^2, \quad \omega_2 = 13.63\,\text{rad/s}\,\circlearrowleft$$

例 ▶ 7-4.2

一均質圓盤質量為 m，半徑為 R，在傾斜角為 β 的斜面上從靜止開始作純滾動，如圖 7-4.4 所示。以圓盤中心 G 的運動距離 x_G 來表示下列兩種情況的質心速度：(a)不計滾動阻力；(b)設滾動摩擦係數為 δ。

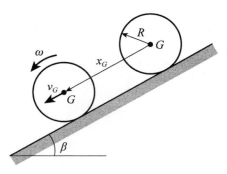

圖 7-4.4　滾動圓盤

 (a) 如圖 7-4.4 所示，圓盤的初動能 $T_1 = 0$，滾動 x_G 後其動能為

$$T_2 = \frac{1}{2}mv_G^2 + \frac{1}{2}I_G\omega^2$$

$$= \frac{1}{2}mv_G^2 + \frac{1}{2}(\frac{1}{2}mR^2)(\frac{v_G}{R})^2 = \frac{3}{4}mv_G^2$$

以圓盤為研究對象，畫出其自由體圖，如圖 7-4.5(a)所示。圓盤作純滾動，受力點 A 的速度為零，故摩擦力 f 和正向力 N 不作功，只有重力 mg 作功。當圓盤運動 x_G 距離後，外力所作的功為

$$W_{1,2} = mg\sin\beta x_G$$

利用功能原理 $T_1 + W_{1,2} = T_2$：

$$0 + mg\sin\beta x_G = \frac{3}{4}mv_G^2$$

解得

$$v_G = \sqrt{\frac{4g\sin\beta x_G}{3}}$$

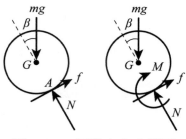

圖 7-4.5　圓盤之自由體圖

(b) 若考慮滾動阻力時，圓盤除了受摩擦力，正向力和重力外，還受到一個滾動阻力偶 $M = \delta N$ 的作用，其自由體圖如圖 7-4.5(b)所示。此滾動阻力偶作負功，當圓盤運動 x_G 距離，圓盤所轉動的角度 $\theta = x_G / R$，因此滾動阻力偶所作的功為

$$-M\theta = -\delta N(\frac{x_G}{R}) = -N\frac{\delta x_G}{R} = \frac{-mg\cos\beta\delta x_G}{R}$$

外力所作的總功為

$$W_{1,2} = mg\sin\beta x_G - \frac{mg\cos\beta x_G\delta}{R}$$

利用功能原理 $T_1 + W_{1,2} = T_2$，得

$$0 + mg\sin\beta x_G - \frac{mg\cos\beta x_G\delta}{R} = \frac{3}{4}mv_G^2$$

解得

$$v_G = \sqrt{\frac{4gx_G}{3}(\sin\beta - \frac{\delta\cos\beta}{R})}$$

例 ▶ 7-4.3

「悠悠」（見例 6-4.6）對其質心 G 的迴轉半徑 $k_G = 30\text{ mm}$，繩子所繞之圓軸的半徑 $r = 10\text{ mm}$，如圖 7-4.6 所示。求悠悠從靜止開始下落 80 mm 時的角速度。

圖 7-4.6　悠悠

 解 本題涉及位置的變化，可用功能原理求解。以悠悠為研究對象，其開始為靜止，故 $T_1 = 0$。悠悠下降 80 mm 時的動能，可從圖 7-4.7 中求得，即

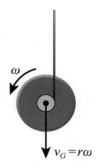

圖 7-4.7 悠悠的角速度和質心速度　　圖 7-4.8 自由體圖

$$T_2 = \frac{1}{2}mv_G^2 + \frac{1}{2}I_G\omega^2 \tag{1}$$

但悠悠在繩上作純滾動，質心速率 $v_G = r\omega = (0.01)\omega$，代入(1)式，並利用 $I_G = mk_G^2$，得

$$T_2 = \frac{1}{2}m(r\omega)^2 + \frac{1}{2}(mk_G^2)\omega^2$$

$$= \frac{1}{2}m[(0.01)\omega]^2 + \frac{1}{2}[m(0.03)^2]\omega^2$$

$$= 0.0005\,m\omega^2$$

如圖 7-4.8 所示，悠悠在下落過程中，繩子的張力 T 和內力不作功，只有重力 mg 作功，其值為

$$W_{1,2} = mg\Delta y = m(9.81)(0.08) = 0.785m \text{ J}$$

應用功能原理 $T_1 + W_{1,2} = T_2$，得

$$0 + 0.785m = 0.0005m\omega^2, \quad \omega = 39.6 \text{ rad/s} \curvearrowleft$$

例▶ 7-4.4

　　如圖 7-4.9 所示，行星齒輪系中齒輪 B 的半徑為 $0.1\,\mathrm{m}$，重 $50\,\mathrm{N}$，對其中心 A 的迴轉半徑 $k_A = 0.2\,\mathrm{m}$。齒輪 B 在固定的內齒輪 E 上滾動，臂 OA 長 $0.3\,\mathrm{m}$，重 $10\,\mathrm{N}$。系統剛開始是靜止的，今有一 $30\,\mathrm{N \cdot m}$ 的扭矩施於 OA 臂，求當 OA 臂旋轉至水平位置時的角速度 ω_{OA}。

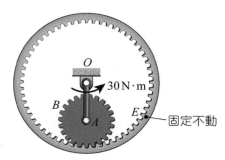

圖 7-4.9　行星齒輪系

　本題涉及位置的變換，可用功能原理求解。以臂 OA 和齒輪 B 為研究對象，畫出其在底部及水平位置的自由體圖，如圖 7-4.10 所示。齒輪 B 在齒輪 E 上作純滾動，接觸點 C_1 和 C_2 分別為齒輪 B 在位置「1」和「2」之瞬心。A 點繞 O 點旋轉速率 $v_A = (\overline{OA})\omega_{OA}$；但 A 點又繞 C_2 旋轉，$v_A = (\overline{C_2 A})\omega_B$，所以齒輪 B 的角速率

$$\omega_B = \frac{\overline{OA}}{\overline{C_2 A}}\omega_{OA} = 3\omega_{OA} \tag{1}$$

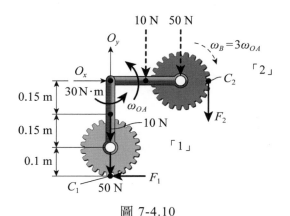

圖 7-4.10

又在運動過程中接觸點的速度為零，故齒輪 E 對 B 的作用力（在位置「1」為 F_1，和位置「2」為 F_2）不作功，只有重力和扭矩作功，其值為

$$W_{1,2} = 10(-0.15) + 50(-0.3) + 30(\frac{\pi}{2}) = 30.6 \text{ N·m}$$

系統在位置「1」的動能 $T_1 = 0$。應用(1)式和平行軸定理，系統在位置「2」時的動能

$$\begin{aligned}
T_2 &= (T_2)_{OA} + (T_2)_B = \frac{1}{2}(I_O)_{OA}\omega_{OA}^2 + \frac{1}{2}(I_{C_2})_B\omega_B^2 \\
&= \frac{1}{2}[\frac{1}{12}(\frac{10}{9.81})(0.3)^2 + \frac{10}{9.81}(0.15)^2]\omega_{OA}^2 + \frac{1}{2}[(\frac{50}{9.81})(0.2)^2 + \frac{50}{9.81}(0.1)^2](3\omega_{OA})^2 \\
&= 1.163\omega_{OA}^2
\end{aligned}$$

利用功能原理 $T_1 + W_{1,2} = T_2$：

$$0 + 30.6 = 1.163\omega_{OA}^2, \quad \omega_{OA} = 5.12 \text{ rad/s} \circlearrowleft$$

7.5　機械能守恆定律

當作用於剛體的力，只有保守力作功時，則系統在運動過程中動能與位能之和保持定值，稱為機械能守恆定律，即

$$T + V = 定值 \tag{7-5.1}$$

或

$$T_1 + V_1 = T_2 + V_2 \tag{7-5.2}$$

對於只有保守力作功的系統，使用機械能守恆定律，一般較功能原理簡單。

例 ▶ 7-5.1

均質桿 OA 長 ℓ，質量為 m，繞經 O 點之軸作無摩擦平面轉動，若其在水平位置靜止釋放，如圖 7-5.1 所示，求桿到鉛垂位置時的角速度。

圖 7-5.1　例 7-5.1 之圖

 以 OA 桿為研究對象。因 O 點固定，所以支承 O 點對桿的反力不作功，只有重力作功，這是一個保守系統，我們可用機械能守恆定律求解。取經 O 點的水平線為位能基準線，則位能

$$V_1 = 0 , \quad V_2 = -mg(\frac{\ell}{2}) = -\frac{1}{2}mg\ell$$

OA 桿在水平位置的動能 $T_1 = 0$，桿在鉛垂位置時的動能

$$T_2 = \frac{1}{2}I_O\omega^2 = \frac{1}{2}(\frac{1}{3}m\ell^2)\omega^2 = \frac{1}{6}m\ell^2\omega^2$$

應用機械能守恆定律 $T_1 + V_1 = T_2 + V_2$：

$$0 = \frac{1}{6}m\ell^2\omega^2 - \frac{1}{2}mg\ell$$

解得角速度

$$\omega = \sqrt{\frac{3g}{\ell}} \;\hookleftarrow$$

例 ▶ 7-5.2

質量為 m，半徑為 R 的半球體從圖 7-5.2(a)所示的位置自靜止開始運動，假設沒有滑動，求當其直徑面與地面平行時半球體的角速度。

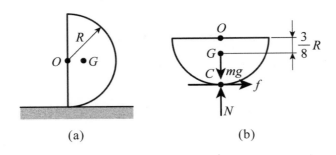

(a)　　　　　(b)

圖 7-5.2　半球體

 半球體在運動過程中只有重力 mg 作功，摩擦力 f 和正向力 N 不作功，因此可用機械能守恆定律求解。取地面作為位能基準線，則 $V_1 = mgR$ 〔見圖 7-5.2(a)〕，$V_2 = mg(R - \dfrac{3R}{8}) = \dfrac{5mgR}{8}$ 〔見圖 7-5.2(b)〕。半球體開始時靜止，故 $T_1 = 0$。當半球體直徑面與地面平行時，其與地面接觸點 C 為瞬心，此時之動能

$$T_2 = \frac{1}{2}I_C\omega^2 = \frac{1}{2}(I_G + m\overline{GC}^2)\omega^2 = \frac{1}{2}[(I_O - m\overline{OG}^2) + m\overline{GC}^2]\omega^2$$

$$= \frac{1}{2}\{[\frac{2}{5}mR^2 - m(\frac{3}{8}R)^2] + m(\frac{5}{8}R)^2\}\omega^2 = \frac{13}{40}mR^2\omega^2$$

利用機械能守恆定律 $T_1 + V_1 = T_2 + V_2$：

$$0 + mgR = \frac{13}{40}mR^2\omega^2 + \frac{5}{8}mgR$$

解得

$$\omega = 1.07\sqrt{\frac{g}{R}} \text{ rad/s} \circlearrowleft$$

例 ▶ 7-5.3

物體 B 的質量為 $15\,\mathrm{kg}$，用不可伸長的繩子經滑輪 C 繫繞於質量為 $20\,\mathrm{kg}$ 之圓輪 A 的凹槽上，圓輪 A 在水平桌面上作純滾動，一彈簧常數 $k = 500\,\mathrm{N/m}$ 之彈簧繫於輪心 O 上，如圖 7-5.3 所示。圓輪 A 對質心 O 的迴轉半徑 $k_O = 0.5\,\mathrm{m}$。不計滑輪的質量和摩擦，且開始時彈簧沒有變形，求物體 B 從靜止下落 $1\,\mathrm{m}$ 時的速率。

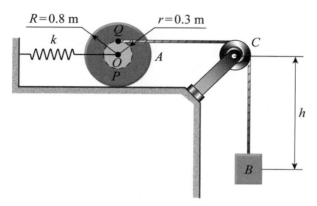

圖 7-5.3　例 7-5.3 之圖

 以圓輪 A、繩子和物體 B 為研究對象。作用於輪 A 的摩擦力與正向力不作功，內力也不作功，只有重力和彈簧力作功，故可應用機械能守恆定律求解。取經 O 點的水平線為重力位能的參考基準，則初始重力位能為

$$(V_1)_g = -m_B gh = -15(9.81)h = -147.2\,h$$

初始彈力位能為

$$(V_1)_e = 0$$

故圖示之系統的初始位能為

$$V_1 = (V_1)_g + (V_1)_e = -147.2h \tag{1}$$

初始動能 $T_1 = 0$，當物體 B 下降 $1\,\mathrm{m}$ 時，質心 O 點向右運動了（見圖 7-5.4）

$$\frac{0.8}{0.8+0.3} \cdot (1) = 0.727 \text{ m}$$

此時的彈力位能和重力位能為

$$(V_2)_e = \frac{1}{2}kx^2 = \frac{1}{2}(500)(0.727)^2 = 132.1$$

$$(V_2)_g = -m_B g(h+1) = -15(9.81)(h+1) = -147.2h - 147.2$$

系統的總位能為

$$V_2 = (V_2)_e + (V_2)_g = -15.1 - 147.2h \tag{2}$$

而系統的總動能為

$$T_2 = \frac{1}{2}m_B v_B^2 + \frac{1}{2}m_A v_O^2 + \frac{1}{2}I_O \omega_A^2 \tag{3}$$

從圖 7-5.4 中，得

$$v_O = \frac{0.8}{0.8+0.3}v_B = 0.727v_B \quad (P \text{ 點為 } O \text{、} Q \text{ 點之瞬心}) \tag{4}$$

$$I_O = m_A k_O^2 = 20(0.5)^2 = 5 \text{ kg} \cdot \text{m}^2 \tag{5}$$

$$\omega_A = \frac{v_O}{R} = \frac{0.727v_B}{0.8} = 0.908v_B \tag{6}$$

將(4)、(5)、(6)式代入(3)式，並取適當數值後，得

$$T_2 = 14.85v_B^2$$

利用機械能守恆定律 $T_1 + V_1 = T_2 + V_2$：

$$0 - 147.2h = 14.85v_B^2 - 15.1 - 147.2h$$

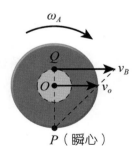

圖 7-5.4

解得

$$v_B = 1.01\,\text{m/s}$$

例 ▶ 7-5.4

圖 7-5.5 為兩個質量與尺寸皆相同的均質圓盤，其半徑為 150 mm，質量 $M = 10\,\text{kg}$。質量 $m = 2\,\text{kg}$ 的水平桿 BD 銷接在圓盤上，圖中 $\overline{AB}$ 平行 $\overline{CD}$，且 $\overline{AB} = 100\,\text{mm}$。設圓盤在地面上作純滾動運動，系統在圖示 $\theta = 30°$ 時由靜止釋放，求當 $\theta = 180°$ 時圓盤的角速度。

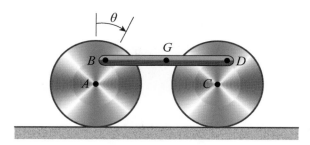

圖 7-5.5　例 7-5.4 之圖

 解　以兩圓盤和直桿構成的系統為研究對象。系統的外力包含重力、摩擦力與正向力。純滾動時圓盤與地面接觸點的速度等於零，摩擦力與正向力不作功，只有重力作功，可用機械能守恆定律求解。由於 $\overline{AB}$ 平行 $\overline{CD}$ 且 BD 為水平桿，因此在運動時 BD 桿只有平移運動而沒有旋轉運動。以兩圓心的連線 AC 為重力位能的基準線，在位置「1」($\theta = 30°$)時，系統的動能和位能分別為

$$T_1 = 0 \ ,\ \ V_1 = mg(\overline{AB}\cos 30°) = 2 \times 9.81 \times (0.1\cos 30°) = 1.70\,(\text{N}\cdot\text{m})$$

當 $\theta = 180°$ 時（位置「2」，見圖 7-5.6），設圓盤的角速度為 ω，則圓盤的質心速度為 $v_A = v_C = 0.15\omega$，桿的質心速度為 $v_G = 0.1\omega$。系統的動能為

$$T_2 = \frac{1}{2}Mv_A^2 + \frac{1}{2}I_A\omega^2 + \frac{1}{2}Mv_C^2 + \frac{1}{2}I_C\omega^2 + \frac{1}{2}mv_G^2$$

$$= \frac{1}{2}(10)(0.15\omega)^2 + \frac{1}{2}[\frac{1}{2}(10)(0.15)^2]\omega^2 + \frac{1}{2}(10)(0.15\omega)^2$$

$$+ \frac{1}{2}[\frac{1}{2}(10)(0.15)^2]\omega^2 + \frac{1}{2}(2)(0.1\omega)^2$$

$$= 0.3475\omega^2$$

位能為

$$V_2 = -mg(\overline{AB}) = -2 \times 9.81 \times 0.1 = -1.962(\text{N} \cdot \text{m})$$

應用機械能守恆定律 $T_1 + V_1 = T_2 + V_2$，得

$$0 + 1.70 = 0.3475\omega^2 + (-1.962)$$

解得圓盤的角速度

$$\omega = 3.25\,\text{rad/s}$$

圖 7-5.6

7.6 結 語

　　本章討論如何利用功能原理求解剛體動力學問題。為此必須熟練掌握「功」和「能」的計算。

　　力作的功等於力和受力點的位移的乘積（見 7-1.1 式）。力偶所作的功等於力偶和角位移的乘積（見 7-2.1 式）。

　　剛體的動能等於剛體隨質心速度作平移運動的動能，加上剛體相對於質心轉動的動能（見 7-3.7 式）。

　　功能原理：力和力偶對剛體所作的功等於剛體動能的增量。在利用功能原理時，最好標明剛體在位置「1」和「2」時的動能，以及外力和力偶從位置「1」到「2」時所作的功，然後按功能原理列方程。

　　機械能守恆原理是功能原理的特例，即：當外力為保守力時，剛體的動能和位能之和保持不變。在解題過程中，如外力為保守力，則應優先考慮使用這一原理。

思考題

1. 正向力對一個純滾動的輪子不作功，不論接觸曲面是固定的或是運動的？

2. 圓球在一固定曲面上作純滾動，則摩擦力不作功？

3. 老師手拿粉筆在黑板上畫一條直線，判斷下列各敘述的功是正、負或零。
   (a) 老師手拿粉筆之力，對粉筆所作的功。
   (b) 粉筆對黑板之力，對黑板所作的功。
   (c) 黑板對粉筆之反力，對粉筆所作的功。

4. 作用在物體瞬心之力是否對物體作功？

5. 如圖 t7.5 所示，圓盤在平板上作純滾動，平板又以速度 u 在地面上運動，c 為圓盤與平板的接觸點，此時圓盤的動能是否等於 $\dfrac{1}{2}I_c\omega^2$？

6. 如圖 t7.6 所示，一拋物線形的鐵絲繞其對稱軸旋轉，其上套有一個小圓球，它可以沿鐵絲自由滑動。問小圓球運動時是否機械能守恆。

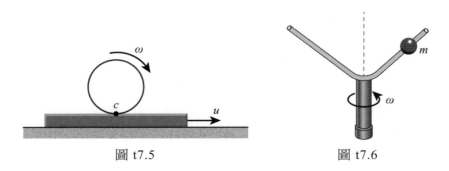

圖 t7.5　　　　　　　　　圖 t7.6

動力學
Dynamics

習 題

7.1 圖示的汽車總質量為 M，以速率 v 沿水平面行駛，每個輪子的質量為 m，半徑為 r，並可作均質圓盤看待且在路上作純滾動。求汽車的總動能。

7.2 質量為 m 的滑塊 A 以速度 v_1 相對於滑塊 B 而滑下，而質量為 M 的滑塊 B 則以水平速度 v_2 向右運動。求系統的總動能。

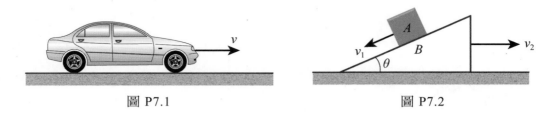

圖 P7.1 　　　　　　　　　　圖 P7.2

7.3 圖示的皮帶輪傳動機構，大輪的半徑為 R，質量為 M，小輪的半徑為 r，質量為 m，兩輪均可視為均質圓盤，皮帶的質量為 m_b。今小輪以角速度 ω 旋轉，且皮帶與輪之間沒有滑動，求系統的總動能。

7.4 均質圓柱體半徑為 R，質量為 m，靜止在粗糙的水平板上。今在平板上施以水平方向的定加速度 a，圓柱在平板上作純滾動，求圓柱在平板上滾動兩圈的過程中，摩擦力對圓柱所作的總功。

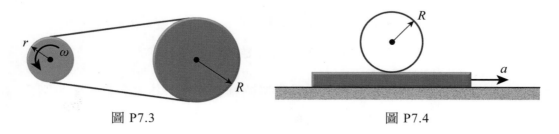

圖 P7.3 　　　　　　　　　　圖 P7.4

7.5 圖示的圓輪重 200 N，對其中心的迴轉半徑為 0.3 m。圓輪在彈簧伸長 0.5 m 時從靜止開始作純滾動。問：(a)圓輪的質心 G 可沿斜面向上運動多少距離；(b)然後質心 G 又能向下移動多遠。

7.6 圖示的均質桿 AB 在鉛垂位置以角速度 6 rad/s 繞 B 點順時針方向旋轉，當它擊中彈簧頂端 C 後將彈簧下壓了 0.1 m 而停止。求彈簧常數 k。

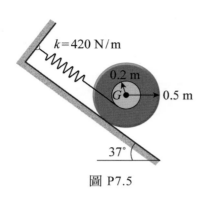

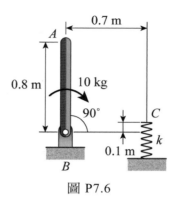

圖 P7.5　　　　　　　　　　圖 P7.6

7.7　　AB 桿的質量為 m，長度 $\ell = \sqrt{2}R$，在半徑為 R 的光滑半圓槽內運動。設桿在 $\theta = \theta_0$ 時從靜止釋放，求 AB 桿的角速率與 θ 角的關係。

7.8　　桿 AB 質量為 m，長度為 ℓ，從圖示的位置靜止開始下落，B 端沿光滑水平面滑動。將質心 C 的速率 v 以 h、ℓ、g 及角速率 ω 表示出來。

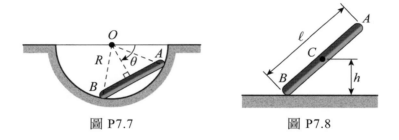

圖 P7.7　　　　　　　　　　圖 P7.8

7.9　　彈簧原長為 0.8 m，彈簧常數 $k = 80\,\text{N/m}$。質量為 10 kg，半徑為 0.25 m 的圓輪從圖示的位置從靜止開始沿半徑為 2 m 的內圓作純滾動。設圓輪對其質心的迴轉半徑為 0.2 m，求圓輪到達最低點時的角速度。

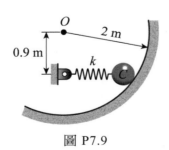

圖 P7.9

7.10 圖示的均質圓柱體半徑為 R，質量為 m，起初靜止在台邊上，且 $\theta = 0°$，今受到小擾動後無滑動地滾下。求圓柱體離開水平台時的角度 θ 之值和此時的角速度。

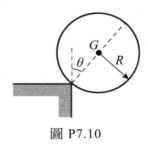

圖 P7.10

7.11 直桿 AB 質量為 m，長度為 $\sqrt{2}R$，從圖示的位置由靜止開始沿光滑的四分之一圓 AB 及水平面 BC 運動。求直桿滑到 BC 時的速率。

7.12 圖示的滑輪 P 重 120 N，半徑為 0.5 m，對中心 O 的迴轉半徑為 0.45 m。物體 A 重 200 N，彈簧常數 $k = 400 \, \text{N/m}$。系統從靜止開始釋放，此時彈簧的伸長量為 0.1 m。不計桿重，求滑輪 P 下降 0.025 m 後，滑輪的質心速度及加速度。

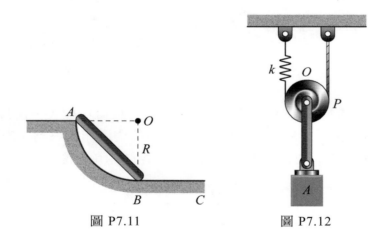

圖 P7.11   圖 P7.12

7.13 均質桿 AB 和 BC 的質量皆為 4 kg，小滾輪 C 可在鉛垂槽中自由滾動。系統從圖示的位置靜止釋放，不計滾輪的質量，求：(a) AB 桿水平時；(b) A 和 C 等高度時，BC 桿 C 端的速度。

7.14　圖示的均質桿 OA 和 AB 質量均為 m，長度皆為 ℓ， AB 桿的 B 端在光滑的水平面上滑動。今從圖示 $\theta = \theta_0$ 的位置由靜止釋放，求 OA 及 AB 桿成水平線時的角速度。

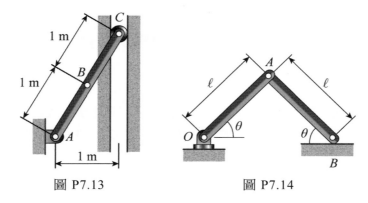

圖 P7.13　　　　　　　　　圖 P7.14

7.15　均質桿 OA 質量為 m 銷接於 O 點，而均質圓盤質量為 $2m$ 銷接於 A 點，系統從圖示的位置靜止釋放。求 A 點經過垂直位置時的速率。

7.16　圖示的行星齒輪系位於水平面上，齒輪 A 的半徑為 R，質量為 m_A，而齒輪 B 的半徑為 r，質量為 m_B，臂 OC 的質量為 m_a。齒輪可看作均質圓盤，而臂可當作均質桿。今在臂上施以不變的轉矩 M ，使系統從靜止開始運動，求臂轉動 θ 角時，臂的角速率。

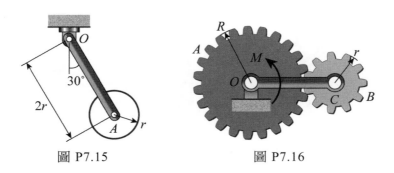

圖 P7.15　　　　　　　　　圖 P7.16

7.17　半徑為 r 的小球靜止在半徑為 R 的半球頂部，小球受小擾動後，開始無滑動地滾下。求小球脫離半球的角度 θ 。

7.18　彈簧常數為 k ，兩端分別連接在質量均為 m ，半徑均為 r 的兩個均質圓柱體的中心上。今將彈簧預先拉長 S 後放在水平面上從靜止釋放，求圓柱的最大質心速率。

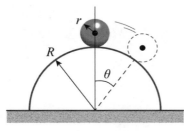

圖 P7.17

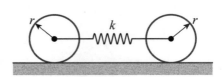

圖 P7.18

7.19 圖示的輸送帶中的輸送輪 B 受到固定力偶 M 的作用。輪 A 和 B 的半徑均為 R，質量皆為 m，並可視為均質圓柱。物體 C 的質量為 m'，將其放在輸送帶上，輸送機從靜止開始運動。不計輸送帶的質量，並假設輸送帶與輪之間沒有相對滑動，求物體移動距離 S 後的速率。

7.20 半徑為 R 的均質圓柱放置在粗糙的水平面上，長度為 2ℓ 的均質桿 OA，一端接在圓柱的中心 O，另一端則與地面接觸。圓柱和桿的質量皆為 m，桿與地面的夾角為 θ，摩擦係數為 μ。運動開始時 O 點有一水平速度 v_O 向右，求圓柱在停止前所經過的距離。

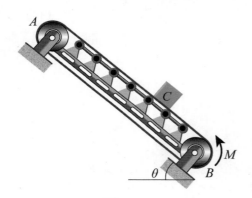

圖 P7.19

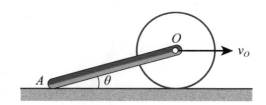

圖 P7.20

Chapter 08

剛體平面運動力學：
衝量與動量

在第 4 章中，我們曾說明對於涉及力、時間與速度的質點運動力學問題，使用衝量與動量原理特別有效。此原理對剛體運動力學亦有同樣的效果。本章討論剛體平面運動的線衝量與線動量原理，以及角衝量與角動量原理。另外，我們也將探討剛體平面運動的動量守恆和碰撞問題。

 ## 8.1　剛體平面運動的線動量與角動量

線動量與角動量分別是剛體平移與旋轉運動的兩個特徵量，對它們的定義必須有清楚的了解。

（一）線動量

剛體線動量 $\mathbf{L}$ 定義為剛體上各質點的線動量 $m_i\mathbf{v}_i$ 之向量和，即

$$\mathbf{L} = \sum m_i\mathbf{v}_i \tag{8-1.1}$$

應用(2-6.4)式，上式可寫成

$$\mathbf{L} = m\mathbf{v}_G \tag{8-1.2}$$

結論：剛體的線動量等於剛體的質量 m 與剛體的質心速度 $\mathbf{v}_G$ 的乘積。

（二）角動量

剛體的角動量為剛體上各質點對基點的角動量之和，在 6.2 節中，我們說明了角動量和基點的選取有關（見 6-2.2 式）。分析剛體平面運動時，一般以質心作為基點，此時角動量 $\mathbf{H}_G$（見 6-2.12 式）為剛體對經過質心的慣性矩 I_G 和剛體角速度 ω 的乘積，即

$$\mathbf{H}_G = I_G \omega \tag{8-1.3}$$

當剛體繞通過 O 點的固定軸旋轉時（見圖 8-1.1），根據(6-2.2)和(6-2.3)式，剛體對 O 點的角動量為

$$\mathbf{H}_O = \mathbf{H}_G + \overrightarrow{OG} \times m\mathbf{v}_G \tag{8-1.4}$$

式中等號右邊第二項為剛體的線動量對 O 點的矩。對平面運動而言，其值等於 $m\mathbf{v}_G$ 至 O 點的力臂 d 和剛體線動量大小 mv_G 的乘積，於是(8-1.4)式可寫成純量式：

$$H_O = I_G \omega + d m v_G \tag{8-1.5}$$

將 $v_G = d\omega$ 代入(8-1.5)式並利用平行軸定理，可得

$$H_O = (I_G + md^2)\omega = I_O \omega \tag{8-1.6}$$

其中 I_O 為剛體對通過 O 點之旋轉軸的質量慣性矩。

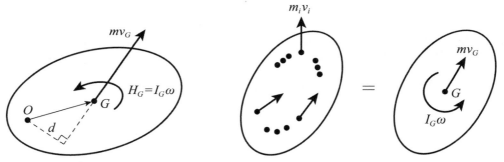

圖 8-1.1　剛體繞通過 O 點之軸旋轉
　　　　　的角動量

圖 8-1.2　剛體平面運動時的線動量
　　　　　和角動量

綜合上面所述，剛體作一般平面運動時，剛體中各質點的線動量之和，以及各質點對質心的角動量之和，可用圖 8-1.2 描述之，即

$$L = m v_G \tag{8-1.7}$$

$$H_G = I_G \omega \tag{8-1.8}$$

與合力及合力矩的化簡類似，當剛體繞通過 O 點之軸作旋轉運動時，它的線動量和角動量，可沿 OG 線向另一點 P 化簡成線動量，如圖 8-1.3 所示。這時 P 點稱為**打擊中心**(center of percussion)。我們將在例題 8-2.5 中說明如果外衝量的作用線經過打擊中心且與支點到打擊中心的連線垂直，則支點的反衝量將等於零。這在設計作碰撞工作的機器中，可使軸承的損壞減至最少。從圖 8-1.3 中，我們可看出打擊中心 P 至質心 G 的距離 d：

$$d = \frac{I_G \omega}{m v_G} = \frac{m k_G^2 \omega}{m \ell \omega} = \frac{k_G^2}{\ell} \qquad (8\text{-}1.9)$$

其中 k_G 為剛體對其質心的迴轉半徑。

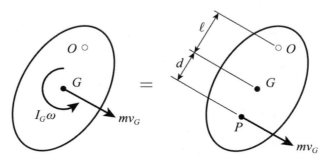

圖 8-1.3　打擊中心

例 ▶ 8-1.1

已知圖 8-1.4 中各均質剛體的質量皆為 m，求其線動量與對 O 點的角動量。

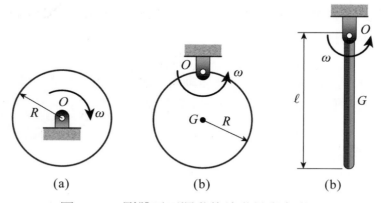

圖 8-1.4　剛體平面運動的線動量與角動量

解　對圖(a)：質心速度 $v_O = 0$，線動量 $L = m v_O = 0$。角動量為

$$H_O = I_O \omega = \frac{1}{2} m R^2 \omega \curvearrowright$$

對圖(b)：質心速度 $v_G = R\omega \rightarrow$，線動量 $L = mv_G = mR\omega \rightarrow$。角動量為

$H_O =$ 剛體對質心 G 的角動量 + 剛體質心動量對 O 點的矩

$$= I_G \omega + (mv_G)R$$

$$= \frac{1}{2}mR^2\omega + (mR\omega)R$$

$$= \frac{3}{2}mR^2\omega \,\circlearrowleft$$

對圖(c)：$v_G = \dfrac{\ell}{2}\omega \rightarrow$，線動量 $L = mv_G = \dfrac{1}{2}m\ell\omega \rightarrow$。角動量為

$$H_O = I_G \omega + mv_G(\frac{\ell}{2})$$

$$= \frac{1}{12}m\ell^2\omega + m\frac{\ell}{2}\omega(\frac{\ell}{2})$$

$$= \frac{1}{3}m\ell^2\omega \,\circlearrowleft$$

8.2　衝量與動量原理

剛體的平移運動方程(6-1.1)式，由於質量為常數，故可寫成

$$\sum \mathbf{F}_i = m\mathbf{a}_G = m\frac{d\mathbf{v}_G}{dt} = \frac{d}{dt}(m\mathbf{v}_G) \tag{8-2.1}$$

將兩邊乘以 dt，並由時刻 $t = t_1$ 積分到 $t = t_2$，得

$$m(\mathbf{v}_G)_1 + \sum \int_{t_1}^{t_2} \mathbf{F}_i dt = m(\mathbf{v}_G)_2 \tag{8-2.2}$$

等號左邊第二項稱為外力 $\mathbf{F}_i$ 對剛體的線衝量之和。(8-2.2)式稱為剛體平面運動的**線衝量與線動量原理**，它表示剛體在時刻 t_1 的初動量 $m(\mathbf{v}_G)_1$，加上外力 $\mathbf{F}_i$ 從時刻 t_1 到 t_2 間對剛體的線衝量之和，等於剛體在時刻 t_2 的末動量 $m(\mathbf{v}_G)_2$。(8-2.2)式亦可投影到適當的軸而得到純量方程。

剛體相對於質心的旋轉運動方程〔見(6-2.8)式〕為

$$\sum \mathbf{M}_G = \dot{\mathbf{H}}_G = \frac{d\mathbf{H}_G}{dt} \tag{8-2.3}$$

將上式兩邊乘以 dt，並由 $t = t_1$ 積分到 $t = t_2$，得

$$(\mathbf{H}_G)_1 + \sum \int_{t_1}^{t_2} \mathbf{M}_G dt = (\mathbf{H}_G)_2 \tag{8-2.4}$$

等號左邊第二項稱為外力對質心 G 之力矩的角衝量與力偶的角衝量之和。當剛體作平面運動時 $H_G = I_G \omega$，於是(8-2.4)式可用純量式寫成

$$I_G \omega_1 + \sum \int_{t_1}^{t_2} M_G dt = I_G \omega_2 \tag{8-2.5}$$

上式稱為剛體平面運動的**角衝量與角動量原理**，它說明剛體在時刻 t_1 的初角動量 $I_G \omega_1$，加上外力和外力偶對質心之矩從時刻 t_1 到 t_2 間對剛體的角衝量，等於剛體在時刻 t_2 的末角動量 $I_G \omega_2$。

　　剛體平面運動的衝量與動量原理，可用圖 8-2.1 表示。此圖包含三個純量方程：將等號兩邊分別沿著 x 和 y 方向取投影便得兩個純量方程；將等號兩邊對任意點（例如質心）取矩即得第三個純量方程。

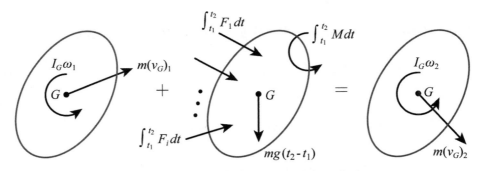

圖 8-2.1　剛體平面運動的衝量與動量原理

　　對於由多個剛體組成的多剛體系統，我們可以將剛體系統拆開，分別用衝量與動量原理分析。不過，在多數情況下，以整個剛體系為研究對象較方便（見例 8-2.3 和 8-2.4）。此時需注意剛體間的相接處為內力而不必畫出來，只需畫出外力和外力偶的衝量而得到衝量圖，並在每個剛體質心上畫上相應的線動量與角動量而得到初、末動量圖，然後對整個剛體系應用衝量與動量原理。

例 ▶ 8-2.1

如圖 8-2.2 所示，一圓鼓質量為 5 kg，半徑為 0.2 m，銷接在其中心點 G 上。一力 $F = 10$ N 施於繞在圓鼓上的繩子的末端，另有一力偶 $M = 2$ N·m 順時針方向作用於圓鼓上。設 $t = 0$ 時，圓鼓以 $\omega_1 = 6$ rad/s 的角速度沿順時針方向旋轉，圓鼓對其中心點 G 的迴轉半徑 $k_G = 0.15$ m。不計繩重，求 3 秒後圓鼓的轉速和支承反力。

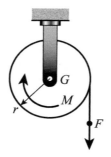

圖 8-2.2 例 8-2.1 之圖

 圓鼓的線動量 $L = mv_G = 0$，角動量 $H_G = I_G \omega = mk_G^2 \omega = 5(0.15)^2 \omega = 0.1125\omega$。以圓鼓和繩子為研究對象，畫出其在 $0 \leq t \leq 3$ 的衝量與動量圖，如圖 8-2.3 所示。

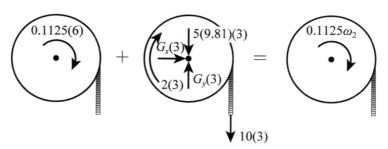

圖 8-2.3 圓鼓的衝量與動量圖

由線衝量與線動量原理，得

$$\xrightarrow{+} \sum L_x : m(v_{G_x})_1 + \sum \int_{t_1}^{t_2} F_x dt = m(v_{G_x})_2$$

$$0 + G_x(3) = 0 \tag{1}$$

$$+ \uparrow \sum L_y : m(v_{G_y})_1 + \sum \int_{t_1}^{t_2} F_y dt = m(v_{G_y})_2$$

$$0 + G_y(3) - 10(3) - 5(9.81)(3) = 0 \tag{2}$$

由角衝量與角動量原理，得

$$+ \circlearrowright \sum H_G : I_G \omega_1 + \sum \int_{t_1}^{t_2} M_G dt = I_G \omega_2$$

$$0.1125(6) + 2(3) + 10(3)(0.2) = 0.1125 \omega_2 \tag{3}$$

從(1)、(2)和(3)式解得支承反力

$$G_x = 0$$

$$G_y = 59.05 \text{ N}$$

及在 $t = 3\,\text{s}$ 時圓鼓的角速度

$$\omega_2 = 112.67 \text{ rad/s} \circlearrowright$$

例 ▶ 8-2.2

一圓球質量 $m = 5\,\text{kg}$，半徑 $R = 0.15\,\text{m}$，以質心速度 $v_1 = 6\,\text{m/s}$，角速度 $\omega_1 = 10\,\text{rad/s}$ 放置在粗糙的水平面上，如圖 8-2.4 所示。圓球和水平面間的動摩擦係數 $\mu_k = 0.1$。求經過多少時間後圓球才只滾而不滑地向前運動，並求此時的質心速度、角速度及圓球所走的距離。

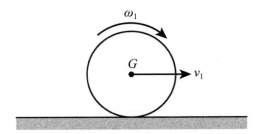

圖 8-2.4　例 8-2.2 之圖

解　本題涉及速度和時間的問題，可用衝量與動量原理求解。以圓球為研究對象，畫出其從時刻 $t = t_1 = 0$ 至 $t = t_2$ 作純滾動時的衝量與動量圖，如圖 8-2.5 所示。注意到 $R\omega_1 < v_1$，圓球與地面接觸點的速度向右，因此摩擦力 f 朝左。

$$\xrightarrow{\;+\;} \sum L_x : mv_1 - ft_2 = mv_2 \tag{1}$$

$$+\uparrow \sum L_y : Nt_2 - mgt_2 = 0 \tag{2}$$

$$+\circlearrowright \sum H_G : I_G\omega_1 + ft_2R = I_G\omega_2 \tag{3}$$

注意到純滾動時 $v_2 = R\omega_2$，圓球的質心慣性矩 $I_G = \dfrac{2}{5}mR^2$，摩擦力 $f = \mu_k N$。由(1)、(2)和(3)式解得

$$t_2 = \frac{2(v_1 - R\omega_1)}{7\mu_k g}$$

$$\omega_2 = \frac{2R\omega_1 + 5v_1}{7R}$$

$$v_2 = R\omega_2 = \frac{2R\omega_1 + 5v_1}{7}$$

代入數值後，得

$$t_2 = 1.31\,\mathrm{s} , \quad \omega_2 = 31.43\,\mathrm{rad/s} , \quad v_2 = 4.71\,\mathrm{m/s}$$

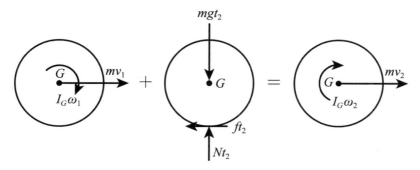

圖 8-2.5　圓球的衝量與動量圖

從 $t = 0$ 至 $t = t_2$ 摩擦力 $f = \mu_k N = \mu_k mg$ 為定值。因此，圓球的質心作等加速度運動，其加速度為

$$a = \frac{-\mu_k mg}{m} = -\mu_k g$$

設圓球所滾動的距離為 S，由公式

$$v_2^2 = v_1^2 + 2aS$$

$$(\frac{2R\omega_1 + 5v_1}{7})^2 = v_1^2 + 2(-\mu_k g)S$$

$$S = \frac{24v_1^2 - 4R^2\omega_1^2 - 20R\omega_1 v_1}{98\mu_k g}$$

代入數值後，得

$$S = 7.04 \text{ m}$$

例 ▶ 8-2.3

將例 8-2.1 之力 $F = 10\,\text{N}$ 換成一重 $10\,\text{N}$ 的物體 B，如圖 8-2.6 所示。若其他條件不變，求圓鼓在 $t = 3\,\text{s}$ 時的角速度。

圖 8-2.6　例 8-2.3 之圖

 以圓鼓、繩子和物體 B 一起為研究系統，並注意到 $v_B = r\omega = 0.2\,\omega$，畫出其衝量與動量圖，如圖 8-2.7 所示。

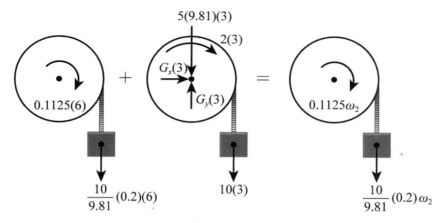

圖 8-2.7　剛體系的衝量與動量圖

應用角衝量與角動量原理：

$$+ \circlearrowright \sum H_G : 0.1125(6) + \frac{10}{9.81}(0.2)(6)(0.2) + 10(3)(0.2) + 2(3)$$

$$= 0.1125\omega_2 + \frac{10}{9.81}(0.2)\omega_2(0.2)$$

解得

$$\omega_2 = 84.29 \text{ rad/s} \circlearrowright$$

例 ▶ 8-2.4

如圖 8-2.8 所示，滑塊 A 質量為 $60\,\text{kg}$，用質量為 $40\,\text{kg}$ 的圓柱 B 和質量為 $50\,\text{kg}$ 的圓柱 C 支撐在水平面上，圓柱 B 和 C 的半徑均為 $r = 0.1\,\text{m}$。系統初始為靜止，今在時刻 $t = 0$ 時，一水平力 $F = 60\,\text{N}$ 施於 A 上。假設圓柱只作純滾動，求 $t = 2\,\text{s}$ 時滑塊 A 的速度及圓柱 B 和 C 的角速度。

圖 8-2.8　例 8-2.4 之圖

解 圓柱 B 和 C 皆作純滾動，它們的角速度 ω 與滑塊 A 的速度 v_A 的關係為 $v_A = 2r\omega = 2(0.1)\omega$，$B$ 和 C 的質心速度為 $v_B = v_C = r\omega = 0.1\omega$。分別以整個系統及圓柱 B 和 C 為研究對象，畫出其衝量與動量圖，如圖 8-2.9 所示。

對整個系統：

$$\xrightarrow{+}\sum L_x : 0 + 60(2) + f_B(2) + f_C(2) = 60(0.2)\omega + 40(0.1)\omega + 50(0.1)\omega \tag{1}$$

對圓柱 B：

$$+\circlearrowleft\sum H_E : 0 + f_B(2)(0.2) = 40(0.1)\omega(0.1) - \frac{1}{2}(40)(0.1)^2\omega \tag{2}$$

對圓柱 C：

$$+\circlearrowleft\sum H_D : 0 + f_C(2)(0.2) = 50(0.1)\omega(0.1) - \frac{1}{2}(50)(0.1)^2\omega \tag{3}$$

由(1)、(2)和(3)式解得圓柱 B 和 C 的角速度

$$\omega = 6.4 \text{ rad/s} \circlearrowleft$$

摩擦力

$$f_B = 3.2 \text{ N}, \quad f_C = 4 \text{ N}$$

及滑塊 A 的速度

$$v_A = 0.2\omega = 1.28 \text{ m/s} \rightarrow$$

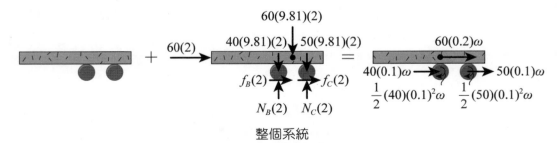

整個系統

圖 8-2.9 衝量與動量圖

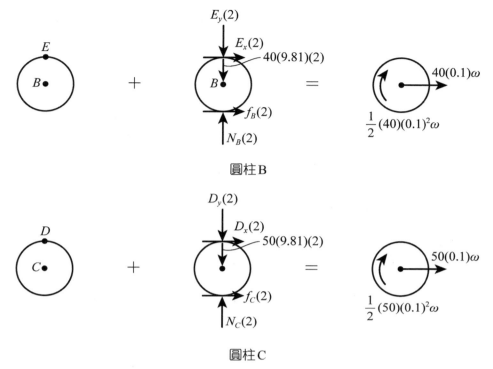

圖柱 B

圖柱 C

圖 8-2.9　衝量與動量圖（續）

例 ▶ 8-2.5

如圖 8-2.10 所示，一剛體繞通過 O 點之軸作平面旋轉運動，P 點為打擊中心。今有一外衝量 $F\Delta t$ 施於剛體上其作用線經過 P 點，求支承反衝量：(a) $F\Delta t$ 與 OP 不垂直時；(b) $F\Delta t$ 與 OP 垂直時。

圖 8-2.10　打擊中心

解 根據打擊中心的定義，剛體的線動量和角動量可用經打擊中心的線動量取代，如圖 8-2.11 所示。

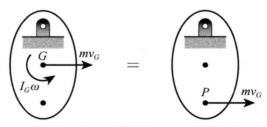

圖 8-2.11　線動量與角動量等效於通過打擊中心的線動量

(a) 以剛體為研究對象，畫出其受 $F\Delta t$ 作用的衝量與動量圖，如圖 8-2.12 所示。

$$+\circlearrowright \sum H_P : O_x\Delta t\,\overline{OP} = 0 \ , \quad O_x\Delta t = 0$$

$$+\uparrow \sum L_y : O_y\Delta t - F\Delta t\sin\theta = 0 \ , \quad O_y\Delta t = F\Delta t\sin\theta$$

所以水平支承反衝量 $O_x\Delta t = 0$，垂直支承反衝量 $O_y\Delta t = F\Delta t\sin\theta \neq 0$。

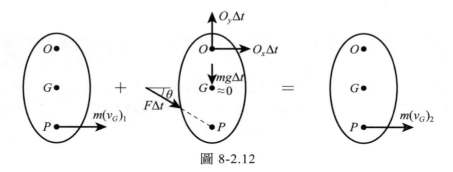

圖 8-2.12

(b) 如圖 8-2.13 所示的衝量與動量圖

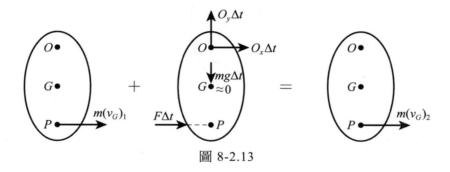

圖 8-2.13

$$+ \circlearrowright \sum H_P : O_x \Delta t (\overline{OP}) = 0, \quad O_x \Delta t = 0$$

$$+ \uparrow \sum L_y : O_y \Delta t = 0$$

故水平與垂直支承反衝量均等於零。

 ## 8.3　動量守恆

（一）線動量守恆

　　若作用在剛體或剛體系的合外力等於零，則作用在剛體或剛體系的合衝量等於零，根據衝量與動量原理[(8-2.2)式]，系統的動量將保持不變，此稱為**線動量守恆定律**。若合外力並不等於零，但其在某方向的投影等於零，則系統的線動量在那個方向守恆。例如圖 8-3.1 所示的滑塊 m 及斜面 M，它們在水平方向不受力，因此系統沿水平方向的線動量保持不變。

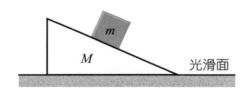

圖 8-3.1　水平方向線動量守恆

（二）角動量守恆

　　若作用在剛體或剛體系的合外力矩等於零，(8-2.4)式中的合角衝量等於零，系統的角動量保持不變，此稱為**角動量守恆定律**。例如圖 8-3.2 所示的冰上芭蕾舞選手，外力對垂直軸的合力矩等於零，選手繞垂直軸旋轉的角動量守恆，但選手可利用其雙手的姿態改變其慣性矩。圖 8-3.2 中，$I_1 > I_2$，但 $I_1 \omega_1 = I_2 \omega_2$，於是 $\omega_2 > \omega_1$，即當選手雙手擁抱時其旋轉角速度較大。

圖 8-3.2　角動量守恆之例

　　如圖 8-3.3 所示，調速器中小球 A 和 B 的質量均為 m，各桿長度均為 ℓ，桿重可忽略不計。設在圖(a)的位置時，調速器的角速度為 ω_θ，求當各桿鉛直時系統的角速度。

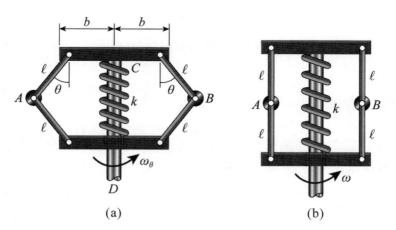

(a)　　　　　　　　(b)

圖 8-3.3　調速器之角動量守恆

解　作用於調速器的外力有 A 球和 B 球的重力及軸 CD 的支承反力。作用於 A 球和 B 球的重力平行於轉軸 CD，支承反力通過轉軸，這些外力對轉軸 CD

的力矩皆為零。因此，系統對轉軸 CD 的角動量守恆。在圖(a)位置時系統的角動量為

$$H_1 = m(b + \ell \sin \theta)\omega_\theta \cdot (b + \ell \sin \theta) + m(b + \ell \sin \theta)\omega_\theta \cdot (b + \ell \sin \theta)$$
$$= 2m(b + \ell \sin \theta)^2 \omega_\theta$$

系統在圖(b)位置時的角動量為

$$H_2 = mb\omega \cdot b + mb\omega \cdot b$$
$$= 2mb^2 \omega$$

由角動量守恆定律，得

$$H_1 = H_2, \quad 2m(b + \ell \sin \theta)^2 \omega_\theta = 2mb^2 \omega$$
$$\omega = \frac{(b + \ell \sin \theta)^2}{b^2} \omega_\theta$$

例 ▶ 8-3.2

圖 8-3.4 所示的水平均質大圓盤質量為 M，半徑為 R，它可繞經質心 G 的鉛垂軸 z 作無摩擦轉動。一個質量為 m 的人站在圓盤上，開始時人位於靜止圓盤的 A 點，在時刻 $t = 0$，人沿著圓盤在半徑為 r 的圓周走回出發點 A 後停止，求此時圓盤相對於地面轉動的角度。

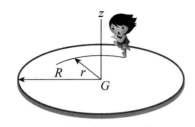
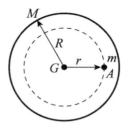
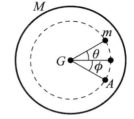

圖 8-3.4　例 8-3.2 之圖　　　　　圖 8-3.5　角動量守恆

 解　以人和圓盤一起為研究對象，人在圓盤上行走之力為內力，即人施於圓盤之力與圓盤施於人之力大小相等方向相反。外力對質心 G 的力矩為零，因此系統對質心 G 的角動量守恆。剛開始系統靜止，角動量為零，即

$$H_G = I_D\omega_D - I\omega = \frac{1}{2}MR^2\frac{d\phi}{dt} - mr^2\frac{d\theta}{dt} = 0 \tag{1}$$

式中 $I_D = \frac{1}{2}MR^2$ 為圓盤對 G 點的質量慣性矩，$I = mr^2$ 為人對 G 的慣性矩，而 $\omega_D = \frac{d\phi}{dt}$ 為圓盤的角速度，$\omega = \frac{d\theta}{dt}$ 為人繞圓盤行走的角速度。積分(1)式得

$$\frac{1}{2}MR^2(\phi - \phi_0) = mr^2(\theta - \theta_0) \tag{2}$$

應用初始條件 $t = 0$，$\phi = \phi_0 = 0$、$\theta = \theta_0 = 0$，得

$$MR^2\phi = 2mr^2\theta \tag{3}$$

當人沿圓周走回 A 點後，

$$\theta + \phi = 2\pi \tag{4}$$

由(3)、(4)式，解得圓盤轉動角度

$$\phi = \frac{2\pi}{1 + (MR^2 / 2mr^2)}$$

例 ▶ 8-3.3

如圖 8-3.6 所示，兩根長為 200 mm，質量為 1.6 kg 的均質桿 A，銷接於質量為 5 kg，迴轉半徑為 30 mm 的基座 B 上。兩桿直立時系統的轉速為 100 rpm。當系統受到微小干擾，兩桿將倒下。不計摩擦，求兩桿擺至水平位置時，基座的旋轉角速度。

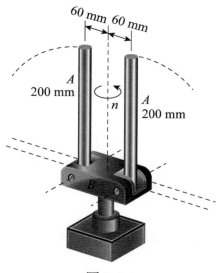

圖 8-3.6

 由於不計摩擦，系統只受重力，而重力平行轉軸因此對旋轉軸不產生力矩，故系統角動量守恆。兩桿直立時系統旋轉的轉速為 $n = 120\,\text{rpm}$，相當於角速度

$$\omega_1 = \frac{2\pi n}{60} = \frac{2 \times 3.14 \times 120}{60} = 12.56\,\text{rad/s}$$

兩桿直立與水平時，應用平行軸定理，系統對經基座之鉛垂軸的質量慣性矩分別為

$$I_1 = 5(0.03)^2 + 2[(1.6)(0.06)^2] = 0.1602\,\text{kg} \cdot \text{m}^2$$

$$I_2 = 5(0.03)^2 + 2[\frac{1}{12}(1.6)(0.2)^2 + (1.6)(0.06 + 0.10)^2] = 0.0971\,\text{kg} \cdot \text{m}^2$$

由角動量守恆 $I_1\omega_1 = I_2\omega_2$，得兩桿水平時基座的旋轉角速度

$$\omega_2 = \frac{I_1}{I_2}\omega_1 = \frac{0.1602}{0.0971} \times 12.56 = 20.72\,\text{rad/s}$$

8.4 碰撞運動

在第 4 章中我們討論了質點的衝擊運動和中心碰撞。本節討論剛體的碰撞問題，其基本假設為

(1) 碰撞的時間極短，剛體的位置保持不變，但剛體的速度和角速度可能會有很大的變化。

(2) 非衝擊力（重力、彈簧力等）和衝擊力相比是很小的，因此在碰撞期間，它們的衝量可忽略不計。

當兩個剛體碰撞時，我們可用恢復係數描述碰撞其間的速度拘束。如圖 8-4.1 所示，剛體 β_1 和 β_2 發生偏心碰撞，剛體 β_1 的 A 點以速度 $\mathbf{v}_A$ 碰撞剛體 β_2 上的 B 點，B 點的速度為 $\mathbf{v}_B$，碰撞後 A 和 B 點的速度分別為 $\mathbf{v}'_A$ 和 $\mathbf{v}'_B$。設 $\mathbf{v}_A$、$\mathbf{v}_B$、$\mathbf{v}'_A$ 及 $\mathbf{v}'_B$ 在碰撞線方向的分量分別是 $(v_A)_n$、$(v_B)_n$、$(v'_A)_n$ 及 $(v'_B)_n$，則恢復係數 e 的定義為

$$e = \frac{(v'_B)_n - (v'_A)_n}{(v_A)_n - (v_B)_n} \tag{8-4.1}$$

應用上述的基本假設及衝量與動量原理，配合恢復係數的應用，可解剛體的碰撞問題。

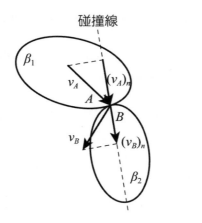
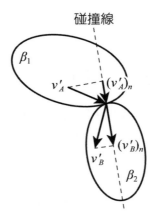

碰撞開始　　　　　　　　碰撞結束

圖 8-4.1　兩剛體的偏心碰撞

例 ▶ 8-4.1

一質量為 m 的子彈以水平速度 v_B 射入半徑為 R，質量為 M 的均質圓柱中，如圖 8-4.2 所示。假設圓柱初始為靜止，其與地面間的摩擦係為 μ，且 $m \ll M$。求子彈射入圓柱後，圓柱的角速度及質心速度。

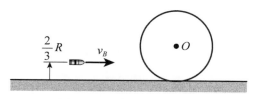

圖 8-4.2　例 8-4.1 之圖

解 以子彈和圓柱為研究對象，畫出其碰撞開始和結束時的衝量與動量圖，如圖 8-4.3 所示。

$$\xrightarrow{+} \sum L_x : mv_B = (M+m)v_O, \quad v_O = \frac{mv_B}{M+m} \approx \frac{mv_B}{M}$$

$$+ \curvearrowleft \sum H_O : mv_B \cdot \frac{R}{3} = I_O \omega, \quad \omega = \frac{mv_B R}{3I_O} \approx \frac{mv_B R}{3 \cdot \frac{1}{2} MR^2} = \frac{2mv_B}{3MR}$$

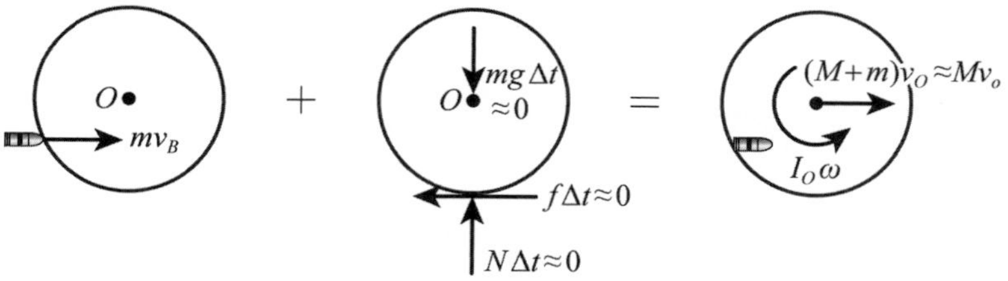

圖 8-4.3　子彈與圓柱碰撞之衝量與動量圖

例 ▶ 8-4.2

如圖 8-4.4 所示，質量 $m = 0.5 \text{ kg}$ 的小球 S 以速度 $v_S = 10 \text{ m/s}$ 撞擊質量 $M = 8 \text{ kg}$ 的 AB 桿之尾端。已知 AB 桿初始時為靜止，小球與桿之間的摩擦力可忽略不計，恢復係數 $e = 0.6$，求碰撞後小球的速度和桿的角速度。

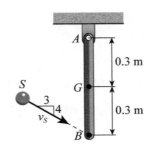

圖 8-4.4　小球與桿的碰撞

💡解　以桿件 AB 和小球 S 一起為研究系統，則它們碰撞時所產生的衝量為內衝量，畫出其衝量與動量圖，如圖 8-4.5 所示。

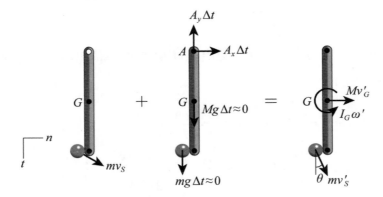

圖 8-4.5　小球與桿碰撞的衝量與動量圖

$$+ \circlearrowleft\sum H_A : mv_S(\frac{3}{5})(0.6) = mv'_S \sin\theta(0.6) + Mv'_G(0.3) + I_G\omega' \tag{1}$$

設碰撞後 B 點的速度為 v'_B，則恢復係數

$$e = 0.6 = \frac{(v'_B)_n - (v'_S)_n}{(v_S)_n - (v_B)_n} = \frac{v'_B - v'_S \sin\theta}{v_S(\frac{3}{5}) - 0} \tag{2}$$

再以小球為研究對象，由於摩擦力忽略不計，因此小球與桿碰撞時，切線方向的衝量可忽略不計。畫出小球的衝量與動量圖，如圖 8-4.6 所示。

$$+ \downarrow \sum L_t : mv_S(\frac{4}{5}) = mv'_S \cos\theta \tag{3}$$

因為桿 AB 繞 A 點旋轉，故 $v'_G = 0.3\omega'$。 $I_G = \dfrac{1}{12}(8)(0.6)^2$ ， $m = 0.5\,\mathrm{kg}$ ， $M = 10\,\mathrm{kg}$ ， $v_S = 10\,\mathrm{m/s}$ ， $v'_B = 0.6\omega'$。將前述的數據代入(1)、(2)和(3)式，解得

$$v'_S = 8.32\,\mathrm{m/s} ，\quad \theta = -16° ，\quad \omega' = 2.18\,\mathrm{rad/s} \circlearrowleft$$

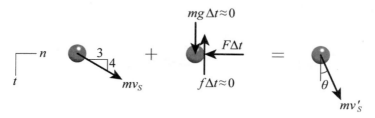

圖 8-4.6　小球碰撞之衝量與動量圖

例 ▶ 8-4.3

質量 $m = 10\,\mathrm{kg}$ ，半徑 $R = 0.3\,\mathrm{m}$ 的圓輪以質心速度 v_1 沿水平面作純滾動，然後與一高度 $h = 0.05\,\mathrm{m}$ 的粗糙平台發生完全塑性碰撞，如圖 8-4.7 所示。假設圓輪與平台前緣的摩擦係數足夠大，圓輪對其質心的迴轉半徑 $k_G = 0.25\,\mathrm{m}$ ，求圓輪能夠滾上 A 點的最小質心速度 v_1 及碰撞時的衝量。

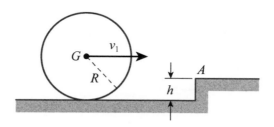

圖 8-4.7　圓輪滾上平台

 圓輪的質心慣性矩 $I_G = mk_G^2 = 10(0.25)^2 = 0.625\,\mathrm{kg \cdot m^2}$ ，碰撞前圓輪的角速度 $\omega_1 = v_1/R = v_1/0.3 = 3.333v_1$。由於碰撞衝量的大小與方向均未知，我們用沿切線的分量 $\int A_t dt$ 和法線分量 $\int A_n dt$ 表示整個碰撞衝量。因摩擦係數足夠大，碰撞後圓輪將繞 A 點旋轉，故碰撞後的質心速度 v_2 和 AG 連線垂直，並且滿足 $\omega_2 = v_2/R = 3.333v_2$。以圓輪為研究對象畫出其碰撞過程的衝量與

動量圖,如圖 8-4.8 所示。由於重力的衝量可忽略不計,從圖 8-4.8 中得知圓輪對 A 點的角動量守恆,即

$$+\circlearrowleft \sum H_A : mv_1(R-h) + I_G\omega_1 = mv_2R + I_G\omega_2$$

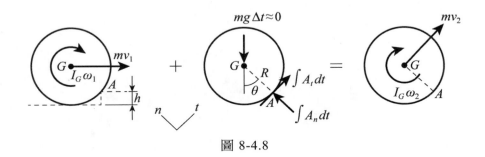

圖 8-4.8

代入數據後,得

$$10v_1(0.3-0.05) + 0.625(3.333v_1) = 10v_2(0.3) + 0.625(3.333v_2) \tag{1}$$

碰撞後圓輪以 A 點為中心向上翻轉。為了滾過障礙,圓輪必須滾上圖 8-4.9 的虛線位置,此時圓輪在位置 2 的最小動能必須等於位置 2→3 的位能差才足以使圓輪滾上平台。在翻轉過程中只有重力作功,故可應用能量守恆定律:

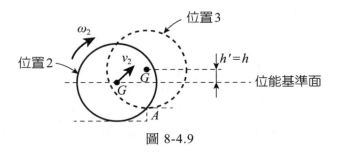

圖 8-4.9

$$T_2 + V_2 = T_3 + V_3$$

$$\frac{1}{2}mv_2^2 + \frac{1}{2}I_G\omega_2^2 + 0 = 0 + mgh$$

$$\frac{1}{2}(10)v_2^2 + \frac{1}{2}(0.625)(3.333v_2)^2 = 10(9.81)(0.05) \tag{2}$$

從(1)、(2)式解得圓輪能滾上平台的最小質心速度 v_1：

$$v_1 = 0.844 \,\text{m/s}, \quad v_2 = 0.761 \,\text{m/s}$$

欲求碰撞衝量，將圖 8-4.8 向 $n-t$ 軸投影，得

$$+\nwarrow \sum L_n : -mv_1 \sin\theta + \int A_n dt = 0 \tag{3}$$

$$+\nearrow \sum L_t : mv_1 \cos\theta + \int A_t dt = mv_2 \tag{4}$$

從圖 8-4.8 中，得

$$\cos\theta = \frac{R-h}{R}, \quad \sin\theta = \sqrt{1-\cos^2\theta} = \frac{\sqrt{2Rh-h^2}}{R}$$

代入(3)、(4)式後並取適當數據，得法線衝量和切線衝量

$$\int A_n dt = 4.665 \,\text{N·s}, \quad \int A_t dt = 0.577 \,\text{N·s}$$

例 ▶ 8-4.4

　　如圖 8-4.10 所示，人用球桿施一水平衝量於半徑為 r 的母球上，然後母球正心碰撞上另一顆完全相同的子球，試分析撞球的運動。

圖 8-4.10　撞球

 應用衝量與動量原理於母球運動的水平方向，得

$$mv_0 + \int_{t_1}^{t_2} F dt = mv \tag{1}$$

由對質心角衝量與角動量原理，得

$$I\omega_0 + \int_{t_1}^{t_2} F(h-r)\, dt = I\omega \qquad (2)$$

初始速度和角速度為 $v_0 = 0$ 及 $\omega_0 = 0$，代入(1)、(2)式，得

$$mv = \int_{t_1}^{t_2} F dt \qquad (3)$$

$$I\omega = (h-r)\int_{t_1}^{t_2} F dt \qquad (4)$$

由(3)和(4)式中消去衝量 $\int_{t_1}^{t_2} F dt$，並注意到球的質心質量慣性矩

$$I = \frac{2}{5}mr^2$$

可解得經球桿撞擊後，母球的角速度 ω 和質心速度 v 之關係：

$$\omega = \frac{5}{2}(\frac{h-r}{r^2})v$$

而球與撞球檯面接觸點 c 的速度為

$$v_c = v - r\omega = \frac{(7/5)r - h}{(2/5)r}v$$

若撞球作純滾動，則 $v_c = 0$。由上式可知，擊球點為 $h = \frac{7}{5}r$，可使 $v_c = 0$，如圖 8-4.11(a)所示。下面討論一些撞球的運動：

(1) 若擊球點高於 $\frac{7}{5}r$，c 點速度 v_c 的方向與質心速度 v 相反（$v_c < 0$），接觸點 c 的速度相對於檯面向左，所以摩擦力 f 方向朝右，如圖 8-4.11(b)所示。摩擦力 f 造成 ω 減小，直到純滾動發生。

(2) 若擊球點低於 $\frac{7}{5}r$，則接觸點速度 v_c 和質心速度 v 同向，角速度 $\omega < v/r$，摩擦力 f 造成 v_c 減小而增加 ω，直到純滾動發生為止，如圖 8-4.11(c)所示。圖中顯示若擊球點高度 $h < r$，則球為逆時針旋轉；若 $r < h < \frac{7}{5}r$，則球為順時針旋轉。

(3) 所謂的推桿是指擊球點在母球球心的上方，當母球以速度 v_1 正向中心碰撞子球時，設母球已作純滾動。因兩球質量幾乎相同並且恢復係數近似於 1，故碰撞結束瞬間，子球會以母球的速度前進而母球質心靜止。因接觸面非常光滑，母球會以原來角速度方向繼續轉動，造成母球接觸點 c 的速度相對於檯面向後，於是摩擦力向前，造成母球以速度 v_2 向前運動，形成推桿如圖 8-4.12 所示。

(4) 所謂的拉桿是指擊球點在母球球心的下方，當母球以速度 v_1 正向中心碰撞子球後，母球球心速度變為零。但因接觸面非常光滑，母球會以原來角速度方向繼續轉動，造成母球接觸點 c 的速度相對於檯面向前，於是摩擦力 f 向後，造成母球以速度 v_2 向後運動，形成拉桿如圖 8-4.13 所示。

(5) 所謂的定桿是指擊球點經過母球球心，球以不旋轉的方式正向中心碰撞子球，因兩球質量相同，故碰撞後母球停在撞擊點形成定桿。

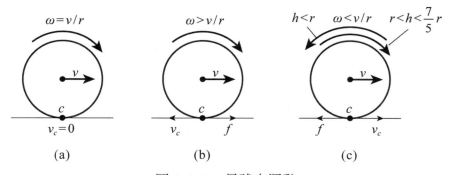

圖 8-4.11　母球之運動

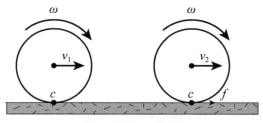

圖 8-4.12　推桿

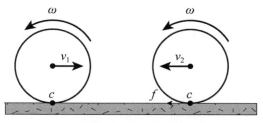

圖 8-4.13　拉桿

例 ▶ 8-4.5

圖 8-4.14 所示的均質桿 AB 長度為 ℓ，質量為 m。桿以平移運動下落而與地面碰撞，碰撞時的速度為 v，求碰撞後 AB 桿的角速度：(a)若恢復係數 $e=0$，且有足夠的摩擦力阻止 A 點滑動；(b)若 $e=1$ 且水平面為光滑；(c)若 $e=0$ 且水平面是光滑。

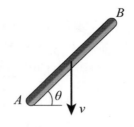

圖 8-4.14

 以桿為研究物件，畫出三種情況的的衝量與動量圖，情況(a)如圖 8-4.15 所示。情況(b)和(c)如圖 8-4.16 所示。

(a) $e=0$

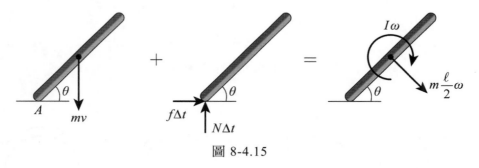

圖 8-4.15

對 A 點取矩

$$\sum M_A : mv \cdot \frac{\ell}{2}\cos\theta = m\frac{\ell}{2}\omega \cdot \frac{\ell}{2} + I\omega$$

$$I = \frac{1}{12}m\ell^2$$

由此得

$$\omega = \frac{3v\cos\theta}{2\ell} \quad （順時針）$$

(b) $e = 1$

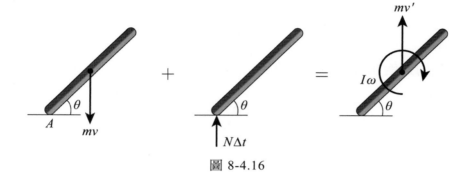

圖 8-4.16

$\sum F_x = 0$，故碰撞後質心速度 $v'\uparrow$

$$\sum M_A : mv \cdot \frac{\ell}{2}\cos\theta = -mv'\frac{\ell}{2}\cos\theta + \frac{1}{12}m\ell^2\omega \tag{1}$$

A 點的速度在垂直方向的分量 $v_{A\perp}$：

$$v_{A\perp} = v' + \omega\frac{\ell}{2}\cos\theta$$

因為地面的速度 $v_g = 0$ 等，故

$$e = \frac{0-(-v_{A\perp})}{v-0} = \frac{v_{A\perp}}{v} = 1$$

所以

$$v' + \omega\frac{\ell}{2}\cos\theta = v$$

$$v' = v - \omega\frac{\ell}{2}\cos\theta \tag{2}$$

(2)代入(1)，得

$$\omega = \frac{12v\cos\theta}{\ell(1+3\cos^2\theta)} \quad (\text{順時針})$$

(c) $e = 0$ ，光滑

$$\sum M_A : mv\frac{\ell}{2}\cos\theta = -mv'\frac{\ell}{2}\cos\theta + \frac{1}{12}m\ell^2\omega \tag{3}$$

A 點的速度在垂直方向的分量 $v_{A\perp}$ ：

$$e = \frac{0-(-v_{A\perp})}{v-0} = \frac{v_{A\perp}}{v} = \frac{v'+\omega\frac{\ell}{2}\cos\theta}{v} = 0$$

$$v' = -\omega\frac{\ell}{2}\cos\theta \tag{4}$$

(4)代入(3)：

$$\omega = \frac{6v\cos\theta}{\ell(1+3\cos^2\theta)} \quad (\text{順時針})$$

8.5 結　語

　　本章討論如何利用衝量與動量原理求解剛體動力學的有關問題，包括：(1)線衝量與線動量原理（見 8-2.2 式）；(2)角衝量與角衝量原理（見 8-2.5 式）。

　　剛體的線動量等於剛體的質量和質心速度的乘積（見 8-1.2 式）。平面運動的剛體對質心的角動量等於剛體對質心的質量慣性矩和剛體角速度的乘積（見 8-1.3 式）。剛體作平面運動時，其動量包括兩項：(1)隨質心速度作平移運動的線動量；(2)繞質心轉動的角動量（見圖 8-1.2）。

　　應用衝量與動量原理求解剛體動力學問題時，應遵循三個步驟：(1)確定研究對象；(2)畫衝量與動量圖（見圖 8-2.1），此圖左邊包括初始線動量和角動量，加上線衝量和角衝量；此圖右邊為剛體的末線動量和角動量；(3)取投影，列方程。

將此圖等號兩邊分別沿 x 和 y 方向取投影得兩個純量方程，這就是線衝量與線動量原理；將此圖等號兩邊分別對同一點取矩即得第三個純量方程，這就是角衝量與角動量原理。

　　動量守恆定律是衝量與動量原理的特例，即：如合外力為零（無衝量），則線動量守恆；如合外力矩為零（無角衝量），則角動量守恆。當外力或力矩滿足守恆條件時，應優先考慮使用守恆定律。對碰撞問題，因碰撞時間很短，外力和力矩的衝量可以忽略不計，碰撞前後的動量可以認為是守恆的。

思考題

1. 為什麼打棒球有時手感覺不到衝擊？

2. 人坐在轉椅上，雙腳離地靜止，是否可用雙手將轉椅轉動？為什麼？

3. 為什麼研究碰撞時，一般不能應用機械能守恆定律？

4. 如圖 2-6.2 所示的跳水選手，如何在空中改變其姿勢？

5. 動量和角動量與座標系的選取有無關係？

6. 如圖 t8.6 所示，兩均質桿 AC 和 BC 鉸接於 C，其中 BC 的質量是 AC 的兩倍，兩桿直立於光滑水平地面上，當兩桿由靜止分開倒向地面時，C 點是否沿圖中鉛垂虛線落向地面？

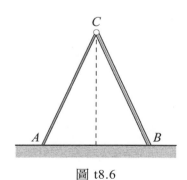

圖 t8.6

習　題

8.1　均質圓盤質量為 m，半徑為 R。均質桿 OB 長 ℓ，繞 O 點作定軸旋轉，角速度為 ω_o。求下列三種情況下圓盤對 O 點的角動量：(a)圓盤與桿鉸接在一起；(b)圓盤繞 B 點旋轉，相對於桿 OB 的角速度也是 ω_o；(c)圓盤繞 B 點旋轉，相對於桿 OB 的角速度為 $-\omega_o$。

8.2　均質圓柱的質量 $m = 10\,\text{kg}$，半徑 $r = 0.3\,\text{m}$，圓柱與牆及地面的摩擦係數 $\mu = 0.4$。若圓柱以初角速度 $\omega_o = 8\,\text{rad/s}$ 開始運動，求圓柱停止所需的時間。

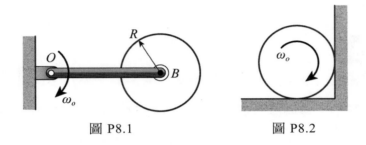

圖 P8.1　　　　　　　　　圖 P8.2

8.3　圖示的均質圓球質量為 m，在 $t = 0$ 時從靜止釋放，圓球在斜面上作純滾動，求 $t = 5\,\text{sec}$ 時的圓球質心速度。

8.4　圖示的圓輪質量為 $6\,\text{kg}$，對其質心的迴轉半徑 $k_G = 0.8\,\text{m}$，繩子繞在內徑上，力 $F = 100\,\text{N}$ 平行於斜面。假設摩擦夠大可以防止圓輪滑動，系統從靜止開始運動，求 6 秒後圓輪的質心速度。

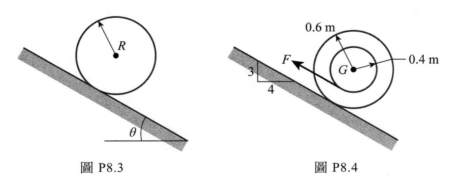

圖 P8.3　　　　　　　　　圖 P8.4

8.5 保齡球的質量為 m，半徑為 r，對質心的迴轉半徑為 k_G，球與球道之間的摩擦係數為 μ。今在時刻 $t=0$ 時，以水平速度 v_1 無旋轉地拋出，求經過多少時間後，球開始作純滾動。

8.6 圖示的均質圓盤質量為 $10\,\text{kg}$，半徑為 $0.2\,\text{m}$。它靜止地與輸送帶保接接觸，兩者間的摩擦係數 $\mu = 0.5$。若使輸送帶以 $v = 10\,\text{m/s}$ 作等速率運動，求經過多少時間後圓盤會到達定角速度。

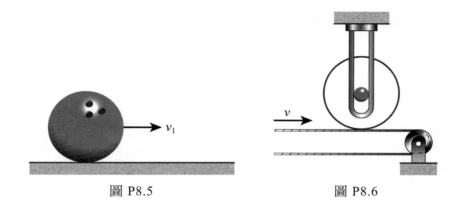

圖 P8.5   圖 P8.6

8.7 圖示的圓輪質量為 $10\,\text{kg}$，對質心的迴轉半徑為 $k_G = 0.5\,\text{m}$，一水平力 $F = 40\,\text{N}$ 施於繩子上，圓輪與地面的摩擦係數 $\mu = 0.2$。系統從靜止開始運動，求 5 秒後的質心速率。

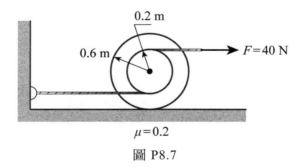

圖 P8.7

8.8 如圖 7-4.6 所示，悠悠對其質心 G 的迴轉半徑 $k_G = 30\,\text{mm}$，繩子所繞之圓軸的半徑 $r = 10\,\text{mm}$，求悠悠從靜止開始下落 2 秒後的角速率。

8.9 齒輪 A 的質量為 $10\,\text{kg}$，對質心的迴轉半徑為 $80\,\text{mm}$，齒輪 B 的質量為 $15\,\text{kg}$，對質心的迴轉半徑為 $100\,\text{mm}$。力偶 $M = 30\,\text{N·m}$ 施於齒輪 A 上，求齒輪 B 轉速從 $200\,\text{rpm}$ 增加至 $500\,\text{rpm}$ 所需的時間。

8.10 圖示的車架由兩均勻圓柱所支承，圓柱 B 的質量為 40 kg，圓柱 C 的質量為 50 kg，兩個圓柱的半徑皆為 0.1 m，平板 A 及支架的質量為 60 kg。在時刻 $t = 0$ 時，水平力 60 N 施於 A 上，假設圓柱作純滾動，求 $t = 2$ s 時，車架的速率。

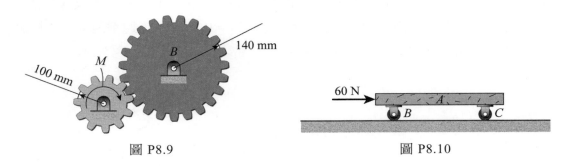

圖 P8.9 　　　　　　　　　　　　　圖 P8.10

8.11 質量為 10 kg 的均質圓盤 A 以 50 rpm 轉動，另一圓盤 B 靜止地沿軸滑下至 A，經過 2 秒的滑動後，圓盤 A 和 B 結合在一起運動。不計軸重且 B 可視為實心圓盤。求 B 施於 A 的平均摩擦力矩。

8.12 圖示的水平圓盤繞 z 軸旋轉，其質心慣性矩為 I_z。一質量為 m 的質點相對於圓盤以等速率 v_o 繞 O' 點在圓盤上作半徑為 r 的圓周運動。已知 $\overline{O'O} = \ell$，開始運動時質點在位置 A，圓盤的角速度為零。不計軸承摩擦，求當質點運動到圓周上任意點 B 時，圓盤的角速率 ω 和 θ 角的關係。（提示：角動量守恆）

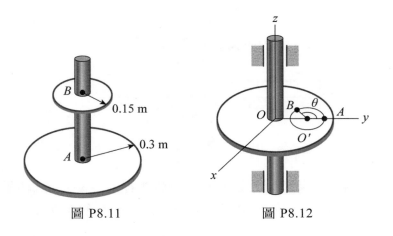

圖 P8.11 　　　　　　　　　　　　　圖 P8.12

8.13 圖示的猴子和香蕉質量均為 m。滑輪的質量為 $3m$，對其轉動軸的迴轉半徑為 k。猴子以變速率相對於繩子往上爬企圖吃香蕉。不計繩重，問在香蕉

上升 d 距離撞到滑輪前，猴子可能吃到香蕉嗎？如果可能，d 與 h 之間有什麼限制？

8.14 圖示的均質方塊邊長為 a，質量為 m，自斜面上滑下，當它撞擊可不計高度的微小的突出平台時的速率為 v_o，並且發生完全非彈性碰撞 $(e=0)$。求可使方塊翻過障礙的最小 v_o 值。

8.15 圖示的撞球的擊球點要離桌面多高，才能使球與桌面的接觸點無滑動的運動。

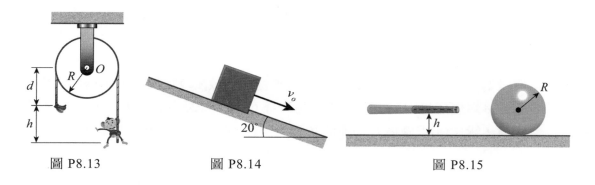

圖 P8.13   圖 P8.14   圖 P8.15

8.16 質量為 $0.1\,\mathrm{kg}$ 的球 A 以 $30\,\mathrm{m/s}$ 的水平速度，碰撞質量為 $10\,\mathrm{kg}$ 的均質桿 OB。假設恢復係數 $e=0.8$，求碰撞後球的速度。

8.17 圖示的均質桿 AB 用繩子繫於 O 點上，靜止地從水平位置釋放，假設桿的 B 端與 C 點的碰撞為完全塑性碰撞，求桿碰撞後的角速度。

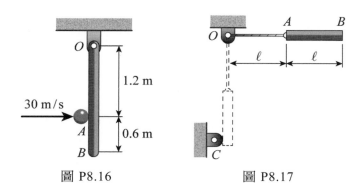

圖 P8.16   圖 P8.17

8.18 質量為 m 的均質圓球，自斜面上無滑動地滾下，當它碰撞到水平面時速度為 v_1，假設球撞到水平面時並無彈跳，球在水平面上滑動一段時間後再繼續作純滾動。求圓球作純滾動時的質心速率及角速率。

8.19 兩個相同的球 A 與 B，質量為 m，半徑為 R。 A 球在水平面上作純滾動，當它與靜止的 B 球作中心碰撞時質心的速率為 v_o。球與水平面間的摩擦係數為 μ，球與球之間的摩擦可忽略不計。假設恢復係數為 1，求球 A 和 B 碰撞後的質心速度及角速度。

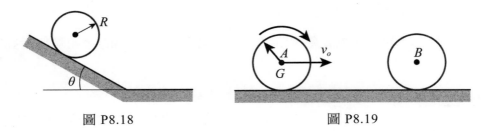

圖 P8.18   圖 P8.19

8.20 質量為 m 的均質桿 AB，靜止地從水平位置釋放。 D 點較 C 點稍微高一點，因此 A 端先碰撞 D 點，然後 B 端再碰撞 C 點。假設在 C 和 D 均為完全塑性碰撞，求：(a)桿碰撞 D 點後的角速度；(b)桿碰撞 C 點後的角速度。

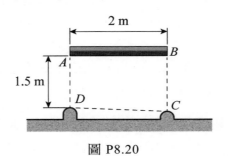

圖 P8.20

Chapter 09

三維空間的剛體運動學

 9.1 剛體的定點運動

設剛體上或者其體外延伸部分上有一個固定不動的點，則剛體的運動稱為**定點運動**。例如，一個輪子沿圓弧形水平軌道滾動，如圖 9-1.1(a)所示，輪子中心 B 的軌跡是個圓，這個圓的圓心 O 就是一個固定點。這種情形的固定點並不在剛體上，而在其體外延伸部分上。可以把此剛體延拓成以圓盤為底，OB 為高的正圓錐體，如圖 9-1.1(b)所示。所以輪子的滾動等效於這個圓錐體在另一個固定錐面上的純滾動，而圓錐頂是固定的。同時，滾動正圓錐上與固定錐面相接觸的母線 OC 上所有點的速度都是零。換言之，OC 軸就是正圓錐的「瞬時零速度軸」。此圓錐的運動，可看成是繞瞬時軸的轉動。這種運動和定軸轉動的區別在於：瞬時軸的位置是隨時間而變化的。

研究剛體的定點運動的重要意義在於：一方面，**剛體的一般運動可以看成是基點的運動和繞基點的定點運動的合成**；另一方面，工程中許多問題屬於剛體定點運動的問題。例如圖 9-1.2 所示的迴轉儀的轉子，其中心是固定不動的。迴轉儀在導航中獲得廣泛應用，因而在剛體動力學中占有十分重要的地位。

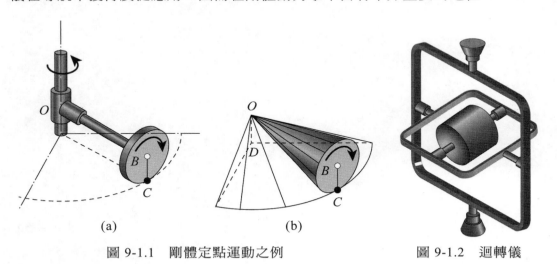

圖 9-1.1　剛體定點運動之例　　　　圖 9-1.2　迴轉儀

9.2 角速度向量

如圖 9-2.1 所示，剛體繞固定點 O 作定點運動。在 t 時刻 P 點的位置向量為 $\mathbf{r}$，經過 Δt 時間後，P 運動到 P'，相應的位置向量由 $\mathbf{r}$ 變成 $\mathbf{r}+\Delta\mathbf{r}$。**歐拉**(Euler)於 1776 年指出，作定點運動之剛體的任何運動，可以看成是繞某一通過定點的軸線的轉動運動。當 $\Delta t \to 0$ 時，這一位置的變化可看成是剛體繞該瞬時的瞬時轉動軸 OC 轉動了 $\Delta\theta$ 而形成的。

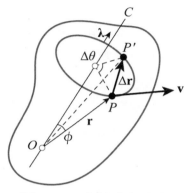

圖 9-2.1　角速度和速度

根據速度的定義，P 點的速度為

$$\mathbf{v} = \frac{d\mathbf{r}}{dt} = \lim_{\Delta t \to 0} \frac{\Delta\mathbf{r}}{\Delta t} \tag{9-2.1}$$

由圖 9-2.1，$\Delta\mathbf{r}$ 的大小可以表示成

$$|\Delta\mathbf{r}| = r\sin\phi\,\Delta\theta$$

如果將 $\Delta\mathbf{r}$ 寫成向量形式，則有

$$\Delta\mathbf{r} = \Delta\theta\boldsymbol{\lambda}\times\mathbf{r} \tag{9-2.2}$$

其中 $\boldsymbol{\lambda}$ 為沿瞬時轉動軸的單位向量。將(9-2.2)式代入(9-2.1)式得

$$\mathbf{v} = (\frac{d\theta}{dt}\boldsymbol{\lambda})\times\mathbf{r} \tag{9-2.3}$$

引進符號：

$$\boldsymbol{\omega} = \frac{d\theta}{dt}\boldsymbol{\lambda} \tag{9-2.4}$$

則有

$$\frac{d\mathbf{r}}{dt} = \mathbf{v} = \boldsymbol{\omega} \times \mathbf{r} \tag{9-2.5}$$

$\boldsymbol{\omega}$ 稱為該瞬時剛體繞定點轉動的角速度向量。由(9-2.4)式可知，角速度向量的方向沿瞬時轉動軸的方向，它的大小則反應該瞬時，剛體轉動的快慢。

公式(9-2.5)代表了一個重要的求導法則：固定於剛體上的向量 $\mathbf{r}$ 在某個座標系中的時間導數，等於剛體的角速度和向量 $\mathbf{r}$ 的叉積。我們曾多次指出過這一重要關係。無論對剛體的定軸轉動、平面運動，還是三維運動，這一關係都成立，今後我們還會多次用到。

在一般情況下，角速度向量的大小和方向是隨時間而變的。角速度向量既在剛體中運動，同時也在空間中運動。角速度向量在剛體中形成的錐面（不一定是正圓錐面）稱為 **本體錐** (body cone)；角速度向量在空間中形成的錐面（也不一定是正圓錐面）稱為 **空間錐** (space cone)，如圖 9-2.2 所示。**剛體的定點運動可看成是本體錐在空間錐面上的純滾動。**

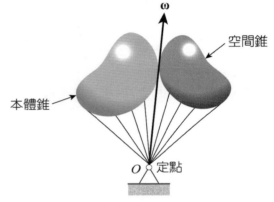

圖 9-2.2　定點運動可看成是本體錐在空間錐上的純滾動

我們知道，把一個量定義成向量的條件是：該量具有大小和方向，還必須遵守平行四邊形定律及交換律。根據上面的分析，角速度具有大小和方向是明確的，但是否滿足平行四邊形定律尚未證明。限於篇幅，我們略去證明的過程[1]，只將一些重要結論寫在下面：

1. 大角位移轉動不是向量。

2. 小角位移轉動可近似為向量。

3. 無限小角位移轉動是向量。

4. 角速度是向量。

---

[1] 註：例如可參閱：Reinhardt M. Rosenberg 著《Analytical Dynamics of Discrete Systems》

這些結論具有重要的實際意義。例如，剛體上如果有幾個角速度分量，或者說剛體同時參與幾種簡單旋轉，則可按平行四邊形定律把它們加起來，得到總的瞬時角速度，此稱為**角速度合成定理**。如圖 9-2.3 所示，圓盤 D 以 ω_1 繞其對稱軸旋轉，同時支架以 ω_2 繞 AB 軸旋轉。我們可用平行四邊形定律求得 D 的合角速度 ω，如圖 9-2.3 所示。

剛體的大角位移轉動不是向量的結果可用圖 9-2.4 所示的簡單而有名的例子加以說明：改變兩個 90° 轉動的次序，導致最終不相同的相對位置。如果不是轉動 90°，而是轉動一個很小的角度同樣改變轉動次序，最終的位置差別較小，如圖 9-2.5 所示，這就是小角位移轉動可近似為向量的圖形表示。

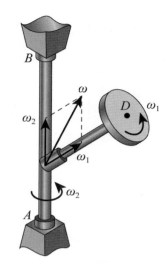

圖 9-2.3　角速度的合成

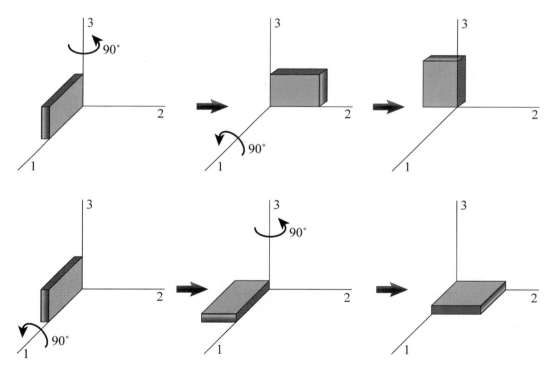

圖 9-2.4　大角位移轉動不是向量

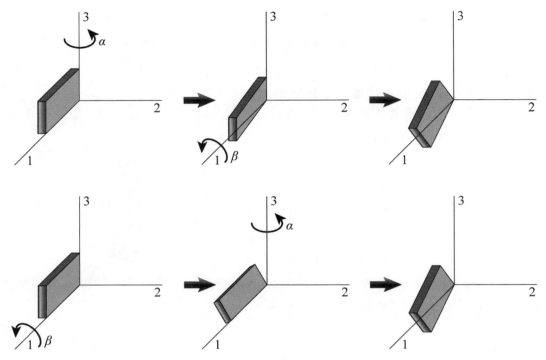

圖 9-2.5　小角位移轉動可近似為向量

9.3　歐拉角與方向餘弦矩陣

選用三個獨立的角度來表示定點運動剛體的位置，最早是**歐拉**(Euler)提出來的，所以通常將這三個角稱為**歐拉角**(Euler angles)。

以固定點 O 為原點建立一個固定座標系 $OXYZ$。再以 O 為原點建立一個隨剛體一起運動的「連體座標系」$Oxyz$。顯然 $Oxyz$ 的運動代表了剛體的運動，我們就把它看成剛體。圖 9-3.1 表示了這兩個座標系的相對位置。這一相對位置，按歐拉的方法，可以看成是經由以下的演變過程而最後形成的：最初 $Oxyz$ 和 $OXYZ$ 完全重合，而後依序經過「3-1-3」的簡單轉動而達到圖示位置。這三次簡單轉動如下：

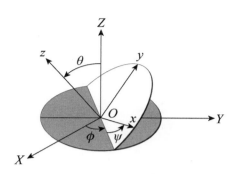

圖 9-3.1　定座標系和連體座標系的相對位置

第一次：繞連體座標系的第「3」軸（即 z 軸）轉動 ϕ 角，使得 $Oxyz$ 由最初與 $OXYZ$ 重合的位置轉到 $Ox_1y_1z_1$ 的位置，如圖 9-3.2(a)所示。令 $\mathbf{N}_x$、$\mathbf{N}_y$ 及 $\mathbf{N}_z$ 表示分別平行於 X 軸、Y 軸及 Z 軸的單位向量；而 $\mathbf{n}_x^{(1)}$、$\mathbf{n}_y^{(1)}$ 及 $\mathbf{n}_z^{(1)}$ 表示經第一次轉動後，分別平行於連體座標系 x_1 軸、y_1 軸及 z_1 軸的單位向量。如圖 9-3.2(a)所示，我們有

$$
\begin{aligned}
\mathbf{n}_x^{(1)} &= \cos\phi\,\mathbf{N}_x + \sin\phi\,\mathbf{N}_y \\
\mathbf{n}_y^{(1)} &= -\sin\phi\,\mathbf{N}_x + \cos\phi\,\mathbf{N}_y \\
\mathbf{n}_z^{(1)} &= \mathbf{N}_z
\end{aligned}
\tag{9-3.1}
$$

或者寫成矩陣的形式：

$$
\begin{bmatrix} \mathbf{n}_x^{(1)} \\ \mathbf{n}_y^{(1)} \\ \mathbf{n}_z^{(1)} \end{bmatrix}
=
\begin{bmatrix} \cos\phi & \sin\phi & 0 \\ -\sin\phi & \cos\phi & 0 \\ 0 & 0 & 1 \end{bmatrix}
\begin{bmatrix} \mathbf{N}_x \\ \mathbf{N}_y \\ \mathbf{N}_z \end{bmatrix}
\tag{9-3.2}
$$

第二次：繞連體座標系的「1」軸（即 x_1 軸）轉動 θ 角，使 $Ox_1y_1z_1$ 轉到新的位置 $Ox_2y_2z_2$，如圖 9-3.2(b)所示。令 $\mathbf{n}_x^{(2)}$、$\mathbf{n}_y^{(2)}$ 及 $\mathbf{n}_z^{(2)}$ 代表經第二次轉動後分別平行於連體座標系的 x_2 軸、y_2 軸及 z_2 軸的單位向量，則由圖 9-3.2(b)我們有

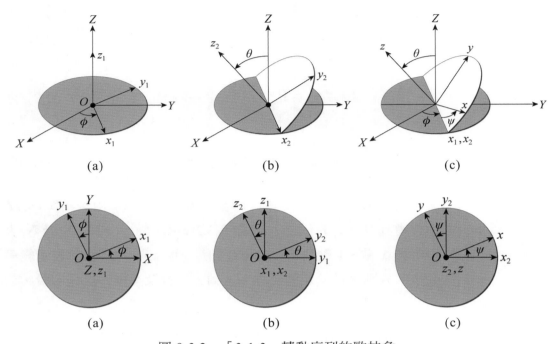

圖 9-3.2　「3-1-3」轉動序列的歐拉角

（下方的圖表示從轉軸正方向看到的其他兩軸的關係）

$$\begin{aligned}
\mathbf{n}_x^{(2)} &= \mathbf{n}_x^{(1)} \\
\mathbf{n}_y^{(2)} &= \cos\theta\,\mathbf{n}_y^{(1)} + \sin\theta\,\mathbf{n}_z^{(1)} \\
\mathbf{n}_z^{(2)} &= -\sin\theta\,\mathbf{n}_y^{(1)} + \cos\theta\,\mathbf{n}_z^{(1)}
\end{aligned} \tag{9-3.3}$$

或者寫成矩陣形式：

$$\begin{bmatrix} \mathbf{n}_x^{(2)} \\ \mathbf{n}_y^{(2)} \\ \mathbf{n}_z^{(2)} \end{bmatrix} = \begin{bmatrix} 1 & 0 & 0 \\ 0 & \cos\theta & \sin\theta \\ 0 & -\sin\theta & \cos\theta \end{bmatrix} \begin{bmatrix} \mathbf{n}_x^{(1)} \\ \mathbf{n}_y^{(1)} \\ \mathbf{n}_z^{(1)} \end{bmatrix} \tag{9-3.4}$$

第三次： 繞連體座標系的第「3」軸（即 z_2 軸）轉動 ψ 角，使 $Ox_2y_2z_2$ 轉到 $Oxyz$ 的位置，如圖 9-3.2(c)所示。設 $\mathbf{n}_x$、$\mathbf{n}_y$ 及 $\mathbf{n}_z$ 分別代表平行於 x 軸、y 軸及 z 軸的單位向量，則有

$$\mathbf{n}_x = \cos\psi\,\mathbf{n}_x^{(2)} + \sin\psi\,\mathbf{n}_y^{(2)}$$
$$\mathbf{n}_y = -\sin\psi\,\mathbf{n}_x^{(2)} + \cos\psi\,\mathbf{n}_y^{(2)} \tag{9-3.5}$$
$$\mathbf{n}_z = \mathbf{n}_z^{(2)}$$

或寫成矩陣形式：

$$\begin{bmatrix} \mathbf{n}_x \\ \mathbf{n}_y \\ \mathbf{n}_z \end{bmatrix} = \begin{bmatrix} \cos\psi & \sin\psi & 0 \\ -\sin\psi & \cos\psi & 0 \\ 0 & 0 & 1 \end{bmatrix} \begin{bmatrix} \mathbf{n}_x^{(2)} \\ \mathbf{n}_y^{(2)} \\ \mathbf{n}_z^{(2)} \end{bmatrix} \tag{9-3.6}$$

為了求出 $\mathbf{n}_x$、$\mathbf{n}_y$、$\mathbf{n}_z$ 與 $\mathbf{N}_x$、$\mathbf{N}_y$、$\mathbf{N}_z$ 之間的關係，只要將(9-3.2)式代入(9-3.4)式，再將其結果代入(9-3.6)式可得

$$\begin{bmatrix} \mathbf{n}_x \\ \mathbf{n}_y \\ \mathbf{n}_z \end{bmatrix} = \begin{bmatrix} \cos\psi & \sin\psi & 0 \\ -\sin\psi & \cos\psi & 0 \\ 0 & 0 & 1 \end{bmatrix} \begin{bmatrix} 1 & 0 & 0 \\ 0 & \cos\theta & \sin\theta \\ 0 & -\sin\theta & \cos\theta \end{bmatrix} \begin{bmatrix} \cos\phi & \sin\phi & 0 \\ -\sin\phi & \cos\phi & 0 \\ 0 & 0 & 1 \end{bmatrix} \begin{bmatrix} \mathbf{N}_x \\ \mathbf{N}_y \\ \mathbf{N}_z \end{bmatrix} \tag{9-3.7}$$

或簡單寫成

$$\begin{bmatrix} \mathbf{n}_x \\ \mathbf{n}_y \\ \mathbf{n}_z \end{bmatrix} = [C] \begin{bmatrix} \mathbf{N}_x \\ \mathbf{N}_y \\ \mathbf{N}_z \end{bmatrix} \tag{9-3.8}$$

其中 $[C]$ 稱為連體座標系 $Oxyz$ 和固定座標系 $OXYZ$ 之間的方向餘弦矩陣。完成矩陣相乘運算後可得

$$[C] = \begin{bmatrix} \cos\phi\cos\psi - \sin\phi\cos\theta\sin\psi & \sin\phi\cos\psi + \cos\phi\cos\theta\sin\psi & \sin\theta\sin\psi \\ -\cos\phi\sin\psi - \sin\phi\cos\theta\cos\psi & -\sin\phi\sin\psi + \cos\phi\cos\theta\cos\psi & \sin\theta\cos\psi \\ \sin\phi\sin\theta & -\sin\theta\cos\phi & \cos\theta \end{bmatrix} \tag{9-3.9}$$

應注意 $[C]$ 是正交矩陣，即「方向餘弦矩陣的反矩陣(inverse)等於它自身的轉置矩陣(transpose)」。因此在求 $[C]$ 的反矩陣時，只要簡單地轉置一下就行了。

總之，歐拉轉動的順序是「3-1-3」，三個轉角 ϕ，θ 及 ψ 稱為歐拉角。是否可以選擇不同的連體座標軸作為轉動軸，並選擇不同的轉動順序呢？例如是否可

以選擇「1-2-3」的轉動順序呢？答案是可以的。不同的書籍以及讀者個人的習慣不同，完成歐拉轉動的順序都並不總是一樣，目前還沒有一致同意的標準順序。事實上總共有 12 種不同的轉動順序，讀者可參閱有關專門書籍[2]。

例 ▶ 9-3.1

用歐拉角表示定點運動剛體的角速度。

 解　如圖 9-3.2 所示，根據角速度合成定理，剛體的角速度可表示成

$$\boldsymbol{\omega} = \dot{\phi}\mathbf{N}_z + \dot{\theta}\mathbf{n}_x^{(1)} + \dot{\psi}\mathbf{n}_z^{(2)} \tag{1}$$

如果我們希望將角速度在固定座標系中表示出來，即將 ω 表示成如下形式：

$$\boldsymbol{\omega} = \Omega_x\mathbf{N}_x + \Omega_y\mathbf{N}_y + \Omega_z\mathbf{N}_z \tag{2}$$

則必須將(1)式中的 $\mathbf{n}_x^{(1)}$ 和 $\mathbf{n}_z^{(2)}$ 用 $\mathbf{N}_x$、$\mathbf{N}_y$ 及 $\mathbf{N}_z$ 表示出來。由圖 9-3.2(a)或方程(9-3.1)的第一式，可知

$$\mathbf{n}_x^{(1)} = \cos\phi\mathbf{N}_x + \sin\phi\mathbf{N}_y \tag{3}$$

此外，由圖 9-3.2(b)或(9-3.3)式，我們有

$$\mathbf{n}_z^{(2)} = -\sin\theta\mathbf{n}_y^{(1)} + \cos\theta\mathbf{n}_z^{(1)} \tag{4}$$

利用方程(9-3.1)的後兩式，可得

$$\mathbf{n}_z^{(2)} = -\sin\theta(-\sin\phi\mathbf{N}_x + \cos\phi\mathbf{N}_y) + \cos\theta\mathbf{N}_z \tag{5}$$

將(3)和(5)式代入(1)式，得

$$\boldsymbol{\omega} = (\dot{\theta}\cos\phi + \dot{\psi}\sin\theta\sin\phi)\mathbf{N}_x + (\dot{\theta}\sin\phi - \dot{\psi}\sin\theta\cos\phi)\mathbf{N}_y$$
$$+ (\dot{\phi} + \dot{\psi}\cos\theta)\mathbf{N}_z \tag{6}$$

---

[2] 註：例如 T. R. Kane, P. W. Linkins and D. A. Levinson 著《Spacecraft Dynamics》一書。

比較(2)和(6)式，可知

$$\Omega_x = \dot{\theta}\cos\phi + \dot{\psi}\sin\theta\sin\phi$$

$$\Omega_y = \dot{\theta}\sin\phi - \dot{\psi}\sin\theta\cos\phi$$

$$\Omega_z = \dot{\phi} + \dot{\psi}\cos\theta$$

下面我們來求 $\boldsymbol{\omega}$ 在連體座標系中的表達式，即將 $\boldsymbol{\omega}$ 表示成

$$\boldsymbol{\omega} = \omega_x\mathbf{n}_x + \omega_y\mathbf{n}_y + \omega_z\mathbf{n}_z \tag{7}$$

為此，我們必須將(1)式中 $\mathbf{N}_z$，$\mathbf{n}_x^{(1)}$ 和 $\mathbf{n}_z^{(2)}$ 用 $\mathbf{n}_x$，$\mathbf{n}_y$ 及 $\mathbf{n}_z$ 表示出來。我們有

$$\mathbf{N}_z = \mathbf{n}_z^{(1)} \quad [見圖 9\text{-}3.2(a)]$$

$$= \cos\theta\mathbf{n}_z + \sin\theta(\cos\psi\mathbf{n}_y + \sin\psi\mathbf{n}_x) \quad [見圖 9\text{-}3.2(c)]$$

$$= \sin\theta\sin\psi\mathbf{n}_x + \sin\theta\cos\psi\mathbf{n}_y + \cos\theta\mathbf{n}_z$$

$$\mathbf{n}_x^{(1)} = \mathbf{n}_x^{(2)} \quad [見圖 9\text{-}3.2(b)]$$

$$= \cos\psi\mathbf{n}_x - \sin\psi\mathbf{n}_y \quad [見圖 9\text{-}3.2(c)]$$

$$\mathbf{n}_z^{(2)} = \mathbf{n}_z$$

將結果代入(1)式，得

$$\boldsymbol{\omega} = (\dot{\theta}\cos\psi + \dot{\phi}\sin\theta\sin\psi)\mathbf{n}_x + (-\dot{\theta}\sin\psi + \dot{\phi}\sin\theta\cos\psi)\mathbf{n}_y + (\dot{\psi} + \dot{\phi}\cos\theta)\mathbf{n}_z \tag{8}$$

比較(7)和(8)式，可知

$$\omega_x = \dot{\theta}\cos\psi + \dot{\phi}\sin\theta\sin\psi$$

$$\omega_y = -\dot{\theta}\sin\psi + \dot{\phi}\sin\theta\cos\psi$$

$$\omega_z = \dot{\psi} + \dot{\phi}\cos\theta \tag{9}$$

我們也可以用投影觀念說明剛體的角速度，參考圖 9-3.2(b)及(c)，可知 x_2 軸（即 x_1 軸）垂直於 Oz_2Z 平面（即 OzZ 平面）：y_2 軸是 Oz_2Z 平面與 xy 平面的交線，

因此 x、y、y_2 軸在同一平面上，y 與 y_2 軸的夾角為 ψ。用歐拉角描述剛體定點運動時，包含三個繞不同軸的轉動，其對應的轉動速度為 $\dot\phi$、$\dot\theta$、$\dot\psi$，我們可依序探討它們在相關軸的投影，然後用疊加法求出剛體的角速度分量，分析如下：

(1)對 $\dot\phi$：因 z、Z、y_2 軸在同一平面上，且 z_2 軸（即 z 軸）垂直 y_2 軸，故 $\dot\phi$ 在 z 軸的投影為 $\dot\phi\cos\theta$，而在 y_2 軸的投影為 $\dot\phi\sin\theta$。又因 y_2 軸位於 xy 平面上，所以 $\dot\phi\sin\theta$ 可進一步投影至 x、y 軸上而得到 $\dot\phi\sin\theta\sin\psi$ 及 $\dot\phi\sin\theta\cos\psi$，如圖 9-3.3 所示。

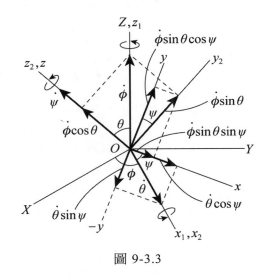

圖 9-3.3

(2)對 $\dot\theta$：參考圖 9-3.2(b)及(c)並對照圖 9-3.3，因 x_2 軸垂直 z_2 軸（即 z 軸），故 $\dot\theta$ 在 z 軸投影為零，而在 x 軸的投影為 $\dot\theta\cos\psi$，在 y 軸的投影為 $\dot\theta\sin\psi$，但方向指到 $-y$ 方向（即 $-\dot\theta\sin\psi$），如圖 9-3.3 所示。

(3)對 $\dot\psi$：因 $\dot\psi$ 為繞 z_2 軸（即 z 軸）的轉動速度，而 x、y 軸與 z 軸垂直，故 $\dot\psi$ 只在 z 軸有分量，其投影就是 $\dot\psi$，如圖 9-3.3 所示。

參考圖 9-3.3，將上述的 $\dot\phi$、$\dot\theta$、$\dot\psi$ 在連體座標系 $Oxyz$ 的 x、y、z 軸上的投影疊加，即得到與方程(9)完全相同的角速度分量表達式。

9.4　剛體的一般運動

剛體的一般運動可以看成是剛體上基點的運動和繞基點的定點運動的合成。例如，要確定一架飛機的運動狀態，可以在飛機上任取一點，例如它的質心 G 作為基點，並通過基點建立一個連體座標系 $Gxyz$，並取其對稱面為 Gxy，取機身的軸為 z 軸[圖 9-4.1(a)]。於是，飛機的運動就被抽象成：要確定 G 的位置（飛機質心的位置）和 $Gxyz$ 在空間的方位（飛機的姿態）。通過 G 點作一個平移座標架 $G\hat{X}\hat{Y}\hat{Z}$ [圖 9-4.1(b)]，它與固定座標系 $OXYZ$ 保持平行。這樣 $Gxyz$ 的方位就可用三個歐拉角 ϕ、θ 及 ψ 來表示。

當在剛體上選定基點，裝上連體座標系，再引進平移座標系以後，以下的分析方法就與平面運動的方法完全類似了。

（一）速度

為了研究剛體上任一點 B 的速度，可以在剛體上任取一點 A 作為基點，如圖 9-4.2 所示，位置向量之間的關係為

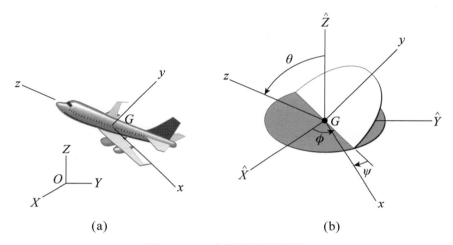

(a)   (b)

圖 9-4.1　飛機運動的描述

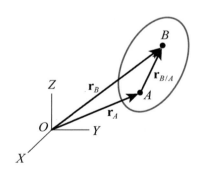

圖 9-4.2　剛體的一般運動

$$\mathbf{r}_B = \mathbf{r}_A + \mathbf{r}_{B/A} \tag{9-4.1}$$

將上式在 $OXYZ$ 中求導，即得

$$\mathbf{v}_B = \mathbf{v}_A + \frac{d}{dt}(\mathbf{r}_{B/A}) \qquad (9\text{-}4.2)$$

上式右邊第二項等於什麼？因為 $\mathbf{r}_{B/A}$ 是固定在剛體上的向量，根據(9-2.5)式，我們有

$$\frac{d}{dt}(\mathbf{r}_{B/A}) = \boldsymbol{\omega} \times \mathbf{r}_{B/A} \qquad (9\text{-}4.3)$$

由此得速度公式

$$\mathbf{v}_B = \mathbf{v}_A + \boldsymbol{\omega} \times \mathbf{r}_{B/A} \qquad (9\text{-}4.4)$$

此式與平面運動中的公式(5-4.4)形式上完全一樣，不同的是目前的 $\boldsymbol{\omega}$ 是大小和方向都在變化的瞬時角速度向量。例如，$\boldsymbol{\omega}$ 可用歐拉角來表示（見例 9-3.1）。

結論： 剛體上任一點的速度等於基點的速度和繞基點作定點運動的相對速度之和。

（二）加速度

將(9-4.4)式再對時間求一次導數並利用(9-4.3)式，即得加速度公式

$$\mathbf{a}_B = \mathbf{a}_A + \boldsymbol{\alpha} \times \mathbf{r}_{B/A} + \boldsymbol{\omega} \times (\boldsymbol{\omega} \times \mathbf{r}_{B/A}) \qquad (9\text{-}4.5)$$

此式和平面運動中的(5-4.12)式形式上完全一樣，所不同的是目前的 $\boldsymbol{\omega}$ 及 $\boldsymbol{\alpha}$ 的大小和方向都在變化。

結論： 剛體上任一點的加速度由兩部分組成：一部分是基點的加速度；另一部分是繞基點作定點運動的相對加速度。

例 ▶ 9-4.1

半徑為 r 的圓盤沿圓弧作純滾動，如圖 9-4.3 所示，G 為輪心，$\overline{OG} = L$。求圓盤上水平半徑端點 A 和最高點 B 的速度。

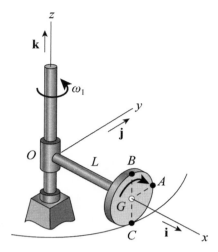

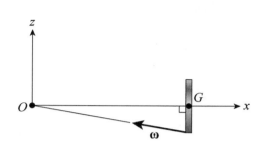

圖 9-4.3　例 9-4.1 之圖

解法一

圓盤同時有兩種轉動：(1)繞 z 軸轉動，角速度為 $\omega_z = \omega_1$；(2)繞 x 軸轉動。因輪子滾而不滑，所以接觸點 C 的速度是零，故 $\mathbf{v}_G = \omega_x \mathbf{i} \times r\mathbf{k} = -r\omega_x \mathbf{j}$。另一方面 G 的速度又可表示為 $\mathbf{v}_G = \omega_1 \mathbf{k} \times L\mathbf{i} = L\omega_1 \mathbf{j}$。因此，$\omega_x = -L\omega_1 / r$。於是合成後圓盤的角速度可表示為

$$\boldsymbol{\omega} = -\frac{L\omega_1}{r}\mathbf{i} + \omega_1 \mathbf{k} \tag{1}$$

又因 O 為固定點，故

$$\begin{aligned}
\mathbf{v}_A &= \boldsymbol{\omega} \times \overrightarrow{OA} \\
&= (-\frac{L\omega_1}{r}\mathbf{i} + \omega_1 \mathbf{k}) \times (L\mathbf{i} + r\mathbf{j}) \\
&= -\omega_1 r\mathbf{i} + L\omega_1 \mathbf{j} - L\omega_1 \mathbf{k}
\end{aligned}$$

同理

$$\begin{aligned}
\mathbf{v}_B &= \boldsymbol{\omega} \times \overrightarrow{OB} \\
&= (-\frac{L\omega_1}{r}\mathbf{i} + \omega_1 \mathbf{k}) \times (L\mathbf{i} + r\mathbf{k}) \\
&= 2L\omega_1 \mathbf{j}
\end{aligned}$$

 解法二

以 G 為基點，則基點的速度為

$$\mathbf{v}_G = \omega_1 \mathbf{k} \times (L\mathbf{i}) = L\omega_1 \mathbf{j}$$

並且

$$\mathbf{r}_{A/G} = r\mathbf{j}, \quad \mathbf{r}_{B/G} = r\mathbf{k}, \quad \boldsymbol{\omega} = -\frac{L\omega_1}{r}\mathbf{i} + \omega_1 \mathbf{k}$$

故

$$\mathbf{v}_A = \mathbf{v}_G + \boldsymbol{\omega} \times \mathbf{r}_{A/G}$$
$$= -\omega_1 r\mathbf{i} + L\omega_1 \mathbf{j} - L\omega_1 \mathbf{k}$$

$$\mathbf{v}_B = \mathbf{v}_G + \boldsymbol{\omega} \times \mathbf{r}_{B/G} = 2L\omega_1 \mathbf{j}$$

例 ▶ 9-4.2

如圖 9-4.4 所示，半徑為 6 cm 的圓盤以等角速度 $\omega_2 = 4\,\text{rad/s}$ 繞 CD 旋轉，支架 OCD 本身繞豎直軸 AB 以等角速度 $\omega_1 = 3\,\text{rad/s}$ 旋轉，已知 $OC \perp CD$，且 $\overline{OC} = 15\,\text{cm}$，$\overline{CD} = 9\,\text{cm}$。求圓盤的角加速度和 E 點的加速度。

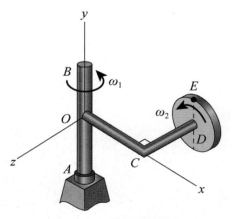

圖 9-4.4　圓盤的運動

解 由角速度合成定理，圓盤的角速度可表示成

$$\boldsymbol{\omega} = \omega_1\mathbf{j} + \omega_2\mathbf{k} = 3\mathbf{j} + 4\mathbf{k}$$

將上式對時間求導即得角加速度，但必須注意 $\mathbf{i}$、$\mathbf{j}$、$\mathbf{k}$ 是固定在活動標架 $Oxyz$ 上的單位向量，此活動標架的角速度為 $\omega_1\mathbf{j}$，故

$$\frac{d\mathbf{j}}{dt} = (\omega_1\mathbf{j}) \times \mathbf{j} = 0 \,, \quad \frac{d\mathbf{k}}{dt} = (\omega_1\mathbf{j}) \times \mathbf{k} = \omega_1\mathbf{i}$$

所以圓盤的角加速度為

$$\boldsymbol{\alpha} = (\omega_1\mathbf{j}) \times \boldsymbol{\omega} = (3\mathbf{j}) \times (3\mathbf{j} + 4\mathbf{k}) = 12\mathbf{i} \tag{1}$$

為了求得 E 點的加速度，選 D 為基點，則

$$\mathbf{a}_E = \mathbf{a}_D + \boldsymbol{\alpha} \times \mathbf{r}_{E/D} + \boldsymbol{\omega} \times (\boldsymbol{\omega} \times \mathbf{r}_{E/D}) \tag{2}$$

因為

$$\mathbf{r}_D = 15\mathbf{i} - 9\mathbf{k}$$

$$\mathbf{v}_D = (\omega_1\mathbf{j}) \times \mathbf{r}_D = (3\mathbf{j}) \times (15\mathbf{i} - 9\mathbf{k}) = -45\mathbf{k} - 27\mathbf{i}$$

$$\mathbf{a}_D = (\omega_1\mathbf{j}) \times \mathbf{v}_D = (3\mathbf{j}) \times (-45\mathbf{k} - 27\mathbf{i}) = -135\mathbf{i} + 81\mathbf{k}$$

$$\boldsymbol{\alpha} \times \mathbf{r}_{E/D} = 12\mathbf{i} \times (6\mathbf{j}) = 72\mathbf{k}$$

$$\boldsymbol{\omega} \times (\boldsymbol{\omega} \times \mathbf{r}_{E/D}) = (3\mathbf{j} + 4\mathbf{k}) \times [(3\mathbf{j} + 4\mathbf{k}) \times (6\mathbf{j})] = -96\mathbf{j} + 72\mathbf{k}$$

將以上結果代入(2)式，得

$$\mathbf{a}_E = -135\mathbf{i} - 96\mathbf{j} + 225\mathbf{k} \text{ cm/s}^2$$

思考：下面的解法正確否？令

$$\mathbf{r} = \overrightarrow{OC} + \overrightarrow{CD} + \overrightarrow{DE}$$

則

$$\mathbf{a}_E = \boldsymbol{\alpha} \times \mathbf{r} + \boldsymbol{\omega} \times (\boldsymbol{\omega} \times \mathbf{r})$$

 9.5 剛體上動點的速度和加速度

如圖 9-5.1 所示，剛體作一般三維運動，其上有一質點 P 相對於剛體有相對運動，我們的目的是要求動點 P 的速度和加速度公式。首先建立兩個座標系：

(1) 固定座標系 $OXYZ$ （以下簡稱座標系「1」）。

(2) 在剛體上任選一點 A 作基點，並以 A 為原點建一連體座標系 $Axyz$（以下簡稱座標系「2」）。

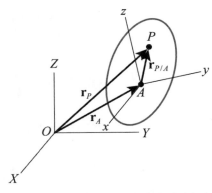

圖 9-5.1　動點 P 的速度和加速度

在第 5.5 節，我們對剛體作平面運動的情形討論過同樣的問題。幾乎可以一字不差地把那裡的推導過程照抄過來，我們不再此重複這一推導過程，而只寫出最後的結果。

（一）速度

動點 P 的速度可以表示成

$$\mathbf{v}_P = \mathbf{v}_r + \mathbf{v}_{P*} \tag{9-5.1}$$

其中

$\mathbf{v}_r =$ 動點 P 在座標系「2」中的相對速度；

$\mathbf{v}_{P*} = \mathbf{v}_A + \boldsymbol{\omega}_{21} \times \mathbf{r}_{P/A} =$ 剛體上與 P 點重合之點的速度。

（二）加速度

動點 P 的加速度可表示成

$$\mathbf{a}_P = \mathbf{a}_r + \mathbf{a}_C + \mathbf{a}_{P*} \tag{9-5.2}$$

其中

$\mathbf{a}_r =$ 動點 P 在座標系「2」中的相對加速度；

$$\mathbf{a}_C = 2\boldsymbol{\omega}_{21} \times \mathbf{v}_r = 科氏加速度 ;$$

$$\mathbf{a}_{P*} = \mathbf{a}_A + \boldsymbol{\alpha}_{21} \times \mathbf{r}_{P/A} + \boldsymbol{\omega}_{21} \times (\boldsymbol{\omega}_{21} \times \mathbf{r}_{P/A})$$

$$= 剛體上與 P 點重合的那一點的加速度。$$

公式(9-5.1)及(9-5.2)在形式上分別和(5-5.14)及(5-5.18)式完全一樣。所不同的是，此處 $\mathbf{r}_{P/A}$ 是三維向量；$\boldsymbol{\omega}_{21}$ 也是三維向量，並且其大小和方向隨時間而變化。

例 ▶ 9-5.1

用動點的概念重解例 9-4.1。

 解 如圖 9-4.3 所示，把 $Oxyz$ 看成剛體，則 A 點和 B 點都是此剛體上的動點。剛體 $Oxyz$ 的角速度為 $\boldsymbol{\omega} = \omega_1 \mathbf{k}$。剛體上與 A 重合之點的速度為

$$\mathbf{v}_{A*} = \boldsymbol{\omega} \times \overrightarrow{OA}$$
$$= (\omega_1 \mathbf{k}) \times (L\mathbf{i} + r\mathbf{j}) = -r\omega_1 \mathbf{i} + L\omega_1 \mathbf{j}$$

圓盤相對於 x 軸作定軸轉動，其相對角速度為 $-\dfrac{L\omega_1}{r}\mathbf{i}$，故 A 點的相對速度為

$$\mathbf{v}_{Ar} = (-\frac{L\omega_1}{r}\mathbf{i}) \times (r\mathbf{j}) = -L\omega_1 \mathbf{k}$$

因此，A 點的速度為

$$\mathbf{v}_A = \mathbf{v}_{Ar} + \mathbf{v}_{A*} = -r\omega_1 \mathbf{i} + L\omega_1 \mathbf{j} - L\omega_1 \mathbf{k}$$

同理，

$$\mathbf{v}_{B*} = \boldsymbol{\omega} \times (\overrightarrow{OB}) = \omega_1 \mathbf{k} \times (L\mathbf{i} + r\mathbf{k}) = L\omega_1 \mathbf{j}$$

$$\mathbf{v}_{Br} = (-\frac{L\omega_1}{r}\mathbf{i}) \times (r\mathbf{k}) = L\omega_1 \mathbf{j}$$

故 B 點的速度為

$$\mathbf{v}_B = \mathbf{v}_{Br} + \mathbf{v}_{B*} = 2L\omega_1 \mathbf{j}$$

用動點的概念重解例 9-4.2。

 如圖 9-4.4 所示，將 $Oxyz$ 看成剛體，並以 O 為基點，則基點的加速度為 $\mathbf{a}_O = 0$。E 點為動點，因圓盤相對於 CD 作定軸轉動，故 E 點相對於 $Oxyz$ 的加速度為

$$\mathbf{a}_r = -\omega_2^2 r\mathbf{j} = -4^2(6)\mathbf{j} = -96\mathbf{j}$$

科氏加速度為

$$\mathbf{a}_C = 2\omega_1 \times (-\omega_2 r\mathbf{i}) = 2(3\mathbf{j}) \times [-4(6)\mathbf{i}] = 144\mathbf{k}$$

剛體上與 E 重合之點的加速度為

$$\begin{aligned}\mathbf{a}_{E*} &= \omega_1 \times (\omega_1 \times \overrightarrow{OE})\\ &= (3\mathbf{j}) \times [3\mathbf{j} \times (15\mathbf{i} - 9\mathbf{k} + 6\mathbf{j})]\\ &= -135\mathbf{i} + 81\mathbf{k}\end{aligned}$$

故 E 點的加速度為

$$\begin{aligned}\mathbf{a}_E &= \mathbf{a}_r + \mathbf{a}_C + \mathbf{a}_{E*}\\ &= -135\mathbf{i} - 96\mathbf{j} + 225\mathbf{k} \text{ cm/s}^2\end{aligned}$$

9.6 結　語

　　三維空間中剛體的運動分兩種：定點運動和一般運動。本章討論三維空間中剛體的運動學，重點是求剛體的角速度，剛體上的點（包括固定點和動點）的速度和加速度。

　　定點運動的剛體相對於其初始位置的方位可由初始位置經由三次簡單轉動來實現。按「3-1-3」順序轉動稱為歐拉轉動，每次轉動的角稱為歐拉角。繞不同軸轉動後，「新」「舊」座標之間的變換關係見(9-3.2)式，(9-3.4)式和(9-3.6)式。

剛體的一般運動可分解為隨基點的平移運動和繞基點的轉動。

從概念上講，本章和第 5 章剛體平面運動的運動學並無本質的區別，只是對作三維運動的剛體而言，剛體的角速度，剛體上點的速度及加速度都是三維向量，其大小和方向隨時在改變。再次強調兩個重要的微分運算法則：

(1) 固定在剛體上的向量對時間的導數（相對於某一參考系），等於剛體相對於同一參考系的角速度與該向量的叉積。

(2) 一向量的絕對導數等於它相對於動座標系的相對導數加上動座標系的角速度和這個向量的叉積。

無論剛體作何種運動，以上法則都適用。只要記住，某點的速度和加速度分別是該點的位置向量對時間的一階及二階導數，運用上述求導法則，便可隨手寫出速度和加速度的公式。這些公式列於下表，供查閱。

速度和加速度	公式
角速度向量和求導法則	9-2.5
剛體上點的速度	9-4.4
剛體上點的加速度	9-4.5
剛體上動點的速度	9-5.1
剛體上動點的加速度	9-5.2

思考題

1. 角速度合成定理是否也適用於角加速度？

2. 一個向量在兩個座標系中的導數之關係與座標架的角速度有關？

3. 對一個動點 P，我們可以找到一個動座標系使 P 點科氏加速度為零。

習 題

9.1 求例 9-4.1 中圓盤的角加速度及 A、B 點的加速度。

9.2 圖示的圓錐在水平面上作純滾動。已知圓錐以等角速度 ω 繞鉛垂軸 Oz 旋轉，求錐體上最高點 A 的加速度之大小。

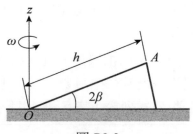

圖 P9.2

9.3 已知剛體繞定點運動的歐拉角（見圖 9-3.2）與時間的關係為：$\phi = nt$，$\theta = \pi / 3$，$\psi = \pi / 3 + qnt$，其中 n 和 q 是常數，角度的單位為 rad，時間以秒計。求剛體的角速度在連體座標軸 xyz 的投影。

9.4 設在某一時刻作定點運動的剛體的角速度大小 $\omega = 7 \, \text{rad/s}$，而瞬時軸分別與固定直角座標軸成銳角 θ_X，θ_Y，θ_Z，且 $\cos\theta_X = 2/7$，$\cos\theta_Z = 6/7$。求在此一時刻剛體內座標為 $(0, 2, 0)$ 之點的速度大小及其在固定座標系各軸的分量。

9.5 萬向接頭 U 用來傳動成角度 ϕ 的軸 A 和軸 B 之間的運動。已知十字叉的 CD 臂和鉛垂軸成 θ 角，求 B 軸和 A 軸的角速率之比 ω_B / ω_A。

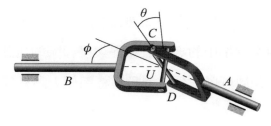

圖 P9.5

9.6 圖示的正方形框架繞固定軸 AB 旋轉的轉速為 2 rpm，圓盤相對於框架上對角線 BD 旋轉的轉速為 2 rpm。求圓盤的角速度之大小。

9.7 半徑為 R 的圓盤以角速度 ω_1 繞其對稱軸 OA 旋轉，而 OA 軸又以角速度 ω_2 繞鉛垂軸 OC 旋轉，如圖所示。已知 $\overline{OD} = \ell$，求圓盤最低點 B 的速度。

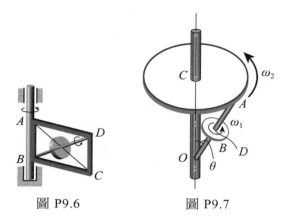

圖 P9.6   圖 P9.7

9.8 圖示的平板可經過一次旋轉由位置 A 轉到位置 B，試用單位向量表示旋轉軸的位置及平板需繞此軸轉動多少度？

9.9 圖示的圓錐 C 在固定的內圓錐 D 內作純滾動。已知圓錐 C 以等角速率 $\omega_1 = 2.5 \, \text{rad/s}$ 繞其對稱軸 OA 轉動。求在圖示的位置時：(a) OA 軸對 Z 軸的角速度；(b)圓錐 C 的角速度與角加速度。

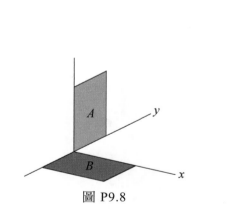

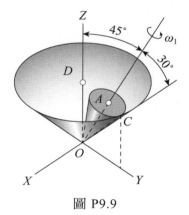

圖 P9.8   圖 P9.9

9.10 桿 AB 的兩端以球接頭與光滑軸環 C 及 D 相接，若 D 以 $0.5 \, \text{m/s}$ 的速率移動，求圖示位置時 C 的速度及桿 AB 的角速度。

9.11 套環 C 在半徑 $r = 0.25 \, \text{m}$ 的圓環上滑動，圓環在圖示位置時的角速度 $\omega = 5 \, \text{rad/s}$，角加速度 $\alpha = 2 \, \text{rad/s}^2$，$\theta = 45°$，$\dot{\theta} = -0.6 \, \text{rad/s}$，且加速度的大小為 $10 \, \text{m/s}^2$，求 $\ddot{\theta}$ 之值。

9.12 圖示的圓錐的頂角為 45°，質點 P 相對於圓錐以速度 $v_r = 0.1 \, \text{m/s}$ 沿著線 AB 運動，圓錐又以等角速度 $\omega = 6 \, \text{rad/s}$ 繞鉛垂軸 OA 旋轉，在時刻 $t = 0$ 時 P 位於頂端 A。求 $t = 5 \, \text{s}$ 時質點的加速度之大小。

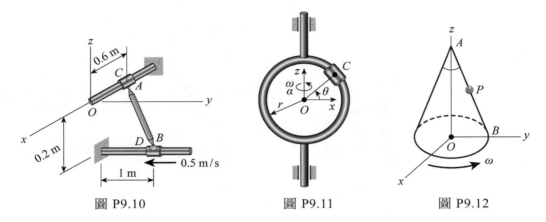

圖 P9.10　　　　　圖 P9.11　　　　　圖 P9.12

9.13 圖示的正方體的邊長為 b，$Axyz$ 為固定在正方體上的動座標系。在某一時刻 A 點的速度 $\mathbf{v}_A = b\omega_O \mathbf{k}$，$B$ 點的速度 $\mathbf{v}_B = -b\omega_O \mathbf{j} + b\omega_O \mathbf{k}$，$D$ 點的速度 $\mathbf{v}_D = b\omega_O \mathbf{i} + b\omega_O \mathbf{k}$。求此時刻立方體的：(a)角速度；(b)質心速度；(c) C 點的速度；(d)瞬時旋轉軸。

9.14 圖示的迴轉儀圓盤以等角速率 $\Omega = 80 \, \text{rad/s}$ 繞其中心軸轉動，外框架以等角速度 $\omega_O = 0.5 \, \text{rad/s}$ 繞鉛垂軸轉動。當 $\theta = \pi/2$、$\dot{\theta} = 7 \, \text{rad/s}$、$\ddot{\theta} = 0$ 時，求圓盤的角速度及角加速度。

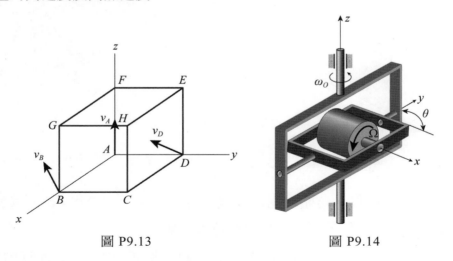

圖 P9.13　　　　　圖 P9.14

Chapter 10

三維空間中的剛體運動力學

10.1 引 論

剛體在三維空間中的運動力學和平面運動力學並無原則上的區別。例如，下述基本原理都是普遍適用的：

1. 質心運動定理：

$$\sum \mathbf{F} = m\mathbf{a}_G \tag{10-1.1}$$

2. 對質心的角動量定理：

$$\sum \mathbf{M}_G = \dot{\mathbf{H}}_G \tag{10-1.2}$$

3. 功能原理：

$$W_{1,2} = T_2 - T_1 \tag{10-1.3}$$

所不同者，對三維空間中運動的剛體，由於自由度增加，使得角動量 $\mathbf{H}_G$ 及動能 T 的計算都大為複雜，因而相應的運動方程式也大為複雜。下面我們首先討論 $\mathbf{H}_G$ 及 T 的計算，然後再討論運動方程式的具體形式及其應用。

10.2 角動量與慣性矩

在第 6.2 節，對平面運動的剛體我們討論過絕對運動對兩個不同點的角動量的關係，還討論過相對運動對質心的角動量。幾乎可以一字不差地把第 6.2 節的推導過程照抄過來用在三維運動的情形，故不再重複，這裡只寫出結論：

1. 剛體的絕對運動對固定點 O 及對質心 G 的角動量之間的關係為

$$\mathbf{H}_O = \mathbf{H}_G^* + \overrightarrow{OG} \times m\mathbf{v}_G$$

其中 $\mathbf{v}_G$ 為質心的絕對速度，m 為剛體的質量，$m\mathbf{v}_G$ 為剛體的線動量，$\mathbf{H}_G^*$ 為剛體的絕對運動對質心的角動量。

2. 剛體的絕對運動對質心的角動量 $\mathbf{H}_G^*$，等於剛體相對於質心平移座標系的相對運動對質心的角動量 $\mathbf{H}_G$，即

$$\mathbf{H}_G^* = \mathbf{H}_G$$

下面討論剛體對質心的角動量之計算。如圖 10-2.1 所示，G 為剛體的質心，$Gxyz$ 為固定在剛體上的連體座標系，$OXYZ$ 為固定在地面上的座標系。考慮剛體上任一小質量 m_i，其相對於 $Gxyz$ 的速度為

$$\mathbf{v}_i' = \boldsymbol{\omega} \times \mathbf{r}_i' \qquad (10\text{-}2.1)$$

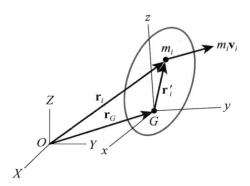

因此整個剛體相對於質心的角動量可寫成

$$\mathbf{H}_G = \sum_i \mathbf{r}_i' \times m_i(\boldsymbol{\omega} \times \mathbf{r}_i') \qquad (10\text{-}2.2)$$

圖 10-2.1　角動量的計算

注意：因剛體的絕對運動對質心的角動量等於剛體相對於質心平移座標系的相對運動對質心的角動量。所以我們只籠統地說剛體相對於質心的角動量就行了。用 dm 代替 m_i，並用 $\mathbf{r}'$ 代替 $\mathbf{r}_i'$，則可用積分代替(10-2.2)式：

$$\mathbf{H}_G = \int \mathbf{r}' \times (\boldsymbol{\omega} \times \mathbf{r}')dm \qquad (10\text{-}2.3)$$

現在將 $\mathbf{r}'$ 及 $\boldsymbol{\omega}$ 在連體座標系中表示出來，即令

$$\mathbf{r}' = x\mathbf{i} + y\mathbf{j} + z\mathbf{k} \qquad (10\text{-}2.4)$$

$$\boldsymbol{\omega} = \omega_x\mathbf{i} + \omega_y\mathbf{j} + \omega_z\mathbf{k} \qquad (10\text{-}2.5)$$

其中 $\mathbf{i}$、$\mathbf{j}$、$\mathbf{k}$ 分別為平行於 x 軸、y 軸及 z 軸的單位向量。應注意，不管剛體怎樣運動，上式中的 x、y、z 是不隨時間變化的常量。將(10-2.4)和(10-2.5)式代入(10-2.3)式，可將 $\mathbf{H}_G$ 寫成

$$\mathbf{H}_G = H_x\mathbf{i} + H_y\mathbf{j} + H_z\mathbf{k} \qquad (10\text{-}2.6)$$

其中

$$H_x = \omega_x \int (y^2 + z^2) dm - \omega_y \int xydm - \omega_z \int zxdm$$

$$H_y = \omega_y \int (z^2 + x^2) dm - \omega_z \int yzdm - \omega_x \int xydm \qquad (10\text{-}2.7)$$

$$H_z = \omega_z \int (x^2 + y^2) dm - \omega_x \int zxdm - \omega_y \int yzdm$$

注意上式有輪換性，即將第一式中的 x 換成 y ， y 換 z ， z 換成 x 後就得第二式；餘此類推。利用質量慣性矩及質量慣性積的定義，可將(10-2.7)上式寫成

$$\begin{bmatrix} H_x \\ H_y \\ H_z \end{bmatrix} = \begin{bmatrix} I_{xx} & -I_{xy} & -I_{xz} \\ -I_{xy} & I_{yy} & -I_{yz} \\ -I_{xz} & -I_{yz} & I_{zz} \end{bmatrix} \begin{bmatrix} \omega_x \\ \omega_y \\ \omega_z \end{bmatrix} \qquad (10\text{-}2.8)$$

其中

$$I_{xx} = \int (y^2 + z^2)\, dm \ , \quad I_{yy} = \int (z^2 + x^2)\, dm \ , \quad I_{zz} = \int (x^2 + y^2)\, dm$$

$$I_{xy} = \int xydm \ , \quad I_{xz} = \int xzdm \ , \quad I_{yz} = \int yzdm \qquad (10\text{-}2.9)$$

由(10-2.8)式可知，在一般情況下，剛體對質心的角動量的計算是相當麻煩的。數學上可以證明，一定存在一個特殊的連體座標系 $Gxyz$ ，使得剛體相對於這個座標系的質量慣性積為零，即(10-2.8)式中右邊第一個矩陣的非對角線元素為零，這時，連體座標軸的方向稱為**慣性主軸**（見靜力學第八章）。凡有對稱軸的剛體，其對稱軸就是慣性主軸。如果 $Gxyz$ 的三個座標軸是慣性主軸，則(10-2.8)式簡化成

$$\begin{bmatrix} H_x \\ H_y \\ H_z \end{bmatrix} = \begin{bmatrix} I_{xx} & 0 & 0 \\ 0 & I_{yy} & 0 \\ 0 & 0 & I_{zz} \end{bmatrix} \begin{bmatrix} \omega_x \\ \omega_y \\ \omega_z \end{bmatrix} \qquad (10\text{-}2.10)$$

或

$$\mathbf{H}_G = I_{xx}\omega_x \mathbf{i} + I_{yy}\omega_y \mathbf{j} + I_{zz}\omega_z \mathbf{k} \qquad (10\text{-}2.11)$$

例 ▶ 10-2.1

如圖 10-2.2 所示，質量 $m = 12\,\text{kg}$ 的矩形板以角速度 $\omega = 6\,\text{rad/s}$ 繞豎直軸旋轉，已知 $a = 2$ 米，$b = 4$ 米，$\alpha = 30°$。求此板對質心 G 的角動量表達式。

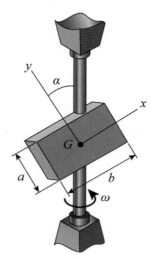

圖 10-2.2 例 10-2.1 之圖

 解 如圖所示 $Gxyz$ 為連體座標系，z 軸（圖未畫出）垂直板面，各軸分別為慣性主軸。我們有

$$\omega_x = \omega \sin \alpha\,,\quad \omega_y = \omega \cos \alpha\,,\quad \omega_z = 0$$

$$I_{xx} = \frac{1}{12} ma^2\,,\quad I_{yy} = \frac{1}{12} mb^2\,,\quad I_{zz} = \frac{1}{12} m(a^2 + b^2)$$

由此得

$$H_x = I_{xx}\omega_x = \frac{1}{12}(12)(2^2)(6\sin 30°) = 12\ \text{kg·m}^2/\text{s}$$

$$H_y = I_{yy}\omega_y = \frac{1}{12}(12)(4^2)(6\cos 30°) = 83.1\ \text{kg·m}^2/\text{s}$$

$$H_z = I_{zz}\omega_z = 0$$

或寫成向量形式

$$\mathbf{H}_G = 12\mathbf{i} + 83.1\mathbf{j} \, \text{kg} \cdot \text{m}^2 / \text{s}$$

其中 $\mathbf{i}$、$\mathbf{j}$ 分別為平行於 x 軸及 y 軸的單位向量。

例 ▶ 10-2.2

圖 10-2.3 所示的均質正立方體，邊長為 ℓ，質量為 m，並以角速度 ω 繞 z 軸旋轉，(a)求此立方體對座標原點位於邊角的 $Oxyz$ 軸的慣性矩和慣性積；(b)求此立方體對 O 點的角動量。

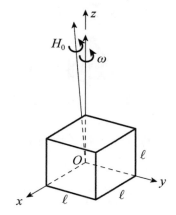

圖 10-2.3 均質正立方體之角速度和角動量

解 (a) 取微小體積的邊長為 dx、dy、dz，則此微小體積的質量 dm：

$$dm = \frac{m}{\ell^3} dx dy dz$$

根據慣性矩的定義

$$I_{xx} = \int_0^\ell \int_0^\ell \int_0^\ell (y^2 + z^2) \frac{m}{\ell^3} dx dy dz = \frac{2}{3} m\ell^2$$

$$I_{yy} = \int_0^\ell \int_0^\ell \int_0^\ell (z^2 + x^2) \frac{m}{\ell^3} dx dy dz = \frac{2}{3} m\ell^2$$

$$I_{zz} = \int_0^\ell \int_0^\ell \int_0^\ell (x^2 + y^2) \frac{m}{\ell^3} dxdydz = \frac{2}{3} m\ell^2$$

註：以上結果可用平行軸定理得到。

而慣性積

$$I_{xy} = I_{yx} = \int_0^\ell \int_0^\ell \int_0^\ell xy \frac{m}{\ell^3} dxdydz = \frac{1}{4} m\ell^2$$

$$I_{yz} = I_{zy} = \int_0^\ell \int_0^\ell \int_0^\ell yz \frac{m}{\ell^3} dxdydz = \frac{1}{4} m\ell^2$$

$$I_{zx} = I_{xz} = \int_0^\ell \int_0^\ell \int_0^\ell zx \frac{m}{\ell^3} dxdydz = \frac{1}{4} m\ell^2$$

(b) 應用矩陣方程(10-2.8)，立方體對 O 點的角動量分量為

$$\begin{bmatrix} H_x \\ H_y \\ H_z \end{bmatrix} = m\ell^2 \begin{bmatrix} \dfrac{2}{3} & -\dfrac{1}{4} & -\dfrac{1}{4} \\ -\dfrac{1}{4} & \dfrac{2}{3} & -\dfrac{1}{4} \\ -\dfrac{1}{4} & -\dfrac{1}{4} & \dfrac{2}{3} \end{bmatrix} \begin{bmatrix} 0 \\ 0 \\ \omega \end{bmatrix} = \begin{bmatrix} -\dfrac{1}{4} \\ -\dfrac{1}{4} \\ \dfrac{2}{3} \end{bmatrix} m\ell\omega^2$$

即

$$\mathbf{H}_O = -\frac{1}{4} m\ell^2 \omega\mathbf{i} - \frac{1}{4} m\ell^2 \omega\mathbf{j} + \frac{2}{3} m\ell^2 \omega\mathbf{k}$$

角動量 $\mathbf{H}_O$ 與角速度 $\boldsymbol{\omega}$ 的方向畫於圖 10-2.3 中，從圖中可見角動量方向和角速度方向不同。

10.3 動　能

如圖 10-3.1 所示，G 為剛體的質心，剛體上任一小質量 m_i 的速度可表示為

$$\mathbf{v}_i = \mathbf{v}_G + \mathbf{v}_{i/G} \tag{10-3.1}$$

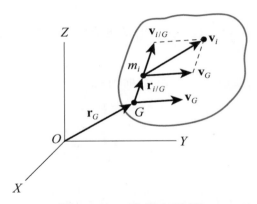

圖 10-3.1　動能之計算

其中 $\mathbf{v}_G$ 為質心的速度，$\mathbf{v}_{i/G}$ 為 m_i 相對於質心平移座標系的相對速度。由此得

$$v_i^2 = \mathbf{v}_i \cdot \mathbf{v}_i = v_G^2 + v_{i/G}^2 + 2\mathbf{v}_G \cdot \mathbf{v}_{i/G} \tag{10-3.2}$$

剛體的動能可表示成

$$T = \frac{1}{2}\sum m_i v_i^2 = \frac{1}{2}\sum m_i (v_G^2 + v_{i/G}^2 + 2\mathbf{v}_G \cdot \mathbf{v}_{i/G})$$

$$= \frac{1}{2}(\sum m_i)v_G^2 + \frac{1}{2}\sum m_i v_{i/G}^2 + \mathbf{v}_G \cdot \sum m_i \mathbf{v}_{i/G} \tag{10-3.3}$$

上式中右邊第一項等於 $\frac{1}{2}mv_G^2$，它表示剛體隨質心一起平移的動能。第二項表示剛體相對於質心平移座標系運動的動能，以 T^* 表示之。第三項中的 $\sum m_i \mathbf{v}_{i/G}$ 為剛體相對於質心平移座標系的動量，它恆等於零。這是因為 G 為質心平移座標系的原點，因此 $\sum m_i \mathbf{r}_{i/G} = 0$，將此式兩邊對時間求導即得 $\sum m_i \mathbf{v}_{i/G} = 0$。所以剛體的動能最後可表示成如下形式：

$$T = \frac{1}{2}mv_G^2 + T^* \tag{10-3.4}$$

現在我們來研究 T^* 的另一種表達式。首先我們有

$$T^* = \frac{1}{2}\sum m_i \mathbf{v}_{i/G} \cdot \mathbf{v}_{i/G}$$

$$= \frac{1}{2}\sum m_i (\boldsymbol{\omega} \times \mathbf{r}_{i/G}) \cdot \mathbf{v}_{i/G} \qquad (10\text{-}3.5)$$

利用公式

$$(\mathbf{a} \times \mathbf{b}) \cdot \mathbf{c} = \mathbf{a} \cdot (\mathbf{b} \times \mathbf{c})$$

可得

$$T^* = \frac{1}{2}\boldsymbol{\omega} \cdot (\sum \mathbf{r}_{i/G} \times m_i \mathbf{v}_{i/G}) \qquad (10\text{-}3.6)$$

上式右邊括號中的量等於剛體對質心的角動量，即

$$\sum \mathbf{r}_{i/G} \times m_i \mathbf{v}_{i/G} = \mathbf{H}_G \qquad (10\text{-}3.7)$$

故

$$T^* = \frac{1}{2}\boldsymbol{\omega} \cdot \mathbf{H}_G \qquad (10\text{-}3.8)$$

於是剛體的動能可以寫成

$$T = \frac{1}{2}mv_G^2 + \frac{1}{2}\boldsymbol{\omega} \cdot \mathbf{H}_G \qquad (10\text{-}3.9)$$

如果以質心 G 為原點建立一連體座標系 $Gxyz$，並使三個座標軸為慣性主軸，則(10-3.9)式變成

$$T = \frac{1}{2}mv_G^2 + \frac{1}{2}I_{xx}\omega_x^2 + \frac{1}{2}I_{yy}\omega_y^2 + \frac{1}{2}I_{zz}\omega_z^2 \qquad (10\text{-}3.10)$$

例 ▶ **10-3.1**

　　如圖 10-3.2 所示，一半徑為 r，質量為 m 的均質圓盤裝在質量不計的 OG 軸上，該軸繞 O 點以角速度 ω 旋轉，同時圓盤則限制在水平地面上作純滾動。設 $\overline{OG} = L$，求圓盤的動能。

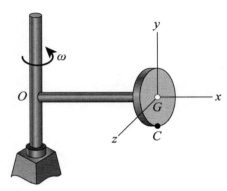

圖 10-3.2　圓盤的動能

 如圖 10-3.2 所示，$Gxyz$ 為連體主軸座標系。質心 G 的速率為

$$v_G = L\omega$$

角速度分量為（見例 9-4.1）

$$\omega_x = \frac{-L\omega}{r}, \quad \omega_y = \omega, \quad \omega_z = 0$$

質量慣性矩為

$$I_{xx} = \frac{1}{2}mr^2, \quad I_{yy} = I_{zz} = \frac{1}{4}mr^2$$

由此得圓盤的動能為

$$T = \frac{1}{2}mv_G^2 + \frac{1}{2}I_{xx}\omega_x^2 + \frac{1}{2}I_{yy}\omega_y^2 + \frac{1}{2}I_{zz}\omega_z^2$$

$$= \frac{1}{2}m(L\omega)^2 + \frac{1}{2}(\frac{1}{2}mr^2)(\frac{-L\omega}{r})^2 + \frac{1}{2}(\frac{1}{4}mr^2)\omega^2 + 0$$

$$= \frac{1}{8}mr^2\omega^2(1 + 6L^2/r^2)$$

例 ▶ 10-3.2

質量不計的球殼繞其直徑以角速度 Ω 旋轉，其內放一長為 a，質量為 m 的均質細桿。設在運動過程中細桿不離開球殼，$\overline{OG} = e$，求細桿的動能（見圖 10-3.3）。

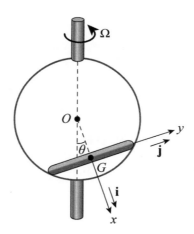

圖 10-3.3　球殼與細桿

 解 令 G 表細桿的質心，Gxyz 為固定在細桿上的座標系，細桿的角速度分量為

$$\omega_x = -\Omega\cos\theta, \quad \omega_y = \Omega\sin\theta, \quad \omega_z = \dot{\theta}$$

細桿的質量慣性矩為

$$I_{xx} = I_{zz} = \frac{1}{12}ma^2, \quad I_{yy} = 0$$

質心速度為

$$\begin{aligned}
\mathbf{v}_G &= \boldsymbol{\omega} \times \overrightarrow{OG} \\
&= (-\Omega\cos\theta\mathbf{i} + \Omega\sin\theta\mathbf{j} + \dot\theta\mathbf{k}) \times (e\mathbf{i}) \\
&= e\dot\theta\mathbf{j} - \Omega e\sin\theta\mathbf{k}
\end{aligned}$$

故細桿的動能為

$$\begin{aligned}
T &= \frac{1}{2}mv_G^2 + \frac{1}{2}I_{xx}\omega_x^2 + \frac{1}{2}I_{yy}\omega_y^2 + \frac{1}{2}I_{zz}\omega_z^2 \\
&= \frac{1}{2}m(e^2\dot\theta^2 + \Omega^2 e^2\sin^2\theta) + \frac{1}{2}(\frac{1}{12}ma^2)(\Omega^2\cos^2\theta) + \frac{1}{2}(\frac{1}{12}ma^2)\dot\theta^2 \\
&= \frac{1}{24}ma^2\dot\theta^2(1 + 12e^2/a^2) + \frac{1}{24}ma^2\Omega^2(\cos^2\theta + 12\frac{e^2}{a^2}\sin^2\theta)
\end{aligned}$$

例 ▶ 10-3.3

　　圖 10-3.4 所示的錢幣在水平面上作純滾動，傾斜角 θ 並不是固定值稱為章動角。錢幣繞鉛垂方向的轉動稱為進動，繞垂直於錢幣面的軸的轉動稱為自旋。(a)求以進動率 $\dot\psi$、自旋率 $\dot\phi$ 及章動率 $\dot\theta$ 表示的動能；(b)求摩擦力和正向力作的功。

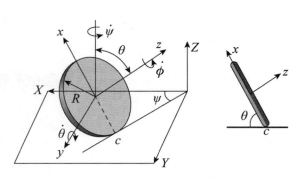

圖 10-3.4　純滾動的錢幣

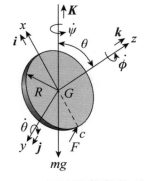

圖 10-3.5　純滾動錢幣的受力圖

 取固定在錢幣質心 G 的連體座標系 $Gxyz$，當錢幣繞 z 軸作自旋轉動時，此座標系並不隨之而轉動，此種座標系稱為萊沙爾座標系。設 $\mathbf{i}$、$\mathbf{j}$、$\mathbf{k}$ 為分別與 x、y、z 軸平行的單位向量，於是鉛垂方向的單位向量 $\mathbf{K}$ 可表示為

$$\mathbf{K} = \sin\theta\mathbf{i} + \cos\theta\mathbf{k}$$

錢幣的角速度可寫成

$$\begin{aligned}
\boldsymbol{\omega} &= \dot{\psi}\mathbf{K} - \dot{\theta}\mathbf{j} + \dot{\phi}\mathbf{k} \\
&= (\dot{\psi}\sin\theta)\mathbf{i} - \dot{\theta}\mathbf{j} + (\dot{\psi}\cos\theta + \dot{\phi})\mathbf{k}
\end{aligned}$$

錢幣的質心質量慣性矩為

$$I_{xx} = I_{yy} = \frac{1}{4}mR^2, \quad I_{zz} = \frac{1}{2}mR^2, \quad I_{xy} = I_{yz} = I_{xz} = 0$$

因錢幣作純滾動，接觸點 c 的速度 $\mathbf{v}_c = 0$，質心 G 的速度為

$$\begin{aligned}
\mathbf{v}_G &= \mathbf{v}_c + \boldsymbol{\omega}\times\overrightarrow{CG} \\
&= \boldsymbol{\omega}\times R\mathbf{i} \\
&= R(\dot{\psi}\cos\theta + \dot{\phi})\mathbf{j} + R\dot{\theta}\mathbf{k}
\end{aligned}$$

質心角動量 $\mathbf{H}_G$ 為

$$\begin{aligned}
\mathbf{H}_G &= I_{xx}\omega_x\mathbf{i} + I_{yy}\omega_y\mathbf{j} + I_{zz}\omega_z\mathbf{k} \\
&= \frac{1}{4}mR^2[\dot{\psi}\sin\theta\mathbf{i} - \dot{\theta}\mathbf{j} + 2(\dot{\psi}\cos\theta + \dot{\phi})\mathbf{k}]
\end{aligned}$$

於是錢幣的動能為

$$\begin{aligned}
T &= \frac{1}{2}m\mathbf{v}_G\cdot\mathbf{v}_G + \frac{1}{2}\boldsymbol{\omega}\cdot\mathbf{H}_G \\
&= \frac{1}{2}mR^2[(\dot{\psi}\cos\theta + \dot{\phi})^2 + \dot{\theta}^2] + \frac{1}{8}mR^2[\dot{\psi}^2\sin^2\theta + \dot{\theta}^2 + 2(\dot{\psi}\cos\theta + \dot{\phi})^2] \\
&= \frac{1}{8}mR^2[\dot{\psi}^2\sin^2\theta + 5\dot{\theta}^2 + 6(\dot{\psi}\cos\theta + \dot{\phi})^2]
\end{aligned}$$

令反作用力 $\mathbf{F}$ 為正向力與摩擦力的合力，如圖 10-3.5 所示。因接觸點滾動路徑很複雜，不易描述，我們可用等效力的觀念將 $\mathbf{F}$ 用 $\mathbf{F}$ 及一個力偶 $\mathbf{M}$ 作用於質心 G 取代，而

$$\mathbf{M} = \overrightarrow{GC}\times\mathbf{F}$$

於是反作用力所作的微功為

$$dW = \mathbf{F} \cdot d\mathbf{r}_G + \mathbf{M} \cdot d\boldsymbol{\theta}$$

式中

$$d\boldsymbol{\theta} = \boldsymbol{\omega} dt$$

$$d\mathbf{r}_G = \mathbf{v}_G dt = (\boldsymbol{\omega} \times \overrightarrow{CG})dt = d\boldsymbol{\theta} \times \overrightarrow{CG}$$

於是

$$dW = \mathbf{F} \cdot (d\boldsymbol{\theta} \times \overrightarrow{CG}) + (\overrightarrow{GC} \times \mathbf{F}) \cdot d\boldsymbol{\theta}$$

但 $\overrightarrow{CG} = -\overrightarrow{GC}$，並應用向量三乘積，上式可改寫成

$$dW = \mathbf{F} \cdot (d\boldsymbol{\theta} \times \overrightarrow{CG}) - \mathbf{F} \cdot (d\boldsymbol{\theta} \times \overrightarrow{CG}) = 0$$

故對作純滾動的錢幣而言，正向力與摩擦力所作的功之和等於零。實際上，這一結果早在意料之中。因接觸點的速度為零，任一時刻力 $\mathbf{F}$ 的功 $dW = \mathbf{F} \cdot \mathbf{v}_c dt = 0$，故力 $\mathbf{F}$ 不作功。

例 ▶ 10-3.4

正圓錐在傾角為 β 的斜面上作無滑動滾動，如圖 10-3.6 所示。設圓錐的母線長為 L，半頂錐角為 α。令圓錐與斜面的接觸母線和斜面邊線形成的角為 ϕ。寫出該圓錐的動能與位能表達式。

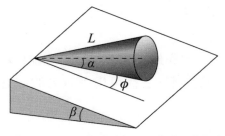

圖 10-3.6　正圓錐在斜面上作無滑動滾動

解 該圓錐與斜面的接觸母線為瞬時
速度軸（圓錐在該母線上的所有
點的速度為零）。如圖 10-3.7 所
示，無滑動滾動的條件是

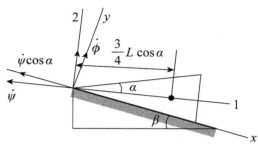

圖 10-3.7　圓錐的速度分析

$$L\dot{\phi} = r\dot{\psi}$$

故

$$\dot{\psi} = \dot{\phi}/\sin\alpha$$

圓錐的角速度分量是

$$\omega_1 = \dot{\psi} - \dot{\phi}\sin\alpha = \frac{\dot{\phi}}{\sin\alpha} - \dot{\phi}\sin\alpha = \dot{\phi}\frac{\cos^2\alpha}{\sin\alpha} \tag{1}$$

$$\omega_2 = \dot{\phi}\cos\alpha, \quad \omega_3 = 0 \tag{2}$$

圓錐質心的速度為

$$v_G = \frac{3}{4}L\cos\alpha\sin\alpha(\dot{\psi}\cos\alpha) = \frac{3}{4}L\dot{\phi}\cos^2\alpha \tag{3}$$

其次，圓錐的慣性矩分量為

$$I_{11} = \frac{3}{10}mr^2 = \frac{3}{10}mL^2\sin^2\alpha \tag{4}$$

$$I_{22} = \frac{3}{80}m(4r^2 + h^2) = \frac{3}{80}mL^2(4 - 3\cos^2\alpha) \tag{5}$$

圓錐的動能為

$$T = \frac{1}{2}mv_G^2 + \frac{1}{2}I_{11}\omega_1^2 + \frac{1}{2}I_{22}\omega_2^2 \tag{6}$$

將(1)到(5)的結果代入(6)，我們有

$$T = \frac{3}{8}mL^2\dot{\phi}^2(\frac{1}{5} + \cos^2\alpha)\cos^2\alpha \tag{7}$$

其次，當圓錐與斜面的接觸母線的角度為 ϕ 時，質心的位置升高

$$\frac{3}{4}L\cos^2\alpha(1-\cos\phi)\sin\beta$$

取原來質心位置高度為重力位能基準，則圓錐的位能為

$$V = \frac{3}{4}mgL\cos^2\alpha(1-\cos\phi)\sin\beta$$

 10.4　運動方程

剛體作為一個質點系，其運動必遵守質心運動定理以及對質心的角動量定理〔見方程(10-1.1)及(10-1.2)〕。這兩個基本的動力學原理可以用圖10-4.1 來表示，此稱為自由體圖和有效力圖。這個圖表明：作用在剛體上的所有外力等效於一個「有效力系」，這個有效力系由作用在質心上的合力 $m\mathbf{a}_G$ 及力偶矩 $\dot{\mathbf{H}}_G$ 構成。既然此兩力系

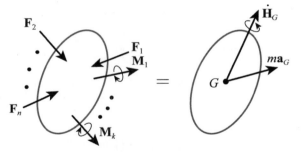

圖 10-4.1　自由體圖和有效力圖

等效，因此等號兩邊沿同一方向的投影彼此相等；同時等號兩邊對同一點取矩彼此相等。由此便可得到剛體的運動方程。

總之，為了得到三維空間中剛體的運動方程，可按如下步驟進行：

(1) 求質心加速度 $\mathbf{a}_G$。

(2) 求對質心的角動量 $\mathbf{H}_G$ 及其導數 $\dot{\mathbf{H}}_G$。最好是以質心 G 為原點建一連體主軸座標系 $Gxyz$。（以下稱此座標系為「2」），將角動量 $\mathbf{H}_G$ 在此座標系中表示出來。則角動量的絕對導數可按下式計算〔見(5-5.7)式〕：

$$\dot{\mathbf{H}}_G = \frac{d_1}{dt}(\mathbf{H}_G) = \frac{d_2}{dt}(\mathbf{H}_G) + \boldsymbol{\omega}_{21}\times\mathbf{H}_G \tag{10-4.1}$$

(3) 畫自由體圖和有效力圖（見圖 10-4.1）。

(4) 列方程。將自由體圖和有效力圖左右兩邊沿某一方向取投影，令其彼此相等。（對三個不同方向取投影可得三個純量方程。）同時，將自由體圖和有效力圖左右兩邊對同一點取矩，並令其相等（包括三個純量方程）。

例 ▶ 10-4.1

一個半徑為 r，質量為 m 的均質圓盤安裝在 AB 軸上，偏角為 α，如圖 10-4.2 所示。軸 AB 以 ω 等速旋轉，求軸承反力。

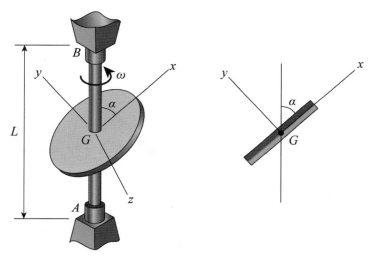

圖 10-4.2　轉動圓盤

 以圓盤為研究對象。令 $Gxyz$ 為連體主軸座標系。

(1) 質心加速度 $a_G = 0$

(2) 求對質心的角動量 H_G 及 $\dot{H}_G$。圓盤的角速度分量為

$$\omega_x = \omega\cos\alpha, \quad \omega_y = \omega\sin\alpha, \quad \omega_z = 0$$

質量慣性矩為

$$I_{xx} = \frac{1}{4}mr^2, \quad I_{yy} = \frac{1}{2}mr^2, \quad I_{zz} = \frac{1}{4}mr^2$$

因此 $\mathbf{H}_G$ 在 $Gxyz$ 中可表示為

$$\mathbf{H}_G = I_{xx}\omega_x\mathbf{i} + I_{yy}\omega_y\mathbf{j} + I_{zz}\omega_z\mathbf{k}$$

$$= \frac{1}{4}mr^2\omega\cos\alpha\,\mathbf{i} + \frac{1}{2}mr^2\omega\sin\alpha\,\mathbf{j}$$

$Gxyz$ 為動座標系，其角速度亦為 ω（即 $\omega_{21} = \omega$）。故(10-4.1)式變成

$$\dot{\mathbf{H}}_G = 0 + \omega \times \mathbf{H}_G$$

$$= (\omega\cos\alpha\,\mathbf{i} + \omega\sin\alpha\,\mathbf{j}) \times (\frac{1}{4}mr^2\omega\cos\alpha\,\mathbf{i} + \frac{1}{2}mr^2\omega\sin\alpha\,\mathbf{j})$$

$$= \frac{1}{4}mr^2\omega^2\sin\alpha\cos\alpha\,\mathbf{k}$$

(3) 畫自由體圖和有效力圖，如圖 10-4.3 所示。

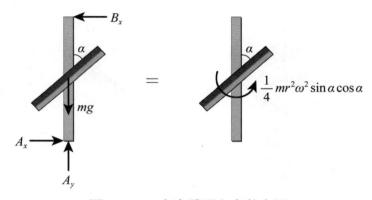

圖 10-4.3　自由體圖和有效力圖

(4) 列方程。沿水平方向取投影，得

$$A_x - B_x = 0 , \quad A_x = B_x$$

沿豎直方向投影，得 $A_y = mg$。對質心 G 取矩，得

$$A_x L = \frac{1}{4}mr^2\omega^2\sin\alpha\cos\alpha$$

由此得

$$A_x = B_x = \frac{1}{4L}mr^2\omega^2\sin\alpha\cos\alpha = \frac{1}{8L}mr^2\omega^2\sin 2\alpha$$

例 ▶ 10-4.2

　　一矩形板繞其對角線軸 AB 以 ω 等速旋轉，如圖 10-4.4 所示。矩形板質量為 m，邊長為 a 和 b，$\overline{AB} = L$，求軸承的動反力（除去由重力引起的那部分反力）。

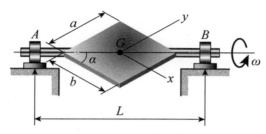

圖 10-4.4　旋轉的矩形板

 以矩形板為研究對象，$Gxyz$ 為連體主軸座標系：

(1) 質心加速度 $a_G = 0$

(2) 求取質心的角動量 $\mathbf{H}_G$ 及 $\dot{\mathbf{H}}_G$。

$$\omega_x = \omega \cos \alpha , \quad \omega_y = \omega \sin \alpha , \quad \omega_z = 0$$

$$I_{xx} = \frac{1}{12} ma^2 , \quad I_{yy} = \frac{1}{12} mb^2 , \quad I_{zz} = \frac{1}{12} m(a^2 + b^2)$$

$$\mathbf{H}_G = I_{xx} \omega_x \mathbf{i} + I_{yy} \omega_y \mathbf{j} + I_{zz} \omega_z \mathbf{k}$$
$$= \frac{1}{12} ma^2 \omega \cos \alpha \mathbf{i} + \frac{1}{12} mb^2 \omega \sin \alpha \mathbf{j}$$

連體座標系的角速度亦為 $\boldsymbol{\omega}$（即 $\boldsymbol{\omega}_{21} = \boldsymbol{\omega}$），故

$$\dot{\mathbf{H}}_G = 0 + \boldsymbol{\omega} \times \mathbf{H}_G$$
$$= (\omega \cos \alpha \mathbf{i} + \omega \sin \alpha \mathbf{j}) \times (\frac{1}{12} ma^2 \omega \cos \alpha + \frac{1}{12} mb^2 \omega \sin \alpha \mathbf{j})$$
$$= \frac{1}{12} m(b^2 - a^2) \omega^2 \sin \alpha \cos \alpha \mathbf{k}$$

(3) 畫自由體圖和有效力圖，如圖 10-4.5 所示。

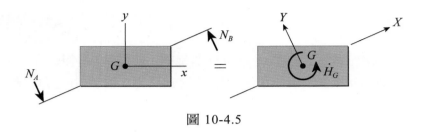

圖 10-4.5

(4) 列方程。沿 Y 方向取投影，得

$$N_B - N_A = 0 , \quad N_A = N_B$$

對 G 點取矩，得

$$LN_A = \frac{1}{12} m(b^2 - a^2)\omega^2 \sin\alpha \cos\alpha$$

故

$$N_A = N_B = \frac{1}{12L} m(b^2 - a^2)\omega^2 \sin\alpha \cos\alpha$$

注意到

$$\sin\alpha = \frac{a}{\sqrt{a^2 + b^2}} , \quad \cos\alpha = \frac{b}{\sqrt{a^2 + b^2}}$$

則上式可寫成

$$N_A = N_B = \frac{m\omega^2 ab(b^2 - a^2)}{12L(a^2 + b^2)}$$

 10.5 歐拉方程

設剛體繞固定點 O 運動，以 O 為原點建一連體主軸座標系 $Oxyz$，於是剛體的角速度和角動量都可在動座標系 $Oxyz$ 中表示出來

$$\boldsymbol{\omega} = \omega_x \mathbf{i} + \omega_y \mathbf{j} + \omega_z \mathbf{k} \tag{10-5.1}$$

$$\mathbf{H} = I_{xx}\omega_x \mathbf{i} + I_{yy}\omega_y \mathbf{j} + I_{zz}\omega_z \mathbf{k} \tag{10-5.2}$$

應用角動量定理時，對時間求導是在慣性座標系中進行的，根據(5-5.7)式

$$\frac{d_1}{dt}(\mathbf{H}) = \frac{d_2}{dt}(\mathbf{H}) + \boldsymbol{\omega}_{21} \times \mathbf{H} \tag{10-5.3}$$

此處 $\boldsymbol{\omega}_{21}$ 表示動座標系對慣性座標系的角速度。由於動座標系 $Oxyz$ 是固定在剛體上的，因此 $\boldsymbol{\omega}_{21}$ 也就是剛體的角速度。故角動量定理可寫成

$$\sum \mathbf{M}_O = \frac{d_2}{dt}(\mathbf{H}) + \boldsymbol{\omega} \times \mathbf{H} \tag{10-5.4}$$

將(10-5.1)和(10-5.2)式代入(10-5.4)式，得三個純量方程：

$$
\begin{aligned}
M_x &= I_{xx}\dot{\omega}_x - (I_{yy} - I_{zz})\omega_y \omega_z \\
M_y &= I_{yy}\dot{\omega}_y - (I_{zz} - I_{xx})\omega_z \omega_x \\
M_z &= I_{zz}\dot{\omega}_z - (I_{xx} - I_{yy})\omega_x \omega_y
\end{aligned}
\tag{10-5.5}
$$

這些方程稱為**歐拉方程**(Euler's equations of motion)。應該注意，在利用這組方程時，所取的動座標系必須是通過剛體上的定點 O 且方向和主軸一致的連體座標系。如果取其他的座標系，比如固定座標架或任意的別的連體座標系，所得的方程在形式上都不會這樣簡單。我們說過，對質心的角動量定理和對固定點的角動量定理在形式上完全一樣，因此可以斷言：對質心慣性主軸座標系，歐拉方程也是成立的。

由以上分析可知，所謂歐拉方程，其實就是角動量定理對連體慣性主軸座標系的展開形式。這種連體慣性主軸座標系可以是：(1)以固定點為原點的連體慣性主軸座標系；(2)以質心為原點的連體慣性主軸座標系。

動力學
Dynamics

例 ▶ 10-5.1

用歐拉方程重解例 10-4.1。

解　如圖 10-4.2 所示，

$$\omega_x = \omega\cos\alpha , \quad \omega_y = \omega\sin\alpha , \quad \omega_z = 0 , \quad \dot{\omega}_x = 0 , \quad \dot{\omega}_y = 0 , \quad \dot{\omega}_z = 0$$

$$I_{xx} = \frac{1}{4}mr^2 , \quad I_{yy} = \frac{1}{2}mr^2 , \quad I_{zz} = \frac{1}{4}mr^2$$

代入歐拉方程，得

$$M_x = I_{xx}\dot{\omega}_x - (I_{yy} - I_{zz})\omega_y\omega_z = 0$$

$$M_y = I_{yy}\dot{\omega}_y - (I_{zz} - I_{xx})\omega_z\omega_x = 0$$

$$M_z = I_{zz}\dot{\omega}_z - (I_{xx} - I_{yy})\omega_x\omega_y = \frac{1}{4}mr^2\omega^2\sin\alpha\cos\alpha$$

由自由體圖（見圖 10-4.3）可知 $A_x = B_x$，故知以上第三個方程變成

$$M_z = LA_x = \frac{1}{4}mr^2\omega^2\sin\alpha\cos\alpha$$

由此得

$$A_x = B_x = \frac{1}{4L}mr^2\omega^2\sin\alpha\cos\alpha = \frac{1}{8L}mr^2\omega^2\sin 2\alpha$$

例 ▶ 10-5.2

一長為 ℓ，質量為 m 的均質細長桿 OA，以鉸接方式連結於以角速度 Ω 旋轉的垂直軸下端，如圖 10-5.1 所示。求 θ 角之值。

解　如圖 10-5.1 所示，$Oxyz$ 為慣性主軸座標系，

$$\omega_x = \Omega\sin\theta , \quad \omega_y = \Omega\cos\theta , \quad \omega_z = 0 , \quad \dot{\omega}_x = 0 , \quad \dot{\omega}_y = 0 , \quad \dot{\omega}_z = 0$$

$$I_{xx} = \frac{1}{3}m\ell^2 , \quad I_{yy} = 0 , \quad I_{zz} = \frac{1}{3}m\ell^2$$

由歐拉方程

$$0 = M_x = I_{xx}\dot{\omega}_x - (I_{yy} - I_{zz})\omega_y\omega_z = 0$$

$$0 = M_y = I_{yy}\dot{\omega}_y - (I_{zz} - I_{xx})\omega_z\omega_x = 0$$

$$-mg\frac{\ell}{2}\sin\theta = M_z = I_{zz}\dot{\omega}_z - (I_{xx} - I_{yy})\omega_x\omega_y$$

$$= -\frac{1}{3}m\ell^2\Omega^2\sin\theta\cos\theta$$

以上前兩個方程變成 0 = 0 的恆等式，第三個方程可寫成

$$(mg\frac{\ell}{2} - \frac{1}{3}m\ell^2\Omega^2\cos\theta)\sin\theta = 0$$

由此得

$$\sin\theta = 0 \quad （捨去不要）$$

$$\cos\theta = \frac{3g}{2\ell\Omega^2}, \quad \theta = \cos^{-1}(\frac{3g}{2\ell\Omega^2})$$

思考： 如果以質心 G 為原點建立一連體主軸座標系，如何用歐拉方程解
此題？（注意，此時 N_1 和 N_2 將出現在歐拉方程中）。

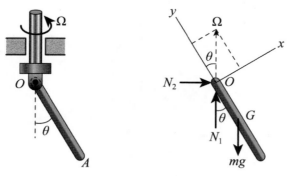

圖 10-5.1　旋轉的細桿

10.6 迴轉儀的運動分析

（一）萊沙爾座標系

　　圖 10-6.1 是一迴轉儀的示意圖。外環可繞鉛直 Z 軸旋轉，內環可繞 x 軸旋轉，而轉子可繞 z 軸旋轉，動座標系 $Oxyz$ 固定在內環上（當軸轉動時，$Oxyz$ 並不隨轉子一起轉動）。這種動座標系稱為**內環座標系**或**萊沙爾**(Henri Resal)座標系。這種座標使分析迴轉儀的運動方程得到簡化，因而獲得廣泛應用。

（二）在萊沙爾座標系中迴轉儀的運動方程

　　根據角速度合成定理，轉子的角速度可表示為

$$\boldsymbol{\omega} = \dot{\phi}\mathbf{K} + \dot{\theta}\mathbf{i} + \dot{\psi}\mathbf{k} \tag{10-6.1}$$

由圖 10-6.1 可知

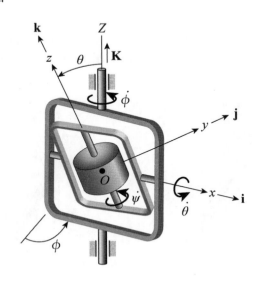

圖 10-6.1　迴轉儀

$$\mathbf{K} = \sin\theta\mathbf{j} + \cos\theta\mathbf{k} \tag{10-6.2}$$

故轉子的角速度最後可寫成

$$\boldsymbol{\omega} = \dot{\theta}\mathbf{i} + \dot{\phi}\sin\theta\mathbf{j} + (\dot{\psi} + \dot{\phi}\cos\theta)\mathbf{k} \tag{10-6.3}$$

因為 $Oxyz$ 的三個座標軸與轉子的慣性主軸重合，且 $I_{xx} = I_{yy}$，故轉子的角動量可寫成

$$\begin{aligned}
\mathbf{H}_O &= I_{xx}\omega_x\mathbf{i} + I_{yy}\omega_y\mathbf{j} + I_{zz}\omega_z\mathbf{k} \\
&= I_{xx}\dot{\theta}\mathbf{i} + I_{xx}\dot{\phi}\sin\theta\mathbf{j} + I_{zz}(\dot{\psi} + \dot{\phi}\cos\theta)\mathbf{k}
\end{aligned} \tag{10-6.4}$$

此外，動座標系 $Oxyz$（萊沙爾座標系）是固定在內環上而不是固定在轉子上，其角速度 $\boldsymbol{\omega}_{21}$ 與轉子的角速度是不同的，

$$\begin{aligned}
\boldsymbol{\omega}_{21} &= \dot{\phi}\mathbf{K} + \dot{\theta}\mathbf{i} \\
&= \dot{\theta}\mathbf{i} + \dot{\phi}\sin\theta\mathbf{j} + \dot{\phi}\cos\theta\mathbf{k}
\end{aligned} \tag{10-6.5}$$

於是 $\dot{\mathbf{H}}_O$ 可表示成

$$\dot{\mathbf{H}}_O = (\dot{\mathbf{H}}_O)_{Oxyz} + \boldsymbol{\omega}_{21} \times \mathbf{H}_O \tag{10-6.6}$$

根據角動量定理，我們有

$$\sum \mathbf{M}_O = \dot{\mathbf{H}}_O$$

由此可得出三個純量方程式

$$\begin{aligned}
I_{xx}\ddot{\theta} - I_{xx}\dot{\phi}^2\sin\theta\cos\theta + I_{zz}\dot{\phi}\sin\theta(\dot{\psi} + \dot{\phi}\cos\theta) &= M_x \\
I_{xx}\ddot{\phi} + 2I_{xx}\dot{\theta}\dot{\phi}\cos\theta - I_{zz}\dot{\theta}(\dot{\psi} + \dot{\phi}\cos\theta) &= M_y \\
I_{zz}\frac{d}{dt}(\dot{\psi} + \dot{\phi}\cos\theta) &= M_z
\end{aligned} \tag{10-6.7}$$

這就是當 $I_{xx} = I_{yy}$ 時，剛體的定點運動的動力學方程在萊沙爾座標系上的投影式，它是直接用歐拉角表示出來的。

（三）穩定進動

如圖 10-6.1 所示，迴轉儀的外環繞豎直 Z 軸的轉動稱為**進動**(precession)；內環繞 x 軸的轉動稱為**章動**(nutation)；轉子繞其對稱軸（ z 軸）的旋轉稱為**自旋**(spin)。相應的角速度定義如下：

$\dot{\phi}$ ＝進動角速度；

$\dot{\theta}$ ＝章動角速度；

$\dot{\psi}$ ＝自旋角速度。

所謂穩定進動是指：

$$\theta = 常數, \quad \dot{\phi} = 常數, \quad \dot{\psi} = 常數 \tag{10-6.8}$$

將(10-6.8)代入(10-6.7)式，可求得

$$M_x = (I_{zz}\dot{\psi} - I_{xx}\dot{\phi}\cos\theta + I_{zz}\dot{\phi}\cos\theta)\dot{\phi}\sin\theta$$

$$M_y = 0$$

$$M_z = 0 \tag{10-6.9}$$

由於迴轉儀的質心為固定點，因此，作用在迴轉儀上所有各力的合力必須為零，即 $\sum \mathbf{F} = 0$。為了維持迴轉儀的穩定進動，必須沿 x 軸加外力矩，如圖 10-6.2(a) 所示，其值由(10-6.9)式的第一式確定。特別，若自旋軸和進動軸成直角，即 $\theta = 90°$，如圖 10-6.2(b)所示，則由(10-6.9)式可得

$$M_x = I_{zz}\dot{\psi}\dot{\phi} \tag{10-6.10}$$

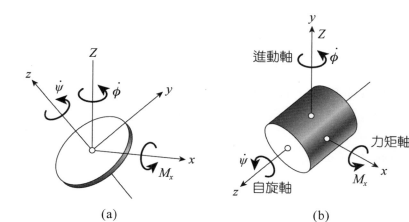

(a)

(b)

圖 10-6.2　轉子的穩定進動

10.7　結　語

　　三維空間中剛體的動力學問題和平面運動剛體動力學問題並無本質區別，下述基本原理普遍適用：(1)質心運動定理；(2)對質心的角動量定理；(3)功能原理。

　　剛體的絕對運動對質心的角動量等於剛體相對於質心平移座標系的相對運動對質心的角動量，所以我們只需籠統地說剛體相對於質心的角動量。

　　在剛體上固定一連體座標系，剛體的角速度和剛體相對於質心的角動量可用其分量表示成

$$\boldsymbol{\omega} = \omega_x \mathbf{i} + \omega_y \mathbf{j} + \omega_z \mathbf{k}$$

$$\mathbf{H}_G = H_x \mathbf{i} + H_y \mathbf{j} + H_z \mathbf{k}$$

其中，$\mathbf{i}$、$\mathbf{j}$、$\mathbf{k}$ 為平行於座標軸的單位向量。角動量和角速度分量之間的關係為（見(10-2.8)式）

$$\begin{bmatrix} H_x \\ H_y \\ H_z \end{bmatrix} = \begin{bmatrix} I_{xx} & -I_{xy} & -I_{xz} \\ -I_{xy} & I_{yy} & -I_{yz} \\ -I_{xz} & -I_{yz} & I_{zz} \end{bmatrix} \begin{bmatrix} \omega_x \\ \omega_y \\ \omega_z \end{bmatrix}$$

特別是，如果連體座標軸為慣性主軸，則有

$$\mathbf{H}_G = I_{xx}\omega_x\mathbf{i} + I_{yy}\omega_y\mathbf{j} + I_{zz}\omega_z\mathbf{k}$$

剛體的動能為隨質心平移的動能和相對於質心轉動動能之和（見(10-3.9)式）：

$$T = \frac{1}{2}mv_G{}^2 + \frac{1}{2}\boldsymbol{\omega} \cdot \mathbf{H}_G$$

建立剛體運動方程的三個步驟是：(1)確定研究對象；(2)畫自由體圖和有效力圖注意。注意，有效力圖包括有效力和有效力矩。有效力為剛體質量和質心加速度的乘積；有效力矩為剛體相對於質心的角動量對時間的導數（見圖 10-4.1）；(3)列方程。將自由體圖和有效力圖兩邊沿某一方向取投影，令其彼此相等，此即質心運動定理（對三個不同方向取投影，得三個純量方程）。將自由體圖和有效力圖兩邊對同一點取矩，並令其相等，此即角動量定理（可得三個純量方程）。特別是，如果連體座標軸為慣性主軸，則角動量定理變成歐拉方程（見(10-5.5)式）。

剛體運動方程的形式和座標系的選取有關，萊沙爾座標系中迴轉儀的運動方程如方程(10-6.7)所示。迴轉儀的穩定進動的運動方程如(10-6.9)所示。

思考題

1. 功能原理及衝量與動量原理對空間運動的物體仍否適用？

2. 當我們用歐拉方程解出角速度後，是否馬上可以知道剛體在空間中的方位？

習 題

10.1 圖示的均質彎桿的質量為 m，以角速度 ω 繞 z 軸旋轉。求彎桿對 O 點的角動量及其動能。

10.2 圖示的正方體的質量為 m，邊長為 b 以角速度 ω 繞其對角線旋轉。求正方體對其質心的角動量 $\mathbf{H}_G$ 及其動能。

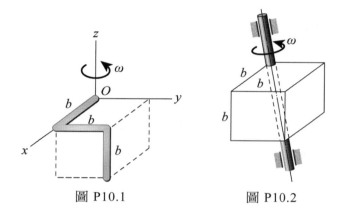

圖 P10.1   圖 P10.2

10.3 一矩形板質量為 m，當被在靜止水平位置時，在其軸上作用一力偶，力偶矩為 M，如圖所示。求板的角加速度及支承的動反力。

10.4 如圖所示，均質等腰直角三角形薄板 ABC，直角邊的長度為 b，以等角速度 ω 繞鉛垂軸 AB 轉動。若欲使軸承 B 的動反力為零，求此板的角速度。

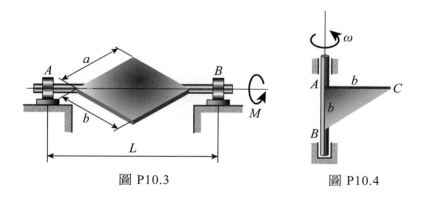

圖 P10.3   圖 P10.4

10.5 在圖 10-4.4 的 AB 軸上施予沿軸方向的定力偶矩，使平板從靜止被帶動至角速度 ω_O，求力偶矩所作的功。

10.6 圖示的 AB 桿的直徑為 60 mm，長度為 700 mm，質量為 5 kg。A 端以銷連接在轉動軸 CD 上，軸以等角速率 $\omega = 10$ rad/s 旋轉，B 端以繩 BE 固定於 CD 上。若 $\beta = 45°$，求繩的張力及 A 處的動反力。

10.7 如圖所示，質量為 10 kg，半徑為 200 mm 的均質圓盤 D 固定在長為 800 mm 的 AB 桿上，桿與鉛垂軸 AE 成 $\beta = 30°$ 的夾角，並以等角速度 $\omega = 60$ rpm 繞 AE 軸旋轉。若不計 AB 桿重且圓盤並無自轉，求水平繩 BE 的張力。

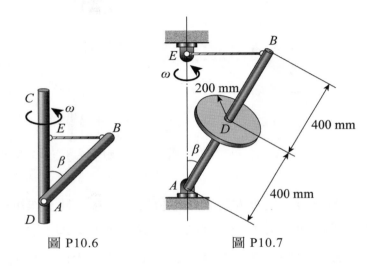

圖 P10.6　　　　　　圖 P10.7

10.8 圖示的均質圓盤 D 質量為 m，半徑為 r，在水平面上作純滾動，其質心的軌跡為一半徑為 R 的圓，圓盤傾斜角 θ 為定值。求圓盤的進動角速度 $\dot{\phi}$。

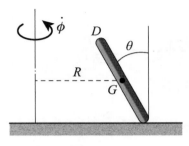

圖 P10.8

10.9 質量為 2.5 kg，直徑為 200 mm 的均質圓盤連接在質量可忽略的 *OA* 桿的 *A* 端，該桿用球窩接頭支承在 *O* 點，如圖所示。若圓盤對鉛垂軸以角速度 $\dot{\phi} = 24$ rpm 穩定進動，求 $\theta = 30°$ 時，圓盤對 *OA* 軸的自旋角速率 $\dot{\psi}$。

10.10 一均質圓錐體，質量為 *m*，圓錐角為 *β*，底半徑為 *r*，繞 *Z* 軸旋轉的進動角速度 $\dot{\phi}$ 為定值。求 $\theta = \dot{\theta} = 0$ 時的其自旋角速率 $\dot{\psi}$。

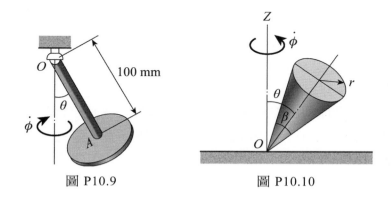

圖 P10.9　　　　　　　　　　圖 P10.10

10.11 一均質圓盤繞其質心作定點運動，且不受外力矩作用。開始時給圓盤一角速度 *ω*，其方向與盤面的夾角為 *β*。求圓盤的進動角速率 $\dot{\phi}$ 及章動角 *θ*。

10.12 圖示的均質圓盤 *D* 重 90N，半徑為 150 mm，固定在長為 600 mm 的 *OD* 桿上。*O* 點為球窩接頭，*OD* 桿的質量可忽略不計。為了使圓盤以 $\dot{\phi} = 0.3$ rad/s 作規則進動，求圓盤應具有多大的自旋角速度 $\dot{\psi}$？

圖 P10.12

10.13 質量為 m 的陀螺繞定點 O 旋轉。陀螺對其自旋軸 z 的迴轉半徑為 k_z，並以等自旋角速度 $\dot\psi$ 高速旋轉，其重心到 O 點的距離為 ℓ，如圖所示。若陀螺與鉛垂軸 Z 的夾角為 θ，求陀螺繞 Z 軸的進動角速度 $\dot\phi$。

10.14 在上題中，以 O 為原點建立動座標系 $Oxyz$，其中 Oz 為陀螺的對稱軸。設陀螺對 x 軸及 y 軸的質量慣性矩為 I，對 z 軸的質量慣性矩為 J。證明陀螺穩定進動的條件為：

$$mg\ell = J\dot\psi\dot\phi + (J - I)\dot\phi^2 \cos\theta$$

（提示：參閱方程組(10-6.7)的第一個方程。）

10.15 圖示的美式足球的自旋角速率 $\dot\psi = 7\ \mathrm{rad/s}$ 且它繞垂直軸穩定的進動。球的軸向慣性矩與橫向慣性矩的比值為 $1/3$，不計空氣阻力，求球的：(a)進動角速率 $\dot\phi$；(b)角速度。

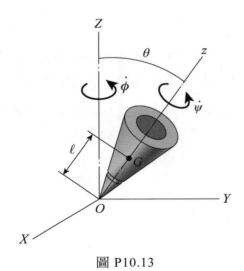

圖 P10.13　　　　　　圖 P10.15

振　動

11.1 引　言

　　物體以某一位置為中心的往復運動稱為**振動**(vibration)。例如單擺的往復擺動，汽車在行駛過程中的上下顛簸等都是振動的例子。

　　振動在日常生活中和工程實際中會帶來危害。例如振動會引起噪音，妨礙人們的身體健康。強烈的振動會導致結構破壞，但是，振動也可以為人類服務，例如工程中的振動送料，振動造型等，就是人們利用振動的例子。

　　如今，振動已形成一專門的科學，它的主要目的是研究振動的規律與特性，使我們能更有效地利用有益的振動而減少有害的振動。本章只介紹有關振動的基本知識。

　　在研究一個具體機械系統的振動時，往往因為系統比較複雜，我們必須對系統加以簡化，抽象為物理模型而進行研究。

　　例如一個安裝在樑上的電動機，如圖 11-1.1(a)所示，只能在鉛直方向運動，當樑的質量與電動機的質量相比很小時，可以忽略樑的質量。因為只有樑的彈性對系統的振動起作用，這個作用和一根無質量彈簧相當。因此，樑和電動機所組成的系統可用圖 11-1.1(b)的振動模型代替，此稱為單自由度彈簧－質量系統。

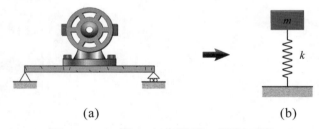

(a)　　　　　　　　　　　(b)

圖 11-1.1　單自由度彈簧－質量系統

　　又如在研究汽車的振動時，如果側向擺動和水平方向的振動都很小，可認為汽車僅在鉛直平面內振動。圖 11-1.2(a)所示的汽車振動系統可簡化為如圖 11-1.2(b)所示的二自由度彈簧－質量系統。

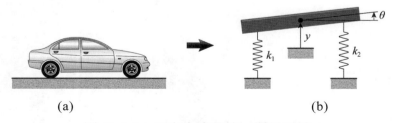

(a)　　　　　　　　　　　(b)

圖 11-1.2　二自由度彈簧－質量系統

一旦建立起物理模型之後，就可按解動力學問題的一般步驟來研究振動，即：(1)選取研究對象；(2)畫自由體圖和有效力圖；(3)列運動方程；(4)解運動方程並分析所得之解的性質。

11.2　單自由度系統的自由振動

物體受初始條件（初始位移及初始速度）作用下所產生的振動；或原有外激振力取消後的振動，稱為**自由振動**(free vibration)。考慮如圖 11-2.1(a)所示的單自由度彈簧－質量系統。為了得到質量 m 運動的微分方程，先確定質量 m 的靜平衡位置 O。設彈簧的自由長度（原長）為 ℓ_o，彈簧在重力 mg 的作用下，彈簧的靜伸長為 δ_s。由平衡條件，得

$$mg = k\delta_s \qquad\qquad (11\text{-}2.1)$$

其中 k 為彈簧的剛性係數或稱彈簧常數，其單位為牛頓／米。於是可知靜伸長量為

$$\delta_s = \frac{mg}{k} \qquad\qquad (11\text{-}2.2)$$

由此得靜平衡位置 O，選此點為座標原點，作垂直軸 Ox，規定向下為正方向。設在任一時刻 t，質量 m 的位置為 $x(t)$，如圖 11-2.1(b)所示。注意，此時彈簧的伸長量為 $(x+\delta_s)$，因此作用在 m 上的彈簧力為 $k(x+\delta_s)$，方向向上。圖 11-2.1(c) 為質量 m 的自由體圖和有效力圖。沿鉛直方向取投影，得運動方程

$$m\ddot{x} = mg - k(x+\delta_s)$$

因為 $mg = k\delta_s$，上式可簡化為

$$m\ddot{x} + kx = 0 \qquad\qquad (11\text{-}2.3)$$

這就是 m 運動的微分方程。從(11-2.3)式可知，如以靜平衡位置為座標系的原點來描述 m 的運動過程，則其運動方程為二階齊次式。方程(11-2.3)還可以寫成所謂的標準形式：

$$\ddot{x} + \omega_n^2 x = 0 \qquad (11\text{-}2.4)$$

其中

$$\omega_n = \sqrt{\frac{k}{m}} \qquad (11\text{-}2.5)$$

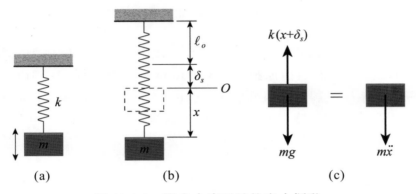

圖 11-2.1　單自由度系統的自由振動

稱為系統的**自然圓頻率**(natural circular frequency)，單位為弧度／秒(rad/s)。方程 (11-2.4)的解可寫成如下形式：

$$x = A\sin(\omega_n t + \phi) \qquad (11\text{-}2.6)$$

其中 A 和 ϕ 是由初始條件決定的常數：

$A =$ 振幅(amplitude)

$\phi =$ 相位角(phase angle)

由(11-2.6)式和初始條件 $t = 0,\ x = x_0,\ v = \dot{x} = v_0$ 可得

$$x_0 = A\sin\phi \qquad (11\text{-}2.7)$$

$$v_0 = A\omega_n \cos\phi \qquad (11\text{-}2.8)$$

由此可求得振幅和相位角：

$$A = \sqrt{(\frac{v_0}{\omega_n})^2 + x_o^2} \quad \text{(m)} \tag{11-2.9}$$

$$\phi = \tan^{-1}(\frac{x_0}{v_0 / \omega_n}) \quad \text{(rad)} \tag{11-2.10}$$

由(11-2.6)式可知質量的位移 x 是時間 t 的正弦函數，這種運動稱為**簡諧運動**(simple harmonic motion)，並定義**振動週期**(period of vibration)：

$$T = \frac{2\pi}{\omega_n} \quad \text{(sec)} \tag{11-2.11}$$

同時定義振動週期的倒數為**自然頻率**(natural frequency)：

$$f_n = \frac{1}{T} = \frac{\omega_n}{2\pi} \quad \text{(1/s)} \tag{11-2.12}$$

頻率的單位是 1／秒，亦稱為**赫茲**(Hz)。

由上面的分析可知，只要物體的運動方程能寫成如下形式：

$$\ddot{x} + \omega_n^2 x = 0$$

則不必求解微分方程，立即就知道此種運動是振動，其自然圓頻率為 ω_n。

例 ▶ 11-2.1

求單擺作微小擺動的頻率和週期。

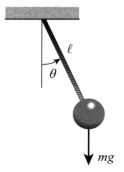

圖 11-2.2　單擺的振動

 如圖 11-2.2 所示，單擺的運動微分方程可寫成（請讀者自己完成）：

$$m\ell\ddot{\theta} = -mg\sin\theta$$

或

$$\ddot{\theta} + \frac{g}{\ell}\sin\theta = 0$$

對微小擺動，$\sin\theta \approx \theta$，於是運動方程可寫成

$$\ddot{\theta} + \frac{g}{\ell}\theta = 0$$

和振動的標準微分方程(11-2.4)比較，可知自然圓頻率 ω_n 和週期 T 為

$$\omega_n = \sqrt{\frac{g}{\ell}}, \quad T = 2\pi\sqrt{\frac{\ell}{g}}$$

下面我們討論等效彈簧問題。

(1) 彈簧並接(parallel connected)

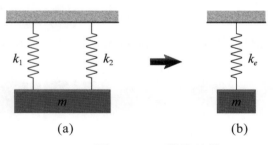

圖 11-2.3　彈簧並接

如圖 11-2.3 所示的兩彈簧稱為並接到質量 m 上。設彈簧的靜伸長為 δ_S，兩個彈簧分別以 F_1 和 F_2 的彈力作用在 m 上，因彈簧伸長量相同，故

$$F_1 = k_1\delta_S, \quad F_2 = k_2\delta_S$$

在平衡時，

$$mg = F_1 + F_2 = (k_1 + k_2)\delta_S$$

令

$$k_e = k_1 + k_2 \tag{11-2.13}$$

稱為等效彈簧常數，則圖 11-2.3(a)所示的系統可用圖 11-2.3(b)所示的等效系統代替。由此可知其自然圓頻率為

$$\omega_n = \sqrt{\frac{k_e}{m}} = \sqrt{\frac{k_1 + k_2}{m}} \tag{11-2.14}$$

結論：兩個彈簧並接時，其等效彈簧常數等於兩個彈簧常數之和。

(2) **彈簧串接**(series connected)

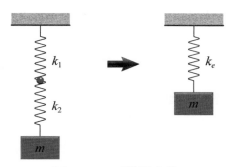

圖 11-2.4　彈簧串接

如圖 11-2.4 所示的兩彈簧稱為串接到 m 上。每個彈簧受的力都等於 mg，因此靜伸長為

$$\delta_{s1} = \frac{mg}{k_1}, \quad \delta_{s2} = \frac{mg}{k_2}$$

兩個彈簧的總靜伸長為

$$\delta_s = \delta_{s1} + \delta_{s2} = mg(\frac{1}{k_1} + \frac{1}{k_2})$$

若設串接彈簧系統的等效彈簧常數為 k_e，則有

$$\delta_s = mg / k_e$$

比較上述兩式，可知

$$\frac{1}{k_e} = \frac{1}{k_1} + \frac{1}{k_2} \tag{11-2.15}$$

$$k_e = \frac{k_1 k_2}{k_1 + k_2} \tag{11-2.16}$$

故上述串接彈簧系統的自然圓頻率為

$$\omega_n = \sqrt{\frac{k_e}{m}} = \sqrt{\frac{k_1 k_2}{m(k_1 + k_2)}} \tag{11-2.17}$$

結論：兩個彈簧串接時，其等效彈簧常數的倒數等於兩個彈簧常數的倒數之和。

例 ▶ 11-2.2

求圖 11-2.5 所示系統振動的頻率。

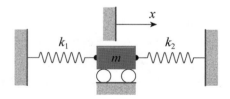

圖 11-2.5　例 11-2.2 之圖

 彈簧 k_1 和 k_2 並接到 m 上。因此，該系統振動的自然圓頻率為

$$\omega_n = \sqrt{\frac{k_e}{m}} = \sqrt{\frac{k_1 + k_2}{m}}$$

例 ▶ 11-2.3

已知簡支樑對其中點的等效彈簧係數為 $48EI/L^3$，其中 L 為其跨度長，EI 稱為樑的剛度。求圖 11-2.6 所示兩種情況下，質量 m 的振動頻率。其中 $L = 4 \text{ m}$，$EI = 19.6 \times 10^5 \text{ N} \cdot \text{m}^2$，$k = 4.9 \times 10^5 \text{ N / m}$，$m = 400 \text{ kg}$，樑的質量不計。

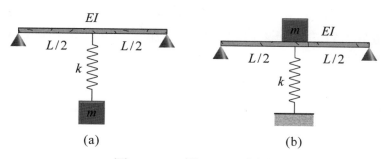

圖 11-2.6　例 11-2.3 之圖

 (a) 兩彈簧為串接，設等效彈簧係數為 k_e，則

$$\frac{1}{k_e} = \frac{L^3}{48EI} + \frac{1}{k} = \frac{4^3}{48 \times 19.6 \times 10^5} + \frac{1}{4.9 \times 10^5} = 0.2721 \times 10^{-5}$$

$$k_e = 3.675 \times 10^5 \text{ N/m}$$

$$\omega_n = \sqrt{\frac{k_e}{m}} = \sqrt{\frac{3.675 \times 10^5}{400}} = 30.311 \text{ rad/s}$$

$$f_n = \frac{\omega}{2\pi} = 4.82 \text{ Hz}$$

(b) 右圖兩彈簧為並接

$$k_e = \frac{48EI}{L^3} + k = \frac{48 \times 19.6 \times 10^5}{4^3} + 4.9 \times 10^5 = 19.6 \times 10^5 \text{ N/m}$$

$$\omega_n = \sqrt{\frac{k_e}{m}} = \sqrt{\frac{19.6 \times 10^5}{400}} = 70 \text{ rad/s}$$

$$f_n = \frac{\omega}{2\pi} = 11.14 \text{ Hz}$$

 ## 11.3　能量法

　　在研究一個系統的振動問題時，確定該系統的自然頻率往往很重要。在上一節，我們說過，只要列出了振動系統的運動方程，則不必求解微分方程便可知道

其自然頻率。本節介紹兩種求自然頻率的方法。第一種方法是利用機械能守恆定律求得運動微分方程,從而求得自然頻率。第二種方法是利用**瑞利法**(Rayleigh method)求自然頻率。

(一) 機械能守恆定律

如圖 11-2.1 所示的振動系統,只有彈簧力和重力作功,故為保守系統。若選靜平衡位置為零位能點,則系統的位能(彈性位能與重力位能之和)為

$$V = \frac{1}{2}k[(x+\delta_s)^2 - \delta_s^2] - mgx$$

注意到 $k\delta_s = mg$,則

$$V = \frac{1}{2}kx^2$$

而系統的動能為

$$T = \frac{1}{2}m\dot{x}^2$$

根據機械能守恆定律

$$T + V = 常數$$

或

$$\frac{1}{2}m\dot{x}^2 + \frac{1}{2}kx^2 = 常數$$

上式對時間微分得方程(11-2.3),由此可知自然圓頻率為

$$\omega_n = \sqrt{\frac{k}{m}}$$

（二）瑞利法

　　瑞利法是利用機械能守恆定律求自然頻率的另一種方法，對不易寫出振動方程的系統，瑞利法是求自然頻率的好方法。對一個無阻尼自由振動系統，其運動為簡諧振動，它的運動規律可寫成

$$x = A\sin(\omega_n t + \phi)$$

速度為

$$v = \frac{dx}{dt} = A\omega_n \cos(\omega_n t + \phi)$$

在時刻 t，物體的動能為

$$T = \frac{1}{2}m\dot{x}^2 = \frac{1}{2}mA^2\omega_n^2 \cos^2(\omega_n t + \phi)$$

系統的位能為

$$V = \frac{1}{2}kx^2 = \frac{1}{2}kA^2 \sin^2(\omega_n t + \phi)$$

當物體處於靜平衡位置（振動中心）時，其速度最大，動能取最大值：

$$T_{\max} = \frac{1}{2}mA^2\omega_n^2$$

　　當物體處於偏離振動中心最遠處，其位能最大（注意，我們選振動中心為零位能點），故

$$V_{\max} = \frac{1}{2}kA^2$$

由機械能守恆定律，有

$$T_{\max} = V_{\max}$$

因此

$$\frac{1}{2}mA^2\omega_n^2 = \frac{1}{2}kA^2$$

$$\omega_n = \sqrt{\frac{k}{m}}$$

例 ▶ 11-3.1

如圖 11-3.1 所示，彈簧擺的錘為一質量為 m 的小球，擺長為 ℓ。在質量不計的細長桿距鉸 O 為 a 的擺桿兩側各安置一彈簧常數為 k 的彈簧。求系統作微小擺動的自然圓頻率。

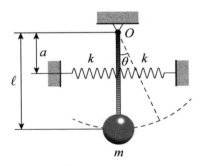

圖 11-3.1　彈簧擺

解法一

先利用機械能守恆定律導出運動微分方程。系統的動能和位能分別為

$$T = \frac{1}{2}m(\ell\dot{\theta})^2 = \frac{1}{2}m\ell^2\dot{\theta}^2$$

$$V = \frac{1}{2}(2k)(a\theta)^2 + mg\ell(1 - \cos\theta) \qquad (1)$$

$$= ka^2\theta^2 + 2mg\ell\sin^2\frac{\theta}{2}$$

當擺作小振動時，可認為 $\sin\dfrac{\theta}{2} \approx \dfrac{\theta}{2}$，因此

$$V = ka^2\theta^2 + \frac{1}{2}mg\ell\theta^2 \tag{2}$$

由機械能守恆定律 $T + V = $ 常數，有

$$\frac{1}{2}m\ell^2\dot{\theta}^2 + (ka^2 + \frac{1}{2}mg\ell)\theta^2 = 常數 \tag{3}$$

兩邊對時間求導並略去公因子 $\dot{\theta}$，得

$$\ddot{\theta} + (\frac{2ka^2}{m\ell^2} + \frac{g}{\ell})\theta = 0 \tag{4}$$

系統的自然圓頻率為

$$\omega = \sqrt{\frac{2ka^2}{m\ell^2} + \frac{g}{\ell}} \tag{5}$$

解法二

用瑞利法。設運動規律為

$$\theta = A\sin(\omega_n t + \phi) \tag{6}$$

則系統的最大動能為

$$T_{\max} = \frac{1}{2}m\ell^2\dot{\theta}_m^2 = \frac{1}{2}m\ell^2 A^2 \omega_n^2 \tag{7}$$

由(2)式，系統的最大位能可表為

$$V_{\max} = ka^2\theta_m^2 + \frac{1}{2}mg\ell\theta_m^2 = (ka^2 + \frac{1}{2}mg\ell)A^2 \tag{8}$$

由機械能守恆定律，得 $T_{\max} = V_{\max}$，將(7)和(8)式代入，得

$$\frac{1}{2}m\ell^2 A^2 \omega_n^2 = (ka^2 + \frac{1}{2}mg\ell)A^2$$

由此求得自然圓頻率

$$\omega_n = \sqrt{\frac{2ka^2}{m\ell^2} + \frac{g}{\ell}}$$

例 ▶ 11-3.2

如圖 11-3.2 所示，一質量為 m，半徑為 r 的圓柱，在一半徑為 R 的圓弧槽上作無滑動滾動。求圓柱在平衡位置附近作微小振動的自然頻率。

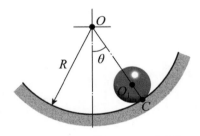

圖 11-3.2　例 11-3.2 之圖

 用瑞利法。圓柱中心 O_1 的速度為

$$v_{O_1} = (R-r)\dot{\theta}$$

由運動學可知，當圓柱作無滑動滾動時，C 為瞬心，故 O_1 的速度也可表示成

$$v_{O_1} = \omega r$$

所以圓柱的角速度為

$$\omega = (R-r)\dot{\theta}/r$$

因此系統的動能為

$$T = \frac{1}{2}mv_{O_1}^2 + \frac{1}{2}I\omega^2 = \frac{1}{2}m[(R-r)\dot{\theta}]^2 + \frac{1}{2}(\frac{1}{2}mr^2)[\frac{(R-r)\dot{\theta}}{r}]^2$$
$$= \frac{3}{4}m(R-r)^2\dot{\theta}^2$$

選取圓柱中心 O_1 在運動過程中的最低點為零位能點，則系統的位能為

$$V = mg(R-r)(1-\cos\theta) = 2mg(R-r)\sin^2\frac{\theta}{2}$$

當圓柱作微小振動時，$\sin\frac{\theta}{2} \approx \frac{\theta}{2}$，故位能可改寫成

$$V = \frac{1}{2}mg(R-r)\theta^2$$

設系統的運動規律為

$$\theta = A\sin(\omega_n t + \phi)$$

則系統的最大動能為

$$T_{max} = \frac{3}{4}m(R-r)^2\dot{\theta}_{max}^2 = \frac{3}{4}m(R-r)^2 A^2\omega_n^2$$

系統的最大位能為

$$V_{max} = \frac{1}{2}mg(R-r)\theta_{max}^2 = \frac{1}{2}mg(R-r)A^2$$

由 $T_{max} = V_{max}$，解得系統的自然頻率為

$$f_n = \frac{1}{2\pi}\omega_n = \frac{1}{2\pi}\sqrt{\frac{2g}{3(R-r)}}$$

例 ▶ 11-3.3

圖 11-3.3 所示為某車之上下控制臂式懸吊系統，已知 $\ell_1 = 0.2\ \text{m}$，$\ell_2 = 0.5\ \text{m}$，圈狀彈簧的彈簧常數 $k = 4.73\times10^6\ \text{N/m}$，而車輪所承受的部分車重為 3600 N，求此懸吊系統垂直振動的自然頻率。

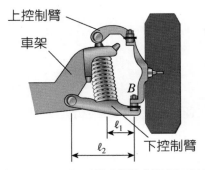

圖 11-3.3　上下控制臂式懸吊系統

 解　此系統可簡化為如圖 11-3.4 所示的模型。

設當下控制臂處於水平位置時彈簧未變
形，其原長為 ℓ_0。當車架下降 A_f 時，彈簧
下端 E 點下降 Δ：

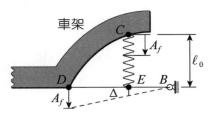

圖 11-3.4　懸吊系統模型

$$\Delta = \frac{\ell_1}{\ell_2} A_f$$

此時彈簧的長度變為

$$\ell_s = \ell_0 - A_f + \Delta = \ell_0 - \frac{\ell_2 - \ell_1}{\ell_2} A_f$$

因此，彈簧的壓縮長度為

$$A_s = \ell_o - \ell_s = \frac{\ell_2 - \ell_1}{\ell_2} A_f$$

彈簧的最大位能可表示為

$$V_{\max} = \frac{1}{2} k A_s^2 = \frac{1}{2} k (\frac{\ell_2 - \ell_1}{\ell_2})^2 A_f^2$$

設系統作簡諧振動，最大速度為 $\omega_n A_f$。因此，最大動能為

$$T_{\max} = \frac{1}{2} m (\omega_n A_f)^2$$

應用瑞利法 $T_{\max} = V_{\max}$，得

$$\frac{1}{2}m\omega_n^2 A_f^2 = \frac{1}{2}k(\frac{\ell_2-\ell_1}{\ell_2})^2 A_f^2$$

由此解得懸吊系統垂直振動的自然頻率為

$$\omega_n = \frac{\ell_2-\ell_1}{\ell_2}\sqrt{\frac{k}{m}} = \frac{0.5-0.2}{0.5}\sqrt{\frac{4.73\times10^6}{3600/9.81}} = 68.08 \text{ rad/s}$$

$$f_n = \frac{\omega_n}{2\pi} = 10.8 \text{ Hz}$$

例 ▶ 11-3.4

參考例 10-3.4，一正圓錐在斜面上作無滑動來回滾動，求振動頻率。

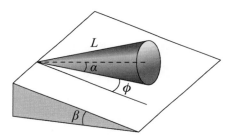

圖 11-3.5　例 11-3.4 之圖

 從例 10-3.4，我們已求得圓錐的動能與位能分別為

$$T = \frac{3}{8}mL^2\dot{\phi}^2(\frac{1}{5}+\cos^2\alpha)\cos^2\alpha$$

$$V = \frac{3}{4}mgL\cos^2\alpha(1-\cos\phi)\sin\beta$$

因為圓錐作無滑動滾動，摩擦力不作功，只有重力作功，因此系統能量守恆。即

$$T+V=C \quad（常數）$$

微分上式並注意到 $\sin\phi \approx \phi$，得

$$\ddot{\phi} + \frac{g \sin \beta}{L(1/5 + \cos^2 \alpha)} \phi = 0$$

由此，求得振動頻率為

$$\omega_n = \sqrt{\frac{g \sin \beta}{L(1/5 + \cos^2 \alpha)}} \ (\text{rad} / \text{s}) , \quad f_n = \frac{1}{2\pi} \sqrt{\frac{g \sin \beta}{L(1/5 + \cos^2 \alpha)}} \ (\text{Hz})$$

11.4 阻尼系統的自由振動

（一）阻尼

前面所研究的振動是無阻尼自由振動，其運動規律為簡諧振動，其振幅是不隨時間而改變的，所以振動過程將隨時間無限地進行下去。但實際上自由振動總是隨時間不斷減小的，直至最後振動完全停止。這說明，在實際系統中，存在著某種影響振動的阻力，由於這種阻力的存在而不斷消耗能量，使振幅不斷減小。

振動過程中的阻力習慣上稱為**阻尼**(damping)，產生阻尼的原因很多，目前關於阻尼的理論和阻尼的特性的研究還不夠充分。但是在很多情況下，當振動的速度不大時，可認為阻尼力與速度的一次方成正比，這樣的阻尼稱為**黏性阻尼**(viscous damping)。設質點的運動速度為 v，則黏性阻尼的阻尼力可表示成

$$R = -cv \tag{11-4.1}$$

其中 c 稱為黏性阻尼係數（簡稱為阻尼係數），單位為 $\text{N} \cdot \text{s} / \text{m}$，負號表示阻尼力的方向與速度方向相反。

認為阻尼力與速度的一次方成正比，是振動理論中應用最廣泛的一種假設。這種假設在很多問題中是合適的，並且在數學處理上極為方便。

（二）振動微分方程

一個單自由度有阻尼的系統可用圖 11-4.1(a)所示的模型來表示，此稱為彈簧－質量－阻尼器系統。以靜平衡位置為座標原點，質量 m 的自由體圖和有效力圖如圖 11-4.1(b)所示，系統的運動方程為

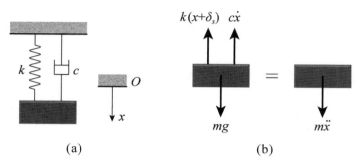

圖 11-4.1　彈簧－質量－阻尼器系統

$$m\ddot{x} = -k(x + \delta_s) + mg - c\dot{x}$$

注意到 $k\delta_s = mg$ ，上式變成

$$m\ddot{x} + c\dot{x} + kx = 0 \tag{11-4.2}$$

在振動分析中，人們常定義如下的參數

$$\omega_n = \sqrt{\frac{k}{m}} = 無阻尼自然圓頻率 \tag{11-4.3}$$

$$\zeta = \frac{c}{2\sqrt{km}} = 阻尼比(\text{damping ratio}) \tag{11-4.4}$$

於是系統的運動微分方程(11-4.2)可寫成如下的**標準形式**：

$$\ddot{x} + 2\zeta\omega_n\dot{x} + \omega_n^2 x = 0 \tag{11-4.5}$$

這是一個二階齊次常微分方程，其解可設為如下形式：

$$x = Ae^{\lambda t}$$

代入(11-4.5)式可得**特徵方程**(characteristic equation)：

$$\lambda^2 + 2\zeta\omega_n\lambda + \omega_n^2 = 0 \tag{11-4.6}$$

這是一個一元二次代數方程，它的兩個根為

$$\lambda_1 = -\zeta\omega_n + \sqrt{\zeta^2 - 1}\,\omega_n \tag{11-4.7}$$

$$\lambda_2 = -\zeta\omega_n - \sqrt{\zeta^2 - 1}\,\omega_n \tag{11-4.8}$$

因此方程(11-4.5)的通解可寫成

$$x = A_1 e^{\lambda_1 t} + A_2 e^{\lambda_2 t} \tag{11-4.9}$$

方程的解與特徵根 λ 是實數還是複數有很大的不同，因此下面分別討論之。

（三）低阻尼情形(underdamped case)：$0 < \zeta < 1$

此種情形發生於阻尼係數 c 較小時。此時特徵根 λ 為複數，可寫成

$$\lambda_{1,2} = -\zeta\omega_n \pm i\sqrt{1 - \zeta^2}\,\omega_n \tag{11-4.10}$$

其中 $i = \sqrt{-1}$。兩根彼此共軛，微分方程的通解可根據數學公式寫成

$$x = A e^{-\zeta\omega_n t} \sin(\sqrt{1 - \zeta^2}\,\omega_n t + \phi) \tag{11-4.11}$$

或者寫成

$$x = A e^{-\zeta\omega_n t} \sin(\omega_d t + \phi) \tag{11-4.12}$$

其中

$A =$ 振幅（米）

$\omega_d = \sqrt{1 - \zeta^2}\,\omega_n =$ 有阻尼自然圓頻率（弳度／秒）

$\phi =$ 相位角（弳度）

設在 $t = 0$ 時，質量 m 的座標為 $x = x_0$，速度為 $v = v_0$，利用(11-4.12)式和初始條件，可求得低阻尼自由振動中的振幅和相位角：

$$A = \sqrt{x_0^2 + \left(\frac{v_0 + \zeta \omega_n x_0}{\sqrt{1 - \zeta^2}\,\omega_n}\right)^2} \tag{11-4.13}$$

$$\phi = \tan^{-1}\left(\frac{x_0 \sqrt{1 - \zeta^2}\,\omega_n}{v_0 + \zeta \omega_n x_0}\right) \tag{11-4.14}$$

公式(11-4.12)是在低阻尼情形下的自由振動表達式，在這種振動中質量偏離平衡位置的最大距離 $Ae^{-\zeta \omega_n t}$ 是隨時間而不斷衰減的，如圖 11-4.2 所示。振動的週期定義為

$$T_d = \frac{2\pi}{\omega_d} = \frac{2\pi}{\omega_n \sqrt{1 - \zeta^2}} \tag{11-4.15}$$

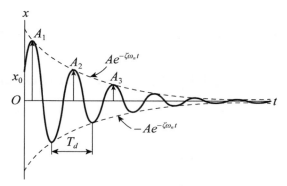

圖 11-4.2　低阻尼情形下的自由振動

由於阻尼的存在，質量 m 在每次往復運動中偏離振動中的最大距離 $Ae^{-\zeta \omega_n t}$ 是隨時間而減縮的。為了描述這種減縮的快慢，引進一個稱為**對數減縮率**(logarithmic decrement)的 δ，它表示任意兩個相繼最大偏離距離之比：

$$\delta = \ln \frac{A_1}{A_2} = \ln \frac{A_2}{A_3} = \ln \frac{Ae^{-\zeta \omega_n t_1}}{Ae^{-\zeta \omega_n (t_1 + T_d)}} = \ln e^{\zeta \omega_n T_d} = \zeta \omega_n T_d \tag{11-4.16}$$

將(11-4.15)代入，則對數減縮率變成

$$\delta = \frac{2\pi \zeta}{\sqrt{1 - \zeta^2}} \approx 2\pi \zeta \tag{11-4.17}$$

上式表明對數減縮率與阻尼比 ζ 之間只差 2π 倍，因此 δ 也是反映阻尼特徵的一個參數。

（四）臨界阻尼情形(critically damped case)：ζ=1

如果 $\zeta = 1$，稱為臨界阻尼情形。此時兩特徵根相等：$\lambda_1 = \lambda_2 = -\omega_n$。微分方程 (11-4.6)的解為

$$x = e^{-\zeta\omega_n t}(A_1 + A_2 t) \qquad (11\text{-}4.18)$$

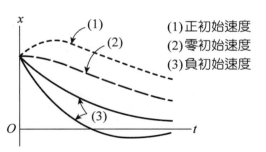

(1)正初始速度
(2)零初始速度
(3)負初始速度

圖 11-4.3　臨界阻尼情形

其中 A_1 和 A_2 為兩積分常數，由初始條件確定。很明顯，此時的運動不具有振動的性質，隨著時間的增長，物體的運動將逐漸地趨於平衡位置，如圖 11-4.3 所示。

（五）過阻尼情形(overdamped case)：ζ> 1

如果 $\zeta > 1$，稱為過阻尼（或大阻尼）情形。此時特徵根為兩不等實根，即

$$\lambda_{1,2} = -\zeta\omega_n \pm \sqrt{\zeta^2 - 1}\,\omega_n \qquad (11\text{-}4.19)$$

所以微分方程(11-4.6)之解為

$$x = e^{-\zeta\omega_n t}(A_1 e^{\sqrt{\zeta^2-1}\,\omega_n t} + A_2 e^{-\sqrt{\zeta^2-1}\,\omega_n t}) \qquad (11\text{-}4.20)$$

其中 A_1 和 A_2 為兩個積分常數，由初始條件決定。顯然，這時的運動，不具有振動的性質。

圖 11-4.4 所示為各種阻尼及無阻尼自由振動的比較，圖中的初始條件為 $x(0) = x_0$，$\dot{x}(0) = v_0$。

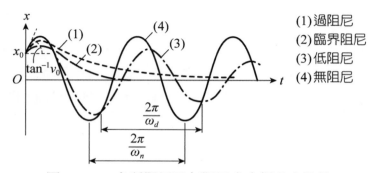

(1)過阻尼
(2)臨界阻尼
(3)低阻尼
(4)無阻尼

圖 11-4.4　各種阻尼及無阻尼自由振動之比較

例 ▶ 11-4.1

一重為 5 N 的物體，掛在彈簧常數為 2 N/cm 的彈簧上，經過 4 次振動後，振幅減到原來的 $\dfrac{1}{12}$，設系統具有黏性阻尼。求振動的週期和阻尼比。

 解 依題意，這屬於低阻尼的衰減振動情形。設在某時刻 t，重物的振幅為

$$A_1 = Ae^{-\zeta\omega_n t}$$

經過四個週期後，即在 $(t + 4T_d)$，重物的振幅為

$$A_5 = Ae^{-\zeta\omega_n(t+4T_d)}$$

由題意有

$$\frac{A_1}{A_5} = e^{4\zeta\omega_n T_d} = 12$$

兩邊取自然對數得

$$4\zeta\omega_n T_d = \ln 12$$

因此對數減縮率為

$$\delta = \zeta\omega_n T_d = \frac{1}{4}\ln 12 = 0.621$$

阻尼比為

$$\zeta = \frac{\delta}{2\pi} = 0.1$$

衰減振動的週期為

$$T_d = \frac{2\pi}{\sqrt{1-\zeta^2}\,\omega_n} = \frac{2\pi}{\sqrt{1-\zeta^2}}\sqrt{\frac{m}{k}} = \frac{2\pi}{\sqrt{1-0.1^2}}\sqrt{\frac{5}{2\times100}} = 0.99\,\text{s}$$

例 ▶ 11-4.2

求阻尼自由振動方程 $\ddot{x} + 2\dot{x} + 4x = 0$ 在下列條件下的解:
(a) $x_0 = 1$,$\dot{x}_0 = 0$;(b) $x_0 = 0$,$\dot{x}_0 = 3$。

解 將振動方程和標準方程 $\ddot{x} + 2\zeta\omega_n\dot{x} + \omega_n^2 x = 0$ 比較,即知

$$2\zeta\omega_n = 2,\quad \omega_n^2 = 4$$

故

$$\omega_n = 2,\quad \zeta = \frac{1}{2},\quad \omega_d = \sqrt{1-\zeta^2}\,\omega_n = \sqrt{1-(\frac{1}{2})^2} \times 2 = \sqrt{3}$$

解的一般形式為 $x = e^{-\zeta\omega_n t}(A_1\cos\omega_d t + A_2\sin\omega_d t)$

(a) 代入初始條件 $x_0 = 1$,$\dot{x}_0 = 0$,求得

$$A_1 = 1,\quad A_2 = \frac{1}{\sqrt{3}},\quad x = e^{-t}(\cos\sqrt{3}t + \frac{1}{\sqrt{3}}\sin\sqrt{3}t)$$

(b) 代入初始條件 $x_0 = 1$,$\dot{x}_0 = 3$,求得

$$A_1 = 0,\quad A_2 = \sqrt{3}$$
$$x = \sqrt{3}e^{-t}\sin\sqrt{3}t$$

例 ▶ 11-4.3

圖 11-4.5 所示的鋼珠台有一質量塊 m 用來將鋼珠彈出,設彈簧常數為 k,鋼珠質量為 M,將彈簧從其平衡位置壓縮長度 ℓ 後釋放,不計摩擦,求鋼珠剛和質量塊分離時的速度。

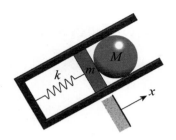

圖 11-4.5　例 11-4.3 之圖

 設彈簧原長為 ℓ_0，令鋼珠運動方向為 x，質量塊和鋼珠之重力在 $-x$ 方向的分量為 $(m+M)g\sin\theta$，其中 θ 為鋼珠台與水平面的夾角，此時彈簧變形量為 δ_s。取座標原點位於質量塊及鋼珠和彈簧的平衡位置，當 m 的位移為 x 時，其運動方程為

$$(m+M)\ddot{x} + k(x+\delta_s) - (m+M)g\sin\theta = 0 \tag{1}$$

但

$$(m+M)g\sin\theta = k\delta_s \tag{2}$$

代入(1)式，得運動方程

$$(m+M)\ddot{x} + kx = 0 \tag{3}$$

因此，位移與速度為

$$x(t) = A\sin(\omega_n t + \phi) \tag{4}$$

$$v(t) = \dot{x}(t) = \omega_n A\cos(\omega_n t + \phi) \tag{5}$$

$$\omega_n = \sqrt{k/(m+M)}$$

由於上述兩方程對 m 與 M 保持接觸時都有效，初始條件為 $x(0)=-\ell$，$v(0)=0$，代入(4)、(5)式，得

$$-\ell = A\sin\phi \tag{6}$$

$$0 = \omega_n A\cos\phi \tag{7}$$

從(7)式可得 $\phi = \dfrac{\pi}{2}$，再代入(6)式可得 $A = -\ell$，於是

$$x(t) = -\ell \sin(\omega_n t + \frac{\pi}{2}) = -\ell \cos \omega_n t \qquad (8)$$

$$v(t) = -\omega_n \ell \cos(\omega_n t + \frac{\pi}{2}) = \omega_n \ell \sin \omega_n t \qquad (9)$$

因質量塊僅能推而不能拉鋼珠，因此當質量塊速度達到最大之時刻 t^* 時，兩者開始脫離，從(9)式可知，此時 $\cos(\omega_n t^* + \dfrac{\pi}{2}) = -1$，$\omega_n t^* = \dfrac{\pi}{2}$，再代入(8)式得

$$x(t^*) = -\ell \cos(\frac{\pi}{2}) = 0$$

因此，當鋼珠通過平衡點時以速度

$$v(t^*) = \omega_n \ell \sin(\frac{\pi}{2}) = \sqrt{\frac{k}{m+M}} \ell$$

脫離質量塊。

11.5 單自由度系統的強迫振動與共振現象

彈簧－質量－阻尼器系統在週期性的外力作用下，就會產生持續的穩態**強迫振動**(forced vibration)。由於週期性外力總可用傅立葉級數分解為許多簡諧分量，我們只需討論簡諧外力這種最簡單的情形。

如圖 11-5.1 所示，一單自由度有阻尼的系統，在簡諧外力 $P = H \sin \omega_f t$ 作用下，其運動微分方程為

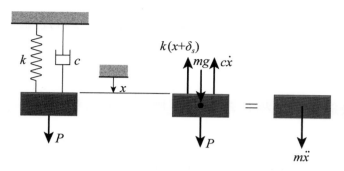

圖 11-5.1　單自由度系統的強迫振動

$$m\ddot{x} = P + mg - k(x + \delta_s) - c\dot{x} \tag{11-5.1}$$

如果選靜平衡位置為座標原點，則 $mg = k\delta_s$，上式變成

$$m\ddot{x} + c\dot{x} + kx = H\sin\omega_f t \tag{11-5.2}$$

從方程(11-4.2)和(11-5.2)可知，如以靜平衡位置為座標原點，來描述 m 的運動，則重力 mg 會自動抵消，在畫自由體圖時不用畫出，使分析得到簡化。

引入下面的參數

$$\omega_n = \sqrt{\frac{k}{m}} \quad （無阻尼自然圓頻率）$$

$$\zeta = \frac{c}{2\sqrt{km}} \quad （阻尼比）$$

$$h = H / m$$

則(11-5.2)式可寫成所謂的標準形式：

$$\ddot{x} + 2\zeta\omega_n\dot{x} + \omega_n^2 x = h\sin\omega_f t \tag{11-5.3}$$

這是一個二階非齊次常微分方程，它的解由齊次方程的解 x_1 和非齊次方程的特解 x_2 疊加而成。

齊次方程的解 x_1，我們已在上一節討論過，對低阻尼情形，它可表示成

$$x_1 = Ae^{-\zeta\omega_n t}\sin(\omega_d t + \phi) \tag{11-5.4}$$

其中 A 和 ϕ 是積分常數，由初始條件決定。現在討論特解的求法。設特解的形式為

$$x_2 = X\sin(\omega_f t - \psi)$$

其中 ψ 表示強迫振動的相位落後於外加激振力的相位角。將上式代入方程 (11-5.3)，可得

$$-X\omega_f^2\sin(\omega_f t - \psi) + 2\zeta\omega_n X\omega_f\cos(\omega_f t - \psi)$$

$$+\omega_n^2 X\sin(\omega_f t - \psi) = h\sin\omega_f t \tag{11-5.5}$$

再將上式右端改寫成如下形式：

$$h\sin\omega_f t = h\sin[(\omega_f t - \psi) + \psi]$$

$$= h\cos\psi\sin(\omega_f t - \psi) + h\sin\psi\cos(\omega_f t - \psi) \tag{11-5.6}$$

這樣，(11-5.5)式可整理成

$$[X(\omega_n^2 - \omega_f^2) - h\cos\psi]\sin(\omega_f t - \psi) +$$

$$+[2\zeta\omega_n X\omega_f - h\sin\psi]\cos(\omega_f t - \psi) = 0$$

對於任意時刻 t，上式都應成立，因此 $\sin(\omega_f t - \psi)$ 和 $\cos(\omega_f t - \psi)$ 的係數應為零。由此，得

$$X(\omega_n^2 - \omega_f^2) - h\cos\psi = 0 \tag{11-5.7}$$

$$2\zeta\omega_n X\omega_f - h\sin\psi = 0 \tag{11-5.8}$$

聯立求解上兩式，得

$$X = \frac{h}{\sqrt{(\omega_n^2 - \omega_f^2)^2 + (2\zeta\omega_n\omega_f)^2}} \tag{11-5.9}$$

$$\tan\psi = \frac{2\zeta\omega_n\omega_f}{\omega_n^2 - \omega_f^2} \tag{11-5.10}$$

於是振動微分方程的解為

$$x = x_1 + x_2 = Ae^{-\zeta\omega_n t}\sin(\omega_d t + \phi) + X\sin(\omega_f t - \psi) \tag{11-5.11}$$

上式右邊第一項稱為**瞬態響應**(transient response)；第二項稱為**穩態響應** (steady-state response)。由於阻尼的存在，瞬態響應隨時間的增加很快消失了，剩下的是穩態響應的強迫振動。下面著重討論強迫振動部分，為此引入下面的參數：

$$r = \frac{\omega_f}{\omega_n} \quad (\text{頻率比})$$

$$X_0 = \frac{h}{\omega_n^2} = \frac{H}{k} \quad (\text{靜力偏移})$$

則(11-5.9)和(11-5.10)式變成

$$X = \frac{X_0}{\sqrt{(1-r^2)^2 + (2\zeta r)^2}} \tag{11-5.12}$$

$$\tan\psi = \frac{2\zeta r}{1-r^2} \tag{11-5.13}$$

工程中常用「放大因子」(magnification factor) MF 來表示強迫振動的振幅 X 與靜力偏移 X_0 的比值，由(11-5.12)式得

$$MF = \frac{X}{X_0} = \frac{1}{\sqrt{(1-r^2)^2 + (2\zeta r)^2}} \tag{11-5.14}$$

此式為無因次式。寫成無因次式的好處不只在於它所表示的各物理量之間的數量關係與所選用的單位無關，更重要的是它揭示了強迫振動的振幅只決定於三個因素：靜力偏移 X_0，阻尼比 ζ 和頻率比 r。在低阻尼情形下，這三個因素中，頻率比 r 對振幅的影響最為重要。許多工程問題中，最關心的問題是放大因子 MF 如何隨頻率比 r 而變化。

圖 11-5.2 中畫出了放大因子 MF 隨頻率比 r 變化的一族曲線，圖中橫座標為 r，縱座標為 MF，ζ 作為參數。這樣的曲線稱為**幅頻響應曲線**(frequency response curve)，這是振動理論中最重要的曲線之一。下面討論曲線的變化情形。

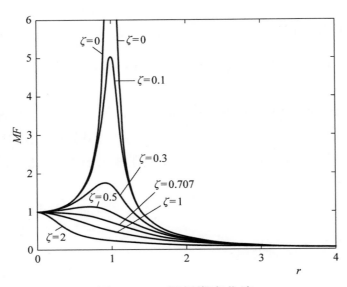

圖 11-5.2　幅頻響應曲線

1. 低頻區

當外加激振力的頻率很低時,頻率比很小;$r \ll 1$。由(11-5.14)式不難看出,式中分母接近於 1,於是 $MF = X / X_0 \approx 1$。這表示強迫振動的振幅 X 接近於靜力偏移 X_0。此時外加激振力的作用接近於靜力作用。從圖中可看出,當 $r \ll 1$,如阻尼比 $\zeta < \dfrac{1}{\sqrt{2}} = 0.707$,則阻尼對 MF 的影響很小,可略去不計。

2. 共振區

實際上最關心的問題是:在什麼情況下 MF 達到最大值,因為這表示振幅最大。為了求 MF 的最大值,令 $d(MF)/dr = 0$。由(11-5.14)可證明在 $\zeta < \sqrt{\dfrac{1}{2}} = 0.707$ 的條件下,當 $r = \sqrt{1 - 2\zeta^2}$ 時,MF 得最大值:

$$MF_{\max} = \frac{1}{2\zeta\sqrt{1 - \zeta^2}} \tag{11-5.15}$$

在許多實際問題中,ζ 很小,$\zeta^2 \ll 1$,故可近似地當作 $r = 1$ 時,MF 達到最大值,並可近似地表示為

$$MF_{\max} = \frac{1}{2\zeta} \tag{11-5.16}$$

這說明**當外加激振力的頻率接近於系統的自然頻率時，強迫振動的振幅達到最大值**，這種現象稱為**共振**(resonance)。通常認為 $0.75 \leq r \leq 1.25$ 為共振區。

3. 高頻區

　　當外加激振力的頻率很高時，$r \gg 1$。由式(11-5.14)可知，分母增大，MF 的值變小，且 MF 的值隨 r 的增加而趨於零。這說明對自然頻率很低的系統，在高頻外力作用下幾乎沒有響應。

　　應注意，以上討論的 MF 隨 r 的變化規律都是對低阻尼 ($\zeta < 1$) 的情形而言的。如阻尼相當大，$\zeta > \dfrac{1}{\sqrt{2}} = 0.707$ 時，幅頻響應曲線不會出現上述三個不同區域的特徵，MF 從 1 開始單調下降而趨於零。因此，在 $r = 1$ 時不會出現共振。

　　實際上，除了振幅外，我們還常常關心強迫振動與激振力之間的相位差 ψ 如何隨 r 而變化。圖 11-5.3 畫出 ψ 隨 r 而變化的曲線，橫座標為 r，縱座標為 ψ，而阻尼比 ζ 作為參數，這種曲線稱為**相頻響應曲線**(phase response curve)。由圖可見，相位差總在 0° 到 180° 之間變化。在低頻區，$r \ll 1$，$\psi = 0$。在共振區，$r = 1$，$\psi = 90°$。這說明在共振時，系統的強迫振動的相位角比激振力的相位角落後 90°。在高頻區，$r \gg 1$，$\psi \approx 180°$。這表明當激振力的頻率遠高於系統的自然頻率時，強迫振動的位移和激振力反相。

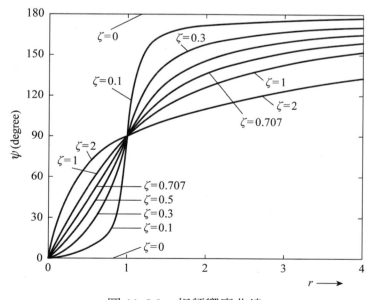

圖 11-5.3　相頻響應曲線

例 ▶ 11-5.1

圖 11-5.4(a)所示為一無重剛性桿。其一端為鉸支承，距鉸支端 ℓ 處有一質量為 $m = 2\,\text{kg}$ 的質點；距 2ℓ 處有一阻尼器，其阻尼係數 $c = 12\,\text{N·s/m}$；距 3ℓ 處有一彈簧常數 $k = 2500\,\text{N/m}$ 的彈簧，並作用一簡諧激振力 $P = 100\sin\omega_f t\,\text{(N)}$。剛性桿在水平位置平衡，試列出系統振動的微分運動方程，並求系統的自然圓頻率 ω_n，以及當 $\omega_f = \omega_n$ 時，質點的振幅。

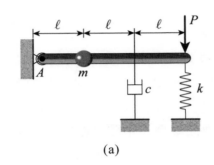

(a)

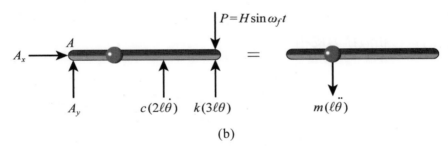

(b)

圖 11-5.4　例 11-5.1 之圖

 解 以桿和質點一起作為研究對象，自由體圖和有效力圖如圖 11-5.4(b)所示，對 A 點取矩，得

$$m(\ell\ddot{\theta})\ell = -c(2\ell\dot{\theta})(2\ell) - k(3\ell\theta)(3\ell) + H\sin\omega_f t(3\ell) \tag{1}$$

整理後得

$$\ddot{\theta} + \frac{4c}{m}\dot{\theta} + \frac{9k}{m}\theta = \frac{3H}{m\ell}\sin\omega_f t \tag{2}$$

和標準方程(11-5.3)比較，可知

$$2\zeta\omega_n = \frac{4c}{m} \qquad (3)$$

$$\omega_n = \sqrt{\frac{9k}{m}} \qquad (4)$$

$$h = \frac{3H}{m\ell} \qquad (5)$$

由(3)和(4)式求得阻尼比

$$\zeta = \frac{2c}{3\sqrt{mk}} \qquad (6)$$

將 $k = 2500\,\mathrm{N/m}$、$m = 2\,\mathrm{kg}$ 代入(4)式，求得自然圓頻率

$$\omega_n = \sqrt{\frac{9 \times 2500}{2}} = 106\,\mathrm{rad/s}$$

當 $\omega_f = \omega_n$ 時，$r = 1$。由方程(11-5.14)求得放大因子

$$MF = \frac{1}{2\zeta} = \frac{3\sqrt{mk}}{4c}$$

此外，θ 的幅值為

$$\theta = MF\theta_0 = \frac{1}{2\zeta}\frac{h}{\omega_n^2} = \frac{H}{4c\ell}\sqrt{\frac{m}{k}}$$

因此質點 m 的振幅為

$$x = \theta\ell = \frac{H}{4c}\sqrt{\frac{m}{k}}$$

代入數值得

$$x = \frac{100}{4(12)}\sqrt{\frac{2}{2500}} = 0.058\,\mathrm{m}$$

例 ▶ 11-5.2

如圖 11-5.5 所示，當激振力 $F = F_0 \sin \omega t$ 作用於樑的自由端 A 點時，求系統的運動方程。設樑為剛性直桿且質量不計。

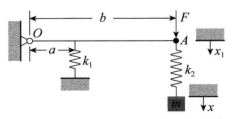

圖 11-5.5　例 11-5.2 之圖

 如圖 11-5.5 所示，以靜平衡位置為座標原點，設 A 的位移為 x_1，質量 m 的位移為 x。對質量 m，由牛頓第二定律得

$$m\ddot{x} = -k_2(x - x_1) \tag{1}$$

考慮直桿的平衡，對懸掛點 O 取矩得

$$bk_2(x - x_1) + bF_0 \sin \omega t = k_1(\frac{x_1}{b})a^2 \tag{2}$$

由(2)式解得

$$x_1 = \frac{b^2(k_2 x + F_0 \sin \omega t)}{k_1 a^2 + k_2 b^2} \tag{3}$$

將(3)式代入(1)式，得運動方程

$$m\ddot{x} + \frac{k_2 k_1 a^2}{k_1 a^2 + k_2 b^2} x = \frac{k_2 b^2 F_0}{k_1 a^2 + k_2 b^2} \sin \omega t$$

例 ▶ 11-5.3

求強迫振動方程 $m\ddot{x} + c\dot{x} + kx = F_0 \sin(\omega t + \alpha)$ 的穩態響應。

> **解** 設穩態響應的形式為

$$x_p = A\sin(\omega t + \alpha) + B\cos(\omega t + \alpha) \tag{1}$$

將(1)式及其微分代入原方程，得

$$[(k - m\omega^2)A - c\omega B]\sin(\omega t + \alpha) + [c\omega A + (k - m\omega^2)B]\cos(\omega t + \alpha)$$
$$= F_0\sin(\omega t + \alpha) \tag{2}$$

上式對任何時刻都成立，比較兩邊的係數，得

$$(k - m\omega^2)A - c\omega B = F_0 \tag{3}$$

$$c\omega A + (k - m\omega^2)B = 0 \tag{4}$$

由(3)、(4)式解得

$$A = \frac{(k - m\omega^2)F_0}{(k - m\omega^2)^2 + (c\omega)^2} \tag{5}$$

$$B = \frac{-c\omega F_0}{(k - m\omega^2)^2 + (c\omega)^2} \tag{6}$$

將(5)、(6)式代回(1)式，整理得

$$x_p = \frac{F_0}{(k - m\omega^2)^2 + (c\omega)^2}\sin(\omega t + \alpha - \psi)$$

其中

$$\psi = \tan^{-1}\frac{c\omega}{k - m\omega^2} = \tan^{-1}\frac{2\zeta\omega_n\omega}{\omega_n^2 - \omega^2}, \quad \omega_n = \sqrt{\frac{k}{m}}, \quad \zeta = \frac{c}{2\sqrt{km}}$$

例 ▶ 11-5.4

求振動方程 $18\ddot{x} + 200\dot{x} + 7000x = 20\sin 10t$ 的一般解。初始條件為 $x(0) = 0.02$，$\dot{x}(0) = 0$。

解 原方程可化成

$$\ddot{x} + 11.1\dot{x} + 19.72^2 x = \frac{10}{9}\sin 10t$$

與方程(11-5.3)比較，得知

$$\omega_n = 19.72 \text{ rad/s} , \quad \zeta = \frac{11.1}{2\omega_n} = 0.28 , \quad h = \frac{10}{9} , \quad \omega_f = 10 \text{ rad/s}$$

阻尼自然頻率

$$\omega_d = \sqrt{1-\zeta^2}\,\omega_n = 18.93 \text{ rad/s}$$

強迫振動的穩態解（特解）為

$$x_2 = X\sin(\omega_f t - \psi) = X\sin(10t - \psi)$$

參考(11-5.9)及(11-5.10)式，得

$$X = \frac{h}{\sqrt{(\omega_n^2 - \omega_f^2)^2 + (2\zeta\omega_n\omega_f)^2}} = \frac{10/9}{\sqrt{(19.72^2 - 10^2)^2 + (2\times0.28\times19.72\times10)^2}}$$

$$= 3.59\times10^{-3}$$

$$\psi = \tan^{-1}\frac{2\zeta\omega_n\omega_f}{\omega_n^2 - \omega_f^2} = \tan^{-1}\frac{2\times0.28\times19.72\times10}{19.72^2 - 10^2} = 21^0 = 0.365 \text{ rad}$$

參考(11-4.12)式，低阻尼強迫振動的齊次解可寫成

$$x_1 = e^{-\zeta\omega_n t}(A\cos\omega_d t + B\sin\omega_d t)$$

因此，一般解可表示為

$$x = x_1 + x_2 = e^{-\zeta\omega_n t}(A\cos\omega_d t + B\sin\omega_d t) + 3.59\times10^{-3}\sin(10t - 0.365)$$

現在利用初始條件求常數 A 和 B：

$$x(0) = 0.02 = A - 1.29\times10^{-3}$$

$$\dot{x}(0) = 0 = (\omega_d B - \zeta \omega_n A) - 0 + 33.5 \times 10^{-3}$$

由此解得

$$A = 18.71 \times 10^{-3}, \quad B = 3.69 \times 10^{-3}$$

因此，一般解為

$$x = 10^{-3} \times e^{-5.52t}[18.71\cos(18.93t) + 3.69\sin(18.93t)] + 3.59 \times 10^{-3}\sin(10t - 0.365)$$

圖 11-5.6 顯示瞬態響應 x_1，穩態響應 x_2 及一般解 x 隨時間變化的情形。從圖中可知隨時間的增加瞬態響應很快消失，系統的振動只剩下穩態響應。

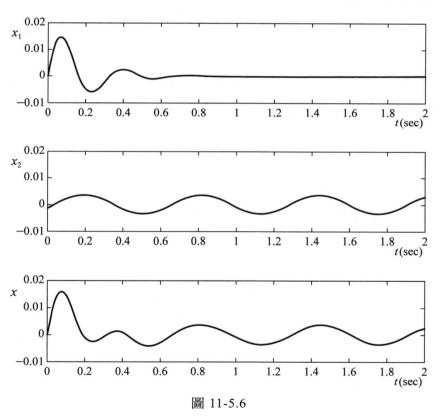

圖 11-5.6

11.6 結 語

本章討論單自由度系統的振動。對振動問題，常常最關心的是振動的頻率，只要建立了振動的微分方程，和標準方程比較便可知道振動的頻率。

1. 無阻尼自由振動微分方程的標準形式為

$$\ddot{x} + \omega_n^2 x = 0, \quad \omega_n = \sqrt{\frac{k}{m}}$$

其解的一般形式為

$$x = A\sin(\omega_n t + \phi)$$

其中 ω_n 為自然圓頻率，與系統的質量和剛度有關，與初始條件無關。振幅 A 和相位角 ϕ 與初始條件有關：

$$A = \sqrt{x_0^2 + \frac{v_0^2}{\omega_n^2}}, \quad \tan\phi = \frac{\omega_n x_0}{v_0}$$

2. 有阻尼自由振動的微分方程的標準形式為

$$\ddot{x} + 2\zeta\omega_n \dot{x} + \omega_n^2 x = 0$$

對小阻尼 $(\zeta < 1)$ 情形，其振動是衰減振動，解的一般形式為

$$x = Ae^{-\zeta\omega_n t}\sin(\sqrt{1-\zeta^2}\,\omega_n t + \phi)$$

其中振幅 A 和相位角 ϕ 與初始條件有關：

$$A = \sqrt{x_0^2 + (\frac{v_0 + \zeta\omega_n x_0}{\sqrt{1-\zeta^2}\,\omega_n})^2}, \quad \tan\phi = \frac{x_0\sqrt{1-\zeta^2}\,\omega_n}{v_0 + \zeta\omega_n x_0}$$

3. 在簡諧激振力作用下強迫振動微分方程的標準形式為

$$\ddot{x} + 2\zeta\omega_n\dot{x} + \omega_n^2 x = h\sin\omega_f t$$

其解包含瞬態響應和穩態響應兩部分：

$$x = Ae^{-\zeta\omega_n t}\sin(\sqrt{1-\zeta^2}\,\omega_n t + \phi) + X\sin(\omega_f t - \psi)$$

瞬態響應部分由於阻尼的影響很快衰減掉了；穩態響應是一種簡諧振動，其振幅和相位角為

$$X = \frac{h}{\sqrt{(\omega_n^2 - \omega_f^2)^2 + (2\zeta\omega_n\omega_f)^2}}, \quad \psi = \tan^{-1}\frac{2\zeta\omega_n\omega_f}{\omega_n^2 - \omega_f^2}$$

低頻區：激振頻率 ω_f 遠小於自然頻率 ω_n，振幅接近於靜位移。

共振區：激振頻率 ω_f 接近於自然頻率 ω_n，振幅達到最大值，稱為共振。

高頻區：激振頻率 ω_f 遠大於自然頻率 ω_n，振幅接近於零。

思考題

1. 下列敘述是否正確？

(a) 物體振動的自然頻率與振幅有關。

(b) 物體運動時只有平移運動部分有自然頻率，而轉動部分則沒有自然頻率。

(c) 彈簧常數除了與彈簧的材料及粗細有關外，也與彈簧的長度有關：彈簧越長，彈簧常數越小。

2. 圖 t11.2(a)和(b)的自然圓頻率是否相等？

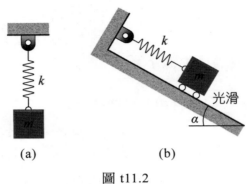

| (a) | (b) |

圖 t11.2

3. 圖 t11.3(a)和(b)的自然圓頻率是否相等？

| (a) | (b) |

圖 t11.3

4. 高速旋轉的機器，通常其轉動的角速度所對應的頻率大於系統的自然頻率。
機器在起動加速與減速停止的過程中，都必須經過共振區域，但機器並沒有
劇烈振動。為什麼？

習 題

11.1 圖示的圓柱質量為 m 在斜面上作純滾動，求其運動方程及自然圓頻率。

11.2 圖示的滑輪半徑為 R，對質心的質量慣性矩為 I_G，且彈簧與滑輪間沒有滑動。求系統的運動方程及自然圓頻率。

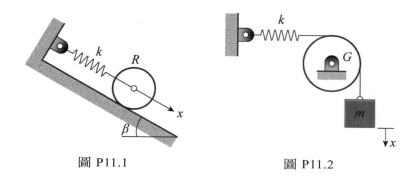

圖 P11.1　　　　　　　　　　圖 P11.2

11.3 已知桿 AB 的扭轉彈簧常數為 k_t，均質圓盤的質量為 m，半徑為 R，固定在 B 端。不計桿 AB 的質量，求系統的運動方程及自然圓頻率。

11.4 已知等截面 U 型管中的液體長 L，求液體上下振動的運動方程及其自然圓頻率。

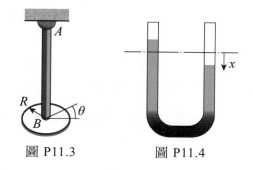

圖 P11.3　　　　圖 P11.4

11.5 圖示的彈簧－質量系統，如果考慮彈簧的質量，並設其質量為 m'，求系統的自然圓頻率。

11.6 圖示的小球質量為 m，不計桿 AB 的重量，並設 $2k\ell > mg$。求系統微小振動的自然圓頻率。

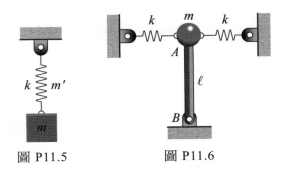

圖 P11.5　　　　　圖 P11.6

11.7　圖示的 OB 桿在水平位置時系統處於平衡。若不計 OB 桿的質量，求物體 m 自由振動的週期。

11.8　均質圓環半徑為 R 放在支點 A 上，求微小振動的自然頻率。

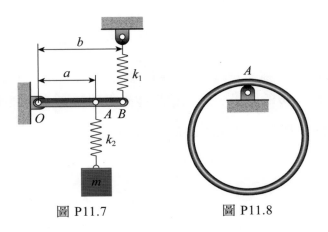

圖 P11.7　　　　　圖 P11.8

11.9　均質桿長 2ℓ，置於半徑為 R 的鉛直光滑圓弧槽內。假設桿件輕輕地從平衡位置釋放，求振動的自然圓頻率。

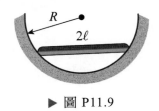

▶ 圖 P11.9

11.10　用能量法解習題 11.1。

11.11　用能量法解習題 11.3。

11.12 均質圓盤質量為 m，在圖示位置時彈簧未變形，求系統小幅振動的自然頻率。

11.13 求圖示均質半圓柱的振動週期。

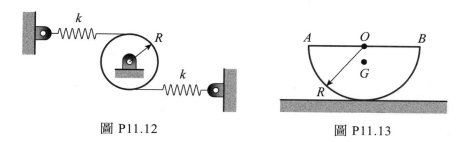

圖 P11.12　　　　　　　　　　圖 P11.13

11.14 均質圓盤 A 和 B 之間無相對滑動，在圖示位置時彈簧不受力。求系統小幅振動的自然圓頻率。

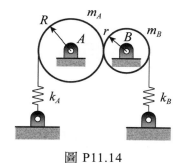

圖 P11.14

11.15 求圖示的均質剛性桿對其平衡位置作微小振動的臨界阻尼值。

11.16 求圖示系統的運動方程及臨界阻尼時 c 之值。

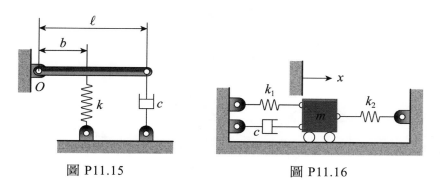

圖 P11.15　　　　　　　　　　圖 P11.16

動力學
Dynamics

11.17 若上題的 $m = 8\,\text{kg}$ ， $k_1 = 3\,\text{kN/m}$ ， $k_2 = 1\,\text{kN/m}$ ， $c = 70\,\text{N·s/m}$ ，初始條件 $x(0) = 0$ 、 $\dot{x}(0) = 6\,\text{m/s}$ 。求系統的振幅。

11.18 圖示的物體的質量 $m = 10\,\text{kg}$ ，彈簧常數 $k = 150\,\text{N/m}$ 。已知系統自由振動時兩個相連振幅的比值是 $1:0.7$ ，求：(a)對數減縮率；(b)阻尼比；(c)阻尼自然圓頻率；(d)阻尼 c 之值。

11.19 對一阻尼振動系統已知質量 $m = 7\,\text{kg}$ ，彈簧常數 $k = 2\,\text{kN/m}$ ，經過 5 週期後振幅減成原來的 0.25，求阻尼係數。

11.20 已知 $m = 20\,\text{kg}$ 、 $k = 350\,\text{N/m}$ 、 $c = 25\,\text{N·s/m}$ 、 $H = 70$ 、 $\omega_f = 20\,\text{rad/s}$ ，求：(a)穩態響應的振幅；(b)放大因子。

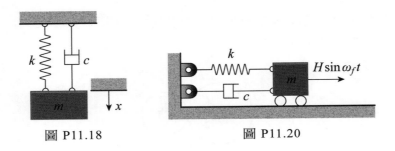

圖 P11.18　　　　圖 P11.20

11.21 若上題的 $m = 2\,\text{kg}$ 、 $k = 2700\,\text{N/m}$ 、 $c = 35\,\text{N·s/m}$ 。假如作用力的頻率 ω_f 等於共振頻率，求：(a)放大因子；(b)最大可能的放大因子及其相當的 ω_f 值。

11.22 圖示為一車輛行駛於崎嶇路面的動態模擬系統。若車行速度 $v = 60\,\text{km/h}$ 為定值， $m = 1000\,\text{kg}$ ， $k = 15\,\text{kN/m}$ ，阻尼比 $\zeta = 0.7$ ， $a = 0.05\,\text{m}$ ， $L = 5\,\text{m}$ 。求 m 的運動方程及穩態解。

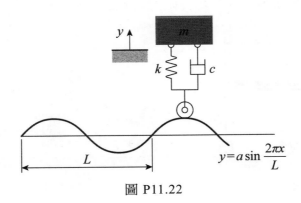

圖 P11.22

11.23 圖示的物體的質量 $m = 2\,kg$ ，彈簧常數 $k = 2\,kN/m$ 。作用在物體的外力 $F(t) = 16\sin 60t$ ， t 以 s 計， F 以 N 計。求：(a)無摩擦阻力時；(b)若摩擦阻力 $f = cv$ ，其中 $c = 25.6\,N\cdot s/m$ ， v 為物體的速率時，物體的穩態解及放大因子。

11.24 求圖示物體的穩態響應，並求 $x(t)$ 是領先或落後 $y(t)$ ？

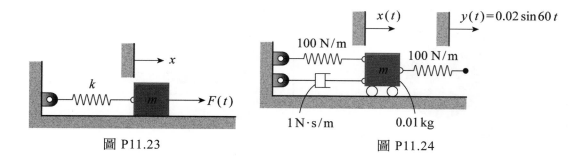

圖 P11.23　　　　　　　　　　圖 P11.24

11.25 求圖示物體 m 的穩態響應。

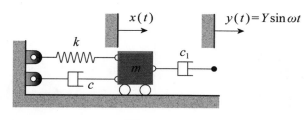

圖 P11.25

附　錄

均質物體的質心質量慣性矩

圓球	細長桿
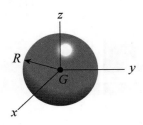	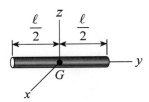
$I_{xx} = I_{yy} = I_{zz} = \dfrac{2}{5} mR^2$	$I_{xx} = I_{zz} = \dfrac{1}{12} m\ell^2$,　$I_{yy} = 0$
圓柱	圓錐體
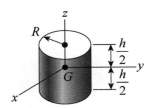	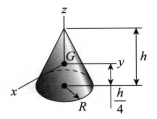
$I_{xx} = I_{yy} = \dfrac{1}{12} m(3R^2 + h^2)$,　$I_{zz} = \dfrac{1}{2} mR^2$	$I_{xx} = I_{yy} = \dfrac{3}{80} m(4R^2 + h^2)$,　$I_{zz} = \dfrac{3}{10} mR^2$
圓盤	圓環
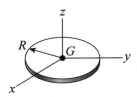	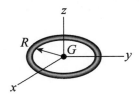
$I_{xx} = I_{yy} = \dfrac{1}{4} mR^2$,　$I_{zz} = \dfrac{1}{2} mR^2$	$I_{xx} = I_{yy} = \dfrac{1}{2} mR^2$,　$I_{zz} = mR^2$

矩形板	半球體
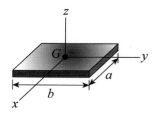	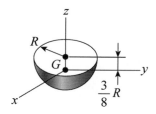
$I_{xx} = \dfrac{1}{12}mb^2$, $\quad I_{yy} = \dfrac{1}{12}ma^2$, $$I_{zz} = \dfrac{1}{12}m(a^2 + b^2)$$	$I_{xx} = I_{yy} = \dfrac{83}{320}mR^2$, $\quad I_{zz} = \dfrac{2}{5}mR^2$
半球殼	圓錐殼
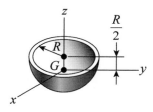	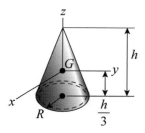
$I_{xx} = I_{yy} = \dfrac{5}{12}mR^2$, $\quad I_{zz} = \dfrac{2}{3}mR^2$	$I_{xx} = I_{yy} = \dfrac{1}{36}m(9R^2 + 2h^2)$, $\quad I_{zz} = \dfrac{1}{2}mR^2$
長方體	半圓盤
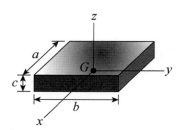	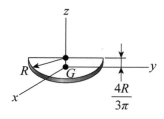
$I_{xx} = \dfrac{1}{12}m(b^2 + c^2)$ $I_{yy} = \dfrac{1}{12}m(c^2 + a^2)$ $I_{zz} = \dfrac{1}{12}m(a^2 + b^2)$	$I_{xx} = \dfrac{1}{4}mR^2$ $I_{yy} = \dfrac{1}{36\pi^2}mR^2(9\pi^2 - 64)$ $I_{zz} = \dfrac{1}{18\pi^2}mR^2(9\pi^2 - 32)$

1. Huang, T. C. (1967). *Engineering Mechanics*: *Dynamics*, Addison-Wesley.

2. Meriam, J. L., & Kraige, L. G. (1987). *Engineering Mechanics*: *Dynamics* (2nd ed.), John Wiley & sons.

3. Beer, F. P., & Johnston, E. R. (1988). *Vector Mechanics for Engineers*: *Dynamics* (5th ed.), McGraw-Hill.

4. Hibbeler, R. C. (1989). *Engineering Mechanics*: *Dynamics* (5th ed.), Nacmillan.

5. McGill, D. J., & King, W. W. (1989). *Engineering Mechanics*: *An Introduction to Dynamics* (2nd ed.), PWS-Kent.

6. Greenwood, D. T. (1988). *Principles of Dynamics* (2nd ed.), Prentice-Haill.

7. Jong, I. C., & Rogers, B. G. (1991). *Engineering Mechanics*: *Statics and Dynamics,* Saunders College Publishing.

8. Riley, W. F., & Sturges, L. D. (1993). *Enginering Mechanics*: *Dynamics*, John Wiley & Sons.

9. Pytel, A., & Kiusalaas, J. (1994). *Engineering Mechanics*: *Dynamics*, Harper Collins College Publishers.

10. Tse, F. S., Morse, I. E., & Hinkle, R. T. (1978). *Mechanical Vibrations*: *Theory and Applications* (2nd ed.), Allyn and Bacon.

11. Kane, T. R., Linkins, P. W., & Levinson, D. A. (1983). *Spacecraft Dynamics*, McGraw-Hill.

12. Kane, T. R., & Levinson, D. A. (1985). *Dynamics*: *Theory and Applications*, McGraw-Hill.

13. Rosenberg, R. M. (1977). *Analytical Dynamics of Discrete Systems*, Plenum Press.

14. Kleppner, D., & Kolenkow, R. J. (1973). *An Introduction to Mechanics*, McGraw-Hill.

15. Ginsberg, J. H. (1995). *Advanced Engineering Dynamics* (2nd ed.), Cambridge.

16. Barger, V. D., & Olsson, M. G. (1999). *Classical Mechanics*: *A Modern Perspective*, (2nd ed.), McGraw-Hill.

17. Knudsen, J. M., & Hjorth, R. J. (2002). *Elements of Newtonian Mechanics* (3rd ed.), Springer.

18. Fowles, G. R., & Cassiday, G. L. (2005). *Analytical Mechanics* (7th ed.), Thomas Brooks/Cole.

19. Palm, III. W. J. (2006). *Mechanical Vibration*, Wiley.

20. Crandall, S. H., Karnopp, D. C., Kurtz, Jr. E. F., & Pridmore-Brown, D. C. (1968). *Dynamics of Mechanical and Electromechanical Systems*, McGraw-Hill.

21. 孟繼洛主編（民 81）。*應用力學－動力學*。新北市：高立。

22. 王亞平、許源鏞主編（民 79）。*應用力學*。新北市：新文京。

思考題與習題解答

Chapter 01

思考題解答

1. 對。

2. 無關。

3. (a) 等速直線運動。

   (b) 等速率曲線運動。

   (c) 變速直線運動。

   (d) 變速曲線運動。

4. (a) 錯。例如質點從靜止開始運動，此時 $v = 0$ ， $a \neq 0$ 。

   (b) 錯。例如等速直線運動時 $a = 0$ ，但 $v \neq 0$ 。

   (c) 錯。 $|\Delta \mathbf{r}|$ 是位置向量的變化量 $\Delta \mathbf{r}$ 的大小， Δr 是位置向量之長度的變化量，如下圖所示。

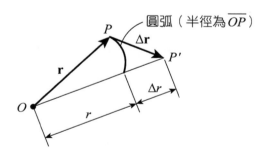

5. $v_r = 0$ 表示圓周運動； $v_\theta = 0$ 表示直線運動。

6. (a) 對。例如向南作減速直線運動。

   (b) 對。例如等速圓周運動。

   (c) 對。例質點由靜止開始運動時。

   (d) 錯。

   (e) 錯。例如加速度與速度方向相反的直線運動。

7. 有區別。$\left|\dfrac{d\mathbf{r}}{dt}\right|$ 表示速度的大小，$\dfrac{d|\mathbf{r}|}{dt}$ 表示位置向量大小對時間的變化率。

8. $\dfrac{d\mathbf{v}}{dt}=\mathbf{a}$ 表示加速度，它包含了速度的大小及方向的變化，是個向量。$\dfrac{dv}{dt}=a_t$ 代表加速度 $\mathbf{a}$ 在切線方向投影切線加速度的值，它是個純量，並不反映出速度在方向上的變化。

9. A 點：正確。曲線上一靜止點受切線方向之力作用開始運動之瞬間 $v=0$，a 沿切線方向。

   B 點：正確。因為 $\mathbf{a}$ 的法線分量指向曲線凹處。

   C 點：正確：在曲線轉折點處，法線加速度等於零，所以 a 和 v 可以平行。

   D 點：不正確。$\mathbf{a}$ 的法線分量指向凸面。

10. 越來越大。$v=v_0/\cos\alpha$，$\alpha\uparrow$，$\cos\alpha\downarrow$，$v\uparrow$。

11.

	$\mathbf{e}_r$	$\mathbf{e}_\theta$
$\dfrac{d}{dt}$	$\dot\theta\mathbf{e}_\theta$	$-\dot\theta\mathbf{e}_r$
$\dfrac{d}{d\theta}$	$\mathbf{e}_\theta$	$-\mathbf{e}_r$

12. 不對。$a=a_n=\dfrac{v^2}{\rho}$，除了曲線的轉折點 $(\rho=\infty)$ 外，其餘都有加速度。

▌習題解答

1.1 $\Delta s=-7\,\text{m}$，$\Delta s_T=25\,\text{m}$，$v_{av}=-1\,\text{m/s}$，$\left|v\right|_{av}=3.57\,\text{m/s}$

1.2   (a)4.5 m/s；(b)85 m

1.3   (a)$t=1\,\text{s}$；(b)$v=-7\,\text{m/s}$，$s_2=78\,\text{m}$；(C)$s_T=4\,\text{m}$

1.4   10 m

1.5 $t=17.1\,\text{s}$，$v_{\max}=58.6\,\text{m/s}$

1.6 $t=\dfrac{d}{v_{\max}}+\dfrac{v_{\max}}{2}\left(\dfrac{1}{a}+\dfrac{1}{b}\right)$

1.7   (a)$v=5.47\,\text{m/s}$；(b)$s=3.46\,\text{m}$

1.8 $s = \dfrac{s_0}{2}(e^{5t} + e^{-5t})$

1.9 $s_T = 45\,\text{m}$

1.10 $\sqrt{20}\,\text{m/s}$ $\nearrow$ 26.6°

1.11 $86.6\,\text{km/h}$ $\downarrow$ 90°

1.12   (a)0.127 h ; (b) $\theta = 18.67°$

1.13 $\mathbf{v} = -20\sin t\,\mathbf{i} + 5\mathbf{j} - 40\cos t\,\mathbf{k}$, $\mathbf{a} = -20\cos t\,\mathbf{i} + 40\sin t\,\mathbf{k}$

1.14 $d = 8287.8\,\text{m}$, $h = 1347.96\,\text{m}$

1.15   (a) 10.82 m/s ; (b) 1.21 s ; (c) 9.62 m/s $\searrow$ 30.6°

1.16 $d = 0.67\,\text{m}$

1.17   (a) $3x - 2y = 21\,(x \geq 5, y \geq -3)$; (b) $\dfrac{x^2}{64} + \dfrac{y^2}{9} = 1$; (c) $y = x + 2\,(-1 \leq x \leq 5)$

1.18   (a) $t = \dfrac{D-d}{v_0}$; (b) $\theta = \tan^{-1}[\dfrac{H-h}{d} + \dfrac{g}{2d}(\dfrac{D-d}{v_0})^2]$; (c) $v_i = \dfrac{v_0 d}{(D-d)\cos\theta}$

1.19 $a = \sqrt{a_t^2 + a_n^2} = 4.17\,\text{m/s}^2$

1.20 $\rho = 663.6\,\text{m}$

1.21 $\rho = 0.789$

1.22 $a_t = \dfrac{\omega^2(a^2 - b^2)\sin\omega t\cos\omega t}{\sqrt{a^2\sin^2\omega t + b^2\cos^2\omega t}}$, $a_n = \dfrac{ab\omega^2}{\sqrt{a^2\sin^2\omega t + b^2\cos^2\omega t}}$

1.23 $a_t = 0$, $a_n = 0.19\,\text{m/s}^2$

1.24 $11.54\,\text{m/s}^2$

1.25   (a)8.5 m ; (b)7.0 m

1.26 $\mathbf{v}_P = 3\mathbf{e}_r + 0.75\mathbf{e}_\theta$, 3.09 m/s $\nearrow$ 28.3°, $\mathbf{a}_P = 5.25\mathbf{e}_r + 7.5\mathbf{e}_\theta$, 9.15 m/s² $\nearrow$ 69.3°

1.27 $\mathbf{v} = 173\mathbf{e}_r + 100\mathbf{e}_\theta$, $\mathbf{a} = 24\mathbf{e}_r + 503.5\mathbf{e}_\theta$

1.28 $a_r = -(\dfrac{v^2}{b})\cos\theta$, $a_\theta = -(\dfrac{v^2}{b})\sin\theta$

1.29 $\dot{r} = 0.60\,\text{m/s}$, $\dot{\theta} = 0.07\,\text{rad/s}$

1.30 $a_r = -2.17\,\text{m/s}^2$, $a_t = -4.37\,\text{m/s}^2$, $a_n = 3.22\,\text{m/s}^2$, $a_y = -5.06\,\text{m/s}^2$, $\rho = 15.2\,\text{m}$

1.31 $\mathbf{v} = 15\mathbf{e}_r + 66.3\mathbf{e}_\theta\ \text{mm/s}$, $\mathbf{a} = -11.58\mathbf{e}_r + 5.2\mathbf{e}_\theta\ \text{mm/s}^2$

1.32 $v = \sqrt{49\pi^2 + 1}\,\text{m/s}$, $a = 7\pi^2\,\text{m/s}^2$

1.33 $\mathbf{v} = 6t\mathbf{e}_r + 3t^2\dot{\phi}\mathbf{e}_\phi + 6t^2\mathbf{k}$, $\mathbf{a} = (6 - 3t^2\dot{\phi}^2)\mathbf{e}_r + (3t^2\ddot{\phi} + 12t\dot{\phi})\mathbf{e}_\phi + 12t\mathbf{k}$

1.34 $v_A = 3.75\,\text{m/s}\uparrow$, $a_A = 4.88\,\text{m/s}^2\downarrow$

1.35 $v_E = 0.69\,\text{m/s}\uparrow$, $a_E = 4\times10^{-3}\,\text{m/s}^2\uparrow$

1.36 $\mathbf{v} = 0.7\mathbf{i} + 0.78\mathbf{j}\,\text{m/s}$, $\mathbf{a} = 0.097\mathbf{j}\,\text{m/s}^2$

1.37 $v = 5.54\,\text{m/s}$, $a = 0.41\,\text{m/s}^2$

1.38 $\dot{x} = 25.98\,\text{mm/s}$, $\dot{y} = 15\,\text{mm/s}$, $\ddot{x} = 2.25\,\text{mm/s}^2$, $\ddot{y} = 0$

1.39 $\dfrac{5}{2}\,\text{m/s}\uparrow$

1.40 $v_B = 0.8\,\text{m/s}\rightarrow$, $a_B = 0.133\,\text{m/s}^2\leftarrow$

Chapter 02

▌思考題解答

1. (a) 不正確。質點的加速度方向才是合力的方向。
   (b) 不正確。質點的加速度越大其所受的力也越大。

2. (c) 牛頓第二定律之向量表達式 $m\mathbf{a} = \sum\mathbf{F} = \mathbf{F} + \mathbf{Q}$
   (f) 將 $m\mathbf{a} = \mathbf{F} + \mathbf{Q}$ 投影至 x 軸並取正負得 $ma_x = F_x + Q_x$，但 $a_x = \ddot{x}$、$F_x = F$、$Q_x = -Q$，於是得到 $m\ddot{x} = F - Q$
   (g) 利用自由體圖和有效力圖，得 $ma = Q - F$

$$Q \xleftarrow{\quad} \underset{m}{\bullet} \xrightarrow{\quad F} \quad = \quad \xleftarrow{ma} \bullet$$

3. (b) 正確。利用自由體圖和有效力圖於 y 方向，注意到 $\ddot{y}$ 及 $\dot{y}$ 的正方向向上，空氣阻力 $(-\beta\dot{y})$ 指向負 y 方向，由此得 $m\ddot{y} = -\beta\dot{y} - mg$

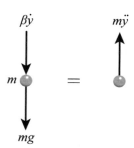

4. (c) 以上皆非。（或見例 2-3.5）

5. 讀者可能一看便知是離心力的作用。但我們用運動方程說明之。考慮極座標運動方程

$$F_\theta = m(r\ddot{\theta} + 2\dot{r}\dot{\theta})$$

因 $\dot{\theta} = \omega = $ 常數，$\ddot{\theta} = 0$，故

$$F_\theta = m(2\dot{r}\omega) > 0 \text{，由此 } \dot{r} > 0$$

所以小球會向 A 端運動。

6. 不一樣。三個質點的加速度相同，但初始速度方向不同，所以運動情況會不一樣。

習題解答

2.1　181 N

2.2　(a) $a = \dfrac{F}{M+m} \rightarrow$，作用力 $\dfrac{FM}{M+m}$；(b) $a = \dfrac{F}{M+m} \leftarrow$，作用力 $\dfrac{Fm}{M+m}$

2.3　(a)6405 N；(b)4905 N；(c)3405 N

2.4　$a_A = 4.36\,\text{m/s}^2$，$a_B = 2.18\,\text{m/s}^2$，$T = 54.5\,\text{N}$

2.5　2.595 m/s^2

2.6　$a_A = 0.55\,\text{m/s}^2 \rightarrow$，$a_B = 2.65\,\text{m/s}^2 \leftarrow$，$a_C = 0$

2.7　$m\ddot{x}=-\beta\dot{x}$, $m\ddot{y}=-\beta\dot{y}-mg$

2.8　$a_B=0.2\,\mathrm{g}\uparrow$, $a_C=0.2\,\mathrm{g}\downarrow$, $a_D=0.2\,\mathrm{g}\downarrow$, $a_E=0.6\,\mathrm{g}\uparrow$

2.9　$a_A=9.3\,\mathrm{m/s^2}\rightarrow$, $a_B=7.0\,\mathrm{m/s^2}\rightarrow$, $T=104.7\,\mathrm{N}$

2.10　$a_A=5.3\,\mathrm{m/s^2}\searrow$, $a_B=2.65\,\mathrm{m/s^2}$, $\downharpoonright\,90°$, $T=71.7\,\mathrm{N}$

2.11　$\dfrac{4}{3m}t_1^{\frac{5}{2}}$

2.12　$T=50.5\,\mathrm{N}$

2.13　(a) $T=\dfrac{mg}{\cos 30°}=22.6\,\mathrm{N}$; (b) $v=2.9\,\mathrm{m/s}$

2.14　$v=1.57\,\mathrm{m/s}$

2.15　$\mu_s=0.67$

2.16　$v_{\min}=\sqrt{\rho g\tan(\theta-\phi_s)}$, $v_{\max}=\sqrt{\rho g\tan(\theta+\phi_s)}$

2.17　$\sqrt{\dfrac{\mu g}{r}}$

2.18　$v=\sqrt{\dfrac{(R-r)g}{\mu}}$

2.19　$F_s=46.6\,\mathrm{N}\swarrow$, $f=8.79\,\mathrm{N}\swarrow$

2.20　橢圓 $\dfrac{x^2}{x_0^2}+\dfrac{y^2}{\dfrac{mv_0^2}{\beta}}=1$

2.21　$m\dfrac{r_0^2v_0^2}{(r_0-v_0t)^3}$

2.22　$\sqrt{\dfrac{2k}{m}\ln\dfrac{R}{d}}$

2.23　$a=\sqrt{3}\mathrm{g}/23\,\mathrm{m/s^2}$, $T=81\mathrm{g}/23\,\mathrm{N}$, $N=99\sqrt{3}\mathrm{g}/23\,\mathrm{N}$

2.25　(a) $(1.3,1.2,0.3)\mathrm{m}$; (b) $\mathbf{v}=1.4\mathbf{i}-0.6\mathbf{j}+4.4\mathbf{k}\,\mathrm{m/s}$; (c) $\mathbf{a}=-1.2\mathbf{i}+0.4\mathbf{j}+7.4\mathbf{k}\,\mathrm{m/s^2}$

Chapter 03

思考題解答

1. 因為法線方向的力與位移垂直，故不作功。

2. 不計彈簧的質量。

3. 能作正功。例如圖 t3.4 中，滑塊 B 對 A 的摩擦力，對 A 作正功，使 A 向右運動。

4. A 和 B 之間的摩擦力及地面對 B 的摩擦力，對 B 作負功。 A 和 B 之間的摩擦力對 A 作正功。

5. 不正確。因手托著物體，手加在物體上的力要作功，故機械能不守恆。

6. 否。功的定義中應是受力點的位移而非力之位移。

7. (a) 不正確。動能是純量。
   (b) 正確。
   (c) 不正確。力作負功時，功為負值。

8. 否。只要非保守力不作功即可。

習題解答

3.1　(a) $-738.7\,\text{N} \cdot \text{m}$ ；(b) $1200\,\text{N} \cdot \text{m}$

3.2　$201\,\text{N} \cdot \text{m}$

3.3　$v = \sqrt{2gh(1 - \mu\cot\theta)}$

3.4　$v = 8.99$ m/s, T=142.8 N

3.5　7.48 m/s

3.6　388.4 N/m

3.7　0.97 m

3.8　0.18 m

3.9　15 m/s

3.10　7.1 m/s

3.11 $h = \dfrac{5}{2}R$

3.12 $\theta = \cos^{-1}(\dfrac{2}{3} + \dfrac{v_0^2}{3gR})$

3.13 $v_A = \dfrac{1}{2}v_B = 1.98\,\mathrm{m/s}$, $v_B = 3.96\,\mathrm{m/s}$

3.14 0.54 m

3.15 11.53 m/s

3.16 (a)不是；(b)是；(c)是。

3.17 (a)0.33 m；(b)0.89 m/s

3.18 9.7 m/s

3.19 $v = \sqrt{\dfrac{(4+\pi^2)R^2 + 2\pi R\ell}{\pi R + \ell}g} = 17.1\,\mathrm{m/s}$

3.20 1.15 m/s

Chapter 04

▌思考題解答

1. 內力不影響系統總動量的變化，但內力可使系統內單個質點的動量發生變化。不對。系統內力對單個質點而言是外力。

2. 物體 *A* 較大。因物體 *A* 的動量變化較大。

3. 不對。正確算法：$I = mv_2 - (-mv_1) = 2mv_1$。

4. 角動量守恆（萬有引力指向太陽）；機械能守恆（萬有引力為保守力）。

5. 正確。因質點系的角動量等於質心的角動量加上各質點相對於質心的角動量，但質心不動所以質心角動量等於零。

6. 合外力等於零時，合外力矩不一定等於零（可能有力偶），因此線動量守恆時角動量不一定守恆。反之亦然。

7. (a) 不正確。如果合外力不作功，則質點的動能不變。例如，質點做等速圓周運動，速度大小不變，只是速度方向改變。

8. (a) 不正確。衝量為零，力並不一定等於零。
(b) 不正確。

9. (a)正確；(b)不正確。非彈性碰撞時動能有損失，只有完全彈性碰撞時動能才守恆。

習題解答

4.1　(a)0；(b)10 N·s

4.2　3667 N

4.3　$t = 6.6\,\text{s}$

4.4　(a)0.99 m/s；(b)2.8 N；(c)193.3 N

4.5　(a)0.67 m/s；(b)22 kN

4.6　$v_B = 42.83\,\text{m/s}$，$\theta_B = 73.4°$

4.7　(a)質量為 m_2 的人先到；(b)$t = \dfrac{(M + m_1 + m_2)L}{2(M + 2m_1)v_r}$

4.8　(a)$v_1 = \dfrac{Nmgu}{W + Nmg}$；(b)$v_2 = \sum_{i=1}^{N} \dfrac{mgu}{W + img}$；(c)$v_2 > v_1$

4.9　(a)$v = 8.82\,\text{m/s}$；(b)$f = 826\,\text{N}$

4.10　$\mathbf{H}_O = 16\mathbf{i} - 14\mathbf{j} + 4\mathbf{k}$，$\mathbf{H}_A = 16\mathbf{i} + 10\mathbf{j} - 12\mathbf{k}$

4.11　$v = 4v_0$，$T = 64T_0$

4.12　$v_B = 4.26\,\text{km/s}$，$d_{\max} = 8356\,\text{km}$，$v_C = 8.41\,\text{km/s}$，$d_{\min} = 1092\,\text{km}$

4.13　$\alpha = \tan^{-1}\sqrt{e}$，$v_2 = \sqrt{2ghe}$

4.14　$v_A = \sqrt{2}\,\text{m/s}$，$v_B = 1\,\text{m/s}$，$v_C = 1\,\text{m/s}$

4.15　$\tan\alpha = e\tan\beta + \mu(1 + e)$

4.16　0.668 m

4.17 $\quad v_1 = 0$, $\quad v_2 = 0$, $\quad v_3 = 0$, $\quad v_4 = v \rightarrow$

4.18 $\quad v = 618\,\text{m/s}$, $\quad a = 36.8\,\text{m/s}^2$

4.19 $\quad t = 33.98\,\text{s}$

4.20 $\quad v = [(1+\mu)g(\ell^2 - b^2)/\ell - 2\mu g(\ell - b)]^{1/2}$

4.21 $\quad \dfrac{g}{2}[\dfrac{m}{\beta}t + \dfrac{t^2}{2} - (\dfrac{m}{\beta})^2 \ln(1 + \dfrac{\beta t}{m})]$

4.22 $\quad P = \dfrac{m}{\ell}(g\ell - gvt)$

4.23 $\quad 3mg$

Chapter 05

思考題解答

1. (a)和(b)不正確。 $\mathbf{v}_A$ 與 $\mathbf{v}_B$ 在 AB 線上的投影不相等。
   (c)正確。 $\mathbf{v}_A$ 與 $\mathbf{v}_B$ 在 AB 線上的投影相等。
   (d)正確。平移運動。

2. (a)、(b)和(f)不正確。(c)、(d)、(e)、(g)、(h)、(i)和(j)正確。

3. 沒關係。

4. 沒關係。

5. $\dfrac{u^2}{R} = a_r$ （小蟲相對圓環的加速度）， $2u\Omega = a_c$ （科氏加速度）

   $R\Omega^2 = a_{P*}$ （環上與小蟲相重合之點的加速度）。〔見(5-5.18)式〕

習題解答

5.1 $\quad \omega = \dfrac{v_A \sin\phi}{\ell \cos\theta}$, $\quad \alpha = \dfrac{v_A^2 \sin^2\phi \sin\theta}{\ell^2 \cos^3\theta}$

5.2 $\quad a_A = 6.32\,\text{m/s}^2$, $\quad a_B = 2\,\text{m/s}^2$

5.3 $\quad \mathbf{v}_A = -25\sqrt{3}\mathbf{i} + 25\mathbf{j}\,\text{cm/s}$, $\quad \mathbf{v}_B = 50\mathbf{j}\,\text{cm/s}$, $\quad \mathbf{a}_A = (-125 - 5\sqrt{3})\mathbf{i} + (5 - 125\sqrt{3})\mathbf{j}\,\text{cm/s}^2$

$$\mathbf{a}_B = -250\mathbf{i} + 10\mathbf{j}\,\mathrm{cm/s}^2$$

5.4 (a) $\omega = \sqrt{\dfrac{1}{5}}\,\mathrm{rad/s}$, $\alpha = \dfrac{8}{5}\,\mathrm{rad/s}^2$；(b) $\mathbf{a}_C = 1.6\mathbf{i} - 1.4\mathbf{j}\,\mathrm{m/s}^2$

5.5 $v_B = 1\,\mathrm{m/s}$, $\omega = 0.866\,\mathrm{rad/s}$

5.6 $\omega_{AB} = 5\,\mathrm{rad/s}\,\circlearrowleft$, $\omega_{BC} = 10\,\mathrm{rad/s}\,\circlearrowright$, $\mathbf{v}_D = 600\mathbf{i} - 300\mathbf{j}\,\mathrm{mm/s}$

5.7 $\omega_B = \dfrac{\omega \ell_2 \sin\theta}{R}\left(1 + \dfrac{\ell_2 \cos\theta}{\sqrt{\ell_2^3 - \ell_2^2 \sin^2\theta}}\right)$, $\alpha_B = \dfrac{\omega^2 \ell_2}{R}\left[\cos\theta + \ell_2 \dfrac{\ell_3^2 \cos 2\theta + \ell_2^2 \sin^4\theta}{(\ell_3^2 - \ell_2^2 \sin^2\theta)^{3/2}}\right]$

5.8 0.9 rad/s

5.9 $\omega = 14\,\mathrm{rad/s}\,\circlearrowright$, $v_O = 2\,\mathrm{m/s} \rightarrow$, $v_B = 7.28\,\mathrm{m/s}$ ⟋74°

5.10 $\dfrac{\omega}{\dot{\theta}} = \dfrac{R + r}{r}$

5.11 $v_C = 2.58\,\mathrm{m/s} \rightarrow$, $\mathbf{v}_B = 2.58\mathbf{i} - 0.42\mathbf{j}\,\mathrm{m/s}$

5.12 $\omega_B = \dfrac{3}{0.4} = 7.5\,\mathrm{rad/s}$, $\omega_A = 3.75\,\mathrm{rad/s}$

5.13 $v_B = 2r\omega \rightarrow$, $a_B = 2r\alpha + 2r^2\omega^2/(\ell\cos\theta) \rightarrow$

5.14 $\omega = \dfrac{v_0 \sin^2\theta}{R\cos\theta}\,\circlearrowright$

5.15 0.02 rad/s$\circlearrowright$

5.16 $v_A = \sqrt{2}v_0$, $a_A = \sqrt{\left(a_0 + \dfrac{v_0^2}{R}\right)^2 + a_0^2}$, $v_B = 2v_0$, $a_B = 2a_0$

$v_C = \sqrt{2}v_0$, $a_C = \sqrt{\left(a_0 - \dfrac{v_0^2}{R}\right)^2 + a_0^2}$, $v_D = 0$, $a_D = 0$

5.17 $\omega_A = \dfrac{r_A + r_C}{r_A}\omega$（逆時針）, $\omega_B = \dfrac{r_C + r_A}{r_C - r_A}\omega$（順時針）

5.18 $v_B = 2.18\,\mathrm{m/s} \searrow$, $a_B = 3.42\,\mathrm{m/s}^2 \searrow$

5.19 $\omega_A = 5\,\mathrm{rad/s}\,\circlearrowright$, $\omega_B = 4.93\,\mathrm{rad/s}\,\circlearrowright$, $\omega_{AB} = 0.194\,\mathrm{rad/s}\,\circlearrowleft$

5.20 $a_A = 104.2\,\mathrm{m/s}^2 \rightarrow$

5.21 $\omega_4 = 57\,\mathrm{rpm}$

5.22 $a_r = 0.0366 \, \text{m/s}^2 \uparrow$, $a_B = 0.136 \, \text{m/s}^2 \leftarrow$

5.23 $\omega = 2 \, \text{rad/s}$

5.24 $a_A = R\omega^2 - \dfrac{u^2}{R} - 2\omega u$, $a_B = \sqrt{\left(R\omega^2 + \dfrac{u^2}{R} + 2\omega u\right)^2 + 4R^2\omega^4}$

5.25   (a) $\mathbf{v}_r = \omega r(-\sin 2\theta \mathbf{i} + \cos 2\theta \mathbf{j})$, $\mathbf{a}_r = -\omega^2 r(\cos 2\theta \mathbf{i} + \sin 2\theta \mathbf{j})$

       (b) $\mathbf{a}_c = -2\omega^2 r(\cos 2\theta \mathbf{i} + \sin 2\theta \mathbf{j})$

       (c) $\mathbf{v}_M = \omega r[-(\sin\theta + 2\sin 2\theta)\mathbf{i} + (\cos\theta + 2\cos 2\theta)\mathbf{j}]$

            $\mathbf{a}_M = -\omega^2 r[(\cos\theta + 4\cos 2\theta)\mathbf{i} + (\sin\theta + 4\sin 2\theta)\mathbf{j}]$

5.26 $\omega_B = 136.6 \, \text{rpm}$, $\alpha_B = 559 \, \text{rad/s}^2$

Chapter 06

▌ 思考題解答

1. 合力矩（含力偶）可能不等於零，因此運動狀態可能改變。

2. 質量慣性矩 $I_S = \dfrac{2}{5}mR^2$，$I_C = \dfrac{1}{2}mR^2$，$I_H = mR^2$，$I_S < I_C < I_H$。但它們的 $I_G\alpha$ 相等。因此，球先到，然後圓柱，最後是圓環。

3. 不對。純滾動時摩擦力介於零與最大靜摩擦力之間。

4. 相等。$H_O = I_O\omega$。

5. 在北半球，地球角速度 $\boldsymbol{\omega}$ 在鉛直方向的分量 ω_k 是指向上的，當質點在水平面運動，人朝對質點運動方向觀察時，科氏慣性力為 $-2m\boldsymbol{\omega}\times\mathbf{v}$，可知科氏力的水平分量是指向右邊的，使質點偏右運動，造成河流右岸的沖刷較大。由於颱風中心的氣壓最低，周圍的空氣流向颱風眼中偏右的結果，造成逆時針方向旋轉（在南半球正好相反）。

6. (a)圓盤。因圓盤的質量慣性矩較小；(b)圓環；(c)動能相同；(d)圓盤；(e)圓環。

7. (a)錯；(b)對。h 越大，使圓盤轉動前進方向的角動量越大；(c)錯；(d)錯；(e)對；(f)錯。

8. 不存在（見例 6-4.3 的(1)式，此時支承反力不可能為零）。

習題解答

6.1　$F = \dfrac{mg}{\sqrt{3}}$

6.2　$\dfrac{2M}{3mR} \rightarrow$

6.3　$\dfrac{mg}{1 + 3\cos^2 \alpha} \uparrow$

6.4　(a) $\alpha = \dfrac{3g}{4d} \circlearrowleft$, $A_x = \dfrac{3}{8}mg \leftarrow$, $A_y = \dfrac{5}{8}mg \uparrow$

　　(b) $\alpha = \dfrac{2g}{3R} \circlearrowleft$, $B_x = 0$, $B_y = \dfrac{1}{3}mg \uparrow$

6.5　$P = 44.47$ N, $N_A = 24.32$ N, $N_B = 38.07$ N

6.6　(a) $\omega = \sqrt{\dfrac{3g}{2\ell}(\sin \theta_0 - \sin \theta)} \circlearrowleft$, $\alpha = \dfrac{3g}{4\ell} \cos \theta \circlearrowleft$; (b) $\theta = \sin^{-1}(\dfrac{2}{3} \sin \theta_0)$

6.7　$f_s = F(1 - \dfrac{Rh}{k_G^2 + R^2}) \leftarrow$

6.8　$8 \text{ m/s}^2 \rightarrow$

6.9　(a) $t = \dfrac{(v_0 + r\omega_0)}{3\mu g}$; (b)(1) $\omega_0 < \dfrac{2v_0}{r}$, (2) $\omega_0 > \dfrac{2v_0}{r}$, (3) $\omega_0 = \dfrac{2v_0}{r}$

6.10　(a) $a_G = \dfrac{3}{5}g \downarrow$, $\alpha = \dfrac{6g}{5b} \circlearrowleft$; (b) $a_G = \dfrac{g}{2} \downarrow$, $\alpha = \dfrac{3g}{2b} \circlearrowleft$; (c) $a_G = g \downarrow$, $\alpha = \dfrac{3g}{b} \circlearrowleft$

6.11　$\alpha = 12.7 \text{ rad/s}^2 \circlearrowleft$, 摩擦力 $f = 13.2$ N $\leftarrow$, 正壓力 $N = 43.9$ N $\uparrow$

6.12　4.56 m/s^2

6.13　0.1 s

6.14　0.28 m

6.15　$0.13 \text{ N} \cdot \text{m}$

6.16　2.02 rad/s^2

6.17　$17.8 \text{ m/s}^2 \rightarrow$

6.18 $a = \dfrac{4}{7} g \sin \theta \searrow$, $T = \dfrac{1}{7} mg \sin \theta$ （壓）

6.19 $\alpha_{AB} = 1.428 \,\mathrm{rad/s^2} \circlearrowright$, $\alpha_{BC} = 7.142 \,\mathrm{rad/s^2} \circlearrowleft$

6.20 $\alpha_{AB} = \dfrac{30}{7} \,\mathrm{rad/s^2}$, $\alpha_{BC} = \dfrac{80}{7} \,\mathrm{rad/s^2}$

6.21 $\alpha_{AB} = \dfrac{45g}{146\ell} \circlearrowright$

6.22 $F = 27.4 \,\mathrm{N}$

6.23～6.24 $3.12 \,\mathrm{m/s^2} \rightarrow$; $0.15 \,\mathrm{m/s^2} \rightarrow$

6.25   (a) $3.30 \,\mathrm{m/s^2}$; (b) $3.61 \,\mathrm{m/s^2}$; (c) $6.87 \,\mathrm{m/s^2}$

6.26 $\dfrac{m_1 g \sin 2\alpha}{3(m_1 + m_2) - 2m_1 \cos^2 \alpha}$

Chapter 07

▌思考題解答

1. 不正確。當曲面有運動時，接觸點的速度不等於零。

2. 正確。因為接觸點的速度等於零。

3. (a) 正功。因力與粉筆運動方向一致。
   (b) 零。因黑板不動。
   (c) 負功。力與位移方向相反。

4. 不作功。瞬心的速度為零。

5. 不等於 $\dfrac{1}{2} I_c \omega^2$。因為 c 點的速度不等於零。

6. 不守恆。當鐵絲旋轉時，鐵絲作用在小環上的力要作功。

習題解答

7.1 $T = (\frac{1}{2}M + m)v^2$

7.2 $T = \frac{1}{2}Mv_2^2 + \frac{1}{2}m(v_1^2 + v_2^2 - 2v_1v_2\cos\theta)$

7.3 $\frac{1}{4}(M + m + 2m_b)r^2\omega^2$

7.4 $2ma\pi R$

7.5   (a) $0.075\,\mathrm{m}$ ；(b)回到原來的起始點。

7.6 $15.53\,\mathrm{kN/m}$

7.7 $\omega = \sqrt{\dfrac{3g}{\ell}(\sin\theta - \sin\theta_0)}$

7.8 $v = \dfrac{\ell\omega}{2}\sqrt{1 - (\dfrac{2h}{\ell})^2}$

7.9 $10.14\,\mathrm{rad/s}\,\circlearrowright$

7.10 $\theta = \cos^{-1}(\dfrac{4}{7})$, $\omega = 2\sqrt{\dfrac{g}{7R}}\,\circlearrowright$

7.11 $v = \sqrt{gR}$

7.12 $v_0 = 0.508\,\mathrm{m/s}\downarrow$, $a_0 = 4.7\,\mathrm{m/s^2}\downarrow$

7.13   (a) $4.26\,\mathrm{m/s}\downarrow$ ；(b) $6.61\,\mathrm{m/s}\downarrow$

7.14 $\omega_{OA} = \sqrt{3g\sin\theta_0/\ell}\,\circlearrowright$, $\omega_{AB} = \sqrt{3g\sin\theta_0/\ell}\,\circlearrowleft$

7.15 $0.75\sqrt{gr}$

7.16 $\dfrac{2}{R + r}\sqrt{\dfrac{3M\theta}{9m_B + 2m_a}}$

7.17 $\theta = \cos^{-1}\dfrac{10}{17}$

7.18 $\sqrt{\dfrac{k}{3m}}S$

7.19 $\sqrt{\dfrac{2(M - m'gR\sin\theta)S}{(m + m')R}}$

7.20 $\dfrac{v_O^2}{\mu g}(\dfrac{5}{2} + 2\mu\tan\theta)$

Chapter 08

▌思考題解答

1. 因為擊球點在打擊中心上。

2. 不能。因為初始的角動量等於零，而系統的角動量守恆。

3. 因為碰撞時有能量損失。

4. 跳水選手利用對其本身質心的角動量守恆及改變對質心的慣性矩以改變其姿勢。

5. 有關係。

6. 否。因水平方向系統的動量守恆，C 的落地點將偏向 A 方向，以保持系統的質心的橫座標不變。

▌習題解答

8.1　(a) $m(\dfrac{R^2}{2} + \ell^2)\omega_O$ ↻ ； (b) $m(R^2 + \ell^2)\omega_O$ ↻ ； (c) $m\ell^2\omega_O$ ↻

8.2　0.31 s

8.3　$\dfrac{25g\sin\theta}{7}$

8.4　0.71 m/s ↘

8.5　$t = \dfrac{k_G^2 v_1}{\mu g(k_G^2 + r^2)}$

8.6　1.02 s

8.7　2.82 m/s

8.8　196 rad/s

8.9　0.21 s

8.10　0.62 m/s

8.11　0.29 N·m

8.12　$\omega = \dfrac{mv_O \ell(1-\cos\theta)}{I_z + m(\ell^2 + r^2 + 2\ell r \cos\theta)}$

8.13　可能，$R^2 h \le 3dk^2$

8.14　$0.595\sqrt{ga}$

8.15　$h = \dfrac{7}{5}R$

8.16　23.3 m/s ←

8.17　$\sqrt{\dfrac{36g}{7\ell}}$

8.18　$v = \dfrac{v_1}{7}(2 + 5\cos\theta)$，$\omega = \dfrac{v_1}{7R}(2 + 5\cos\theta)$

8.19　$v_{G_A} = 0$，$\omega_A = \dfrac{v_O}{R}$ ↻，$v_{G_B} = v_O$ →，$\omega_B = 0$

8.20　(a) $\omega = \dfrac{3v\cos\alpha}{2\ell}$ ↻；(b) $\omega = \dfrac{12v\cos\alpha}{\ell(1 + 3\cos^2\alpha)}$ ↻；(c) $\omega = \dfrac{6v\cos\alpha}{\ell(1 + 3\cos^2\alpha)}$ ↻

8.21　(a) 4.07 rad/s ↻；(b) 0

Chapter 09

思考題解答

1. 不適用。這是由於相對角速度對時間求導，會得到角速度與相對角速度的叉積，而這項一般不等於零。

2. 有關。

3. 可以。只要將動座標系附在 P 點上，隨 P 點運動。

習題解答

9.1 $\alpha = -\dfrac{L\omega_1^2}{r}\mathbf{j}$, $\mathbf{a}_A = -L\omega_1^2\mathbf{i} - \omega_1^2 r\mathbf{j}$, $\mathbf{a}_B = -2L\omega_1^2\mathbf{i}$

9.2 $a = h\omega^2 \cot\beta\sqrt{1+\sin^2 2\beta}$

9.3 $\omega_x = \dfrac{\sqrt{3}}{2}n\cos qnt$, $\omega_y = -\dfrac{\sqrt{3}}{2}n\sin qnt$, $\omega_z = n(\dfrac{2q+1}{2})$

9.4 $v = 12.65\,\mathrm{m/s}$, $v_X = -12\,\mathrm{m/s}$, $v_Y = 0$, $v_Z = 4\,\mathrm{m/s}$

9.5 $\dfrac{\omega_B}{\omega_A} = \dfrac{\cos\phi}{1-\sin^2\phi\sin^2\theta}$

9.6 $0.387\,\mathrm{rad/s}$

9.7 $v_B = R\omega_1 + (R\cos\theta + \ell\sin\theta)\omega_2$, 方向沿 $\overrightarrow{OC}\times\overrightarrow{OA}$

9.8 $\lambda = \dfrac{1}{\sqrt{2}}(\mathbf{i}+\mathbf{k})$ ，轉角 π

9.9   (a) $1.77\,\mathrm{rad/s}$ ；(b) $\omega = 3.95\,\mathrm{rad/s}$, $\alpha = 3.13\,\mathrm{rad/s^2}$

9.10 $v_C = 0.83\,\mathrm{m/s}$, $\omega_x = 0.07\,\mathrm{rad/s}$, $\omega_y = -0.12\,\mathrm{rad/s}$, $\omega_z = -0.81\,\mathrm{rad/s}$

9.11 $50.1\,\mathrm{rad/s^2}$

9.12 $a = 2.12\,\mathrm{m/s^2}$

9.13   (a) $\omega = -\omega_O\mathbf{k}$ ；(b) $\mathbf{v} = b\omega_O(\dfrac{1}{2}\mathbf{i} - \dfrac{1}{2}\mathbf{j} + \mathbf{k})$ ；(c) $\mathbf{v}_C = b\omega_O(\mathbf{i} - \mathbf{j} + \mathbf{k})$ ；(d) z 軸

9.14 $\omega = 80\mathbf{i} + 7\mathbf{j} + 0.5\mathbf{k}$, $\alpha = 40\mathbf{j} - 560\mathbf{k}$

Chapter 10

思考題解答

1. 適用。

2. 不能馬上知道。

習題解答

10.1 $\mathbf{H}_O = mb^2\omega(\frac{1}{2}\mathbf{i} + \frac{1}{2}\mathbf{j} + \frac{11}{3}\mathbf{k})$, $T = \frac{11}{6}mb^2\omega^2$

10.2 $\mathbf{H}_G = \frac{1}{6}mb^2\boldsymbol{\omega}$, $T = \frac{1}{12}mb^2\omega^2$

10.3 $\alpha = \dfrac{6M(a^2+b^2)}{ma^2b^2}$, $R_A = \dfrac{M(b^2-a^2)}{2abL}\uparrow$, $R_B = \dfrac{M(b^2-a^2)}{2abL}\downarrow$

10.4 $\omega = 2\sqrt{\dfrac{g}{b}}$

10.5 $\dfrac{m\omega_O^2 a^2 b^2}{12(a^2+b^2)}$

10.6 $T = 106.98\,\text{N}$, $A_x = 16.76\,\text{N}\leftarrow$, $A_y = 49\,\text{N}\uparrow$

10.7   65.3 N

10.8 $\dot{\phi} = \sqrt{\dfrac{4g\tan\theta}{2R+r\sin\theta}}$

10.9 $\dot{\psi} = 344.6\,\text{rad}/\text{s}$

10.10 $\dot{\psi} = \dfrac{(3+36\cot^2\frac{\beta}{2})\dot{\phi}^2\sin\frac{\beta}{2}\cos\frac{\beta}{2} + 40\frac{g}{r}\cot\frac{\beta}{2}}{6\dot{\phi}\sin\frac{\beta}{2}}$

10.11 $\dot{\phi} = \omega\sqrt{1+3\sin^2\beta}$, $\theta = \tan^{-1}(2\tan\beta)$

10.12   1742 rad/s

10.13 $\dot{\phi} = \dfrac{\ell g}{k_z^2\dot{\psi}}$

10.15   (a) $\dot{\phi} = 7\,\text{rad}/\text{s}$; (b) $\omega = 12.1\,\text{rad}/\text{s}$

Chapter 11

思考題解答

1. (a) 不正確。

   (b) 不正確。轉動部分也有自然頻率。

   (c) 正確。例如長度 2ℓ 的彈簧常數可以想像成兩個長度為 ℓ，彈簧常數為 k 的彈簧串接起來，因此它的彈簧常數 $k_{2\ell} = \dfrac{kk}{k+k} = \dfrac{k}{2}$。

2. 相等。 $\omega_n = \sqrt{k/m}$。

3. 不相等。對圖(a) $\omega_n = \sqrt{\dfrac{k_1 + k_2}{m}}$ ；對圖(b) $\omega_n = \sqrt{\dfrac{k_1 k_2}{m(k_1 + k_2)}}$。

4. 因為需要一定時間的累積才會產生劇烈振動。而機器通過共振區的時間很短，並沒有累積太多的振動能量。

習題解答

11.1 $\dfrac{3}{2} m\ddot{x} + kx = 0$, $\omega_n = \sqrt{\dfrac{2k}{3m}}$

11.2 $(m + I_G/R^2)\ddot{x} + kx = 0$, $\omega_n = \sqrt{\dfrac{k}{m + I_G/R^2}}$

11.3 $\dfrac{1}{2} mR^2 \ddot{\theta} + k_t \theta = 0$, $\omega_n = \sqrt{\dfrac{2k_t}{mR^2}}$

11.4 $\ddot{x} + \dfrac{2g}{L} x = 0$, $\omega_n = \sqrt{\dfrac{2g}{L}}$

11.5 $\omega_n = \sqrt{\dfrac{k}{m + \dfrac{m'}{3}}}$

11.6 $\omega_n = \sqrt{\dfrac{2k\ell - mg}{m\ell}}$

11.7 $T = \dfrac{2\pi}{b}\sqrt{\dfrac{m(a^2 k_2 + b^2 k_1)}{k_1 k_2}}$

11.8 $f_n = \dfrac{1}{2\pi}\sqrt{\dfrac{g}{2R}}$

11.9 $\omega_n = \sqrt[4]{R^2 - \ell^2}\sqrt{\dfrac{3g}{3R^2 - 2\ell^2}}$

11.12 $f_n = \dfrac{1}{\pi}\sqrt{\dfrac{k}{m}}$

11.13 $T = 2\pi\sqrt{\dfrac{k_G^2 + (R-e)^2}{ge}}$ ，其中 $e = \overline{OG}$ ， k_G 為過質心 G 的迴轉半徑。

11.14 $\omega_n = \sqrt{\dfrac{2(k_A + k_B)}{m_A + m_B}}$

11.15 $c = \dfrac{2b}{\sqrt{3}\ell}\sqrt{km}$

11.16 $m\ddot{x} + c\dot{x} + (k_1 + k_2)x = 0$ ， $c = 2\sqrt{(k_1 + k_2)m}$

11.17 0.27 m

11.18   (a) $\delta = 0.357$ ；(b) $\zeta = 0.0567$ ；(c) $\omega_d = 3.86 \,\text{rad/s}$ ；(d) $c = 4.39 \,\text{N·s/m}$

11.19 $10.4 \,\text{N·s/m}$

11.20   (a) 9.13×10^{-3} m ；(b)0.046

11.21   (a)2.1 ；(b) $MF_{\max} = 2.16$ ， $\omega_f = 8.75 \,\text{rad/s}$

11.22 $m\ddot{y} + c\dot{y} + ky = H\sin(\dfrac{2\pi v}{L}t + \theta)$

       其中 $H = a\sqrt{k^2 + \dfrac{4\pi^2 v^2 c^2}{L^2}}$ ， $\theta = \tan^{-1}(\dfrac{2\pi vc}{kL})$

       穩態解： $y = b\sin(\dfrac{2\pi v}{L}t - \phi)$, 其中 $b = a\sqrt{\dfrac{1 + (2\zeta r)^2}{(1 - r^2)^2 + (2\zeta r)^2}}$

11.23   (a) $x = -0.00307\sin 60t$ m ； $MF = 0.383$

       (b) $x = 0.0029\sin(60t + 0.284)$ m ， $MF = 0.37$

11.24　$x = 0.0115\sin(60t - 6.11 \times 10^{-3})$，$x$ 落後 y 6.11×10^{-3} 弳度

11.25　$x = X\sin(\omega t + \pi/2 - \phi)$

$$X = \frac{\omega c_1 Y}{\sqrt{(k - m\omega^2)^2 + [(c + c_1)\omega]^2}}, \quad \phi = \tan^{-1}\frac{(c + c_1)\omega}{k - m\omega^2}$$

New Wun Ching Developmental Publishing Co., Ltd.

New Age · New Choice · The Best Selected Educational Publications — NEW WCDP

新文京開發出版股份有限公司

NEW
WCDP

新世紀・新視野・新文京 — 精選教科書・考試用書・專業參考書